本研究受如下科研课题

陕西省艺术科学规划项目：

基于陕西关中地域文化背景下老年住宅室内外环境设计研究（SY2017012）

陕西省科技计划项目：

养老院光环境设计研究——以西安市为例（2021SF-467）

资助出版

本研究参与人员

王晓燕　卫留行　田　红　关旺旺　李浩铭　李峥刚　董　妍

黄黎明　张国庆　杨雨清

西安市

养老院

地方适应性环境设计研究

王晓燕　著

陕西师范大学出版总社

图书代号　ZZ22N0540

图书在版编目(CIP)数据

西安市养老院地方适应性环境设计研究／王晓燕
著．—西安：陕西师范大学出版总社有限公司，2021.12
　ISBN 978-7-5695-2366-9

　Ⅰ.①西⋯　Ⅱ.①王⋯　Ⅲ.①养老院—环境设计—
研究—西安　Ⅳ.①TU246.2

中国版本图书馆 CIP 数据核字(2021)第 149643 号

西安市养老院地方适应性环境设计研究

XI'ANSHI YANGLAOYUAN DIFANG SHIYINGXING HUANJING SHEJI YANJIU

王晓燕　著

责任编辑	于盼盼
责任校对	邱水鱼
封面设计	鼎新设计
出版发行	陕西师范大学出版总社
	(西安市长安南路 199 号　邮编 710062)
网　　址	http://www.snupg.com
经　　销	新华书店
印　　刷	陕西隆昌印刷有限公司
开　　本	787 mm×1092 mm　1/16
印　　张	18
字　　数	385 千
版　　次	2021 年 12 月第 1 版
印　　次	2021 年 12 月第 1 次印刷
书　　号	ISBN 978-7-5695-2366-9
定　　价	75.00 元

读者购书、书店添货或发现印装质量问题,请与本社高等教育出版中心联系。
电　话:(029)85303622(传真)　85307864

序

    王晓燕同志将近几年来的研究工作,整理形成了《西安市养老院地方适应性环境设计研究》著作,嘱我为序。读完书稿,被该学者在研究道路上的创造性思维和韧劲所鼓舞,结合自己在设计领域研究及近年来国家的老龄化社会问题的理解和认识,略表感言,以为鼓励。

    众所周知,基于2021年的最新人口普查报告,我国已进入老龄化社会,老龄化问题是我国现阶段及未来面临的重要的社会问题,此类研究也层出不穷。养老机构的建设发展已成为迫在眉睫要解决的问题。但我省养老产业仍处于发展阶段,养老机构缺少,软硬件设施落后,大多数养老机构的建筑室内外环境及相关配套设施,还没有从不同区域背景状况的老年人心理需求及生理特征分别进行研究思考,进而做有针对性的设计,对于地方化的心理精神层面关怀的环境设计研究较为稀缺。该书的研究理念是基于西安地区地理环境、文化环境、社会环境等具有地域特色及地方记忆的研究,如何在老年人住宅环境中创建适于西安市地方特色的建筑室内外环境,是对老年人人文关怀的体现。该书基于陕西关中地方化的文化及地理环境为背景,进行了养老建筑室内外环境设计的研究实践,对解决西安市养老设施具有实践性指导意义。

    欧美国家较早进入老龄化的时代,研究比较成熟。20世纪60年代,美国等国家就开始了对养老院进行设计研究并延续至今,且依然是热点研究。其中对于养老院公共空间的研究,注重老年人的心理及生理变化特征,从老人精神层面需求而提出应对的设计策略。此外,亚洲国家如日本在老年设施建设的重要特征是从情感方面入手设计,从日本养老居住建筑的研究发展可以看出,关注点逐渐从物质环境转移到对人文环境的关怀。欧洲大部分国家的养老以家庭养老为主导,社区养老及养老院养老作为辅助,对于公共养老的设施设计以如何使老年人不脱离其熟悉的生活环境,老人能够享受到家庭般的环境生活为核心内容。我欣喜地看到,该研究也基于此类理念对我国养老机构的设计研究进行了有益的借鉴。

王晓燕同志从 2015 年开始从事养老设施设计研究工作,曾在美国路易斯安那州立大学做访问学者,期间跟随导师 ZouJun、Marsha Cuddeback 教授进行养老院设计及空间环境材料研究,完成了位于美国巴吞鲁日市 St James senior living 设计研究项目。运用国外新的相关社会学理论认识和研究方法,在 2017 年至 2020 年主持并完成陕西省艺术科学规划项目《基于陕西关中地域文化背景下老年住宅室内外环境设计研究》(SY2017012)。2021 年主持研究陕西省科技计划项目《养老院光环境设计研究——以西安市为例》(2021SF - 467)等。这些研究项目,从地域特征、地方文化特征研究入手,对养老机构的公共活动空间、环境辅助设施、室内外家具陈设及室内光环境进行设计研究并取得了重要的学术研究成果。

该书是基于王晓燕同志近年来的学术积累基础上的拓展和深化,尝试进一步通过对西安市地方人文、地理环境、民俗生活等特征进行分析探讨,提出在养老机构中实施了探索性设计方法研究,同时提出了一些新的思想方法和技术途径,为我国养老院设计研究理论方法增添了靓丽的一页。期待其再接再厉,在今后的学术探索与研究之路上再获新的成果。

谨此为序。

陕西省美术家协会主席 西安美术学院二级教授 博士研究生导师

2021 年 10 月 20 日

前　言

　　本研究基于西安市社会文化及自然地域背景特征,将养老院空间环境形态因子逐一进行分类细化研究,提出地方适应性的设计策略。从社会学、心理学的应用研究出发,深挖养老设施空间物质要素的相互关系作为基本研究,通过对老年人的生理行为及心理特征研究,结合人体工程学在室内外环境设计中的应用,在物质环境安全舒适的设计基础上,探索创建一种地方回归及亲和的空间环境感受,构建出对老年人具有地方人文关怀的设计理念。

　　近十几年来,我国老龄化急剧加速,在养老院的建设方面政府发挥着主导作用,同时官办民助,或民办官助,政府在养老法规政策导向、社区照顾设施的提供及养老设施的日常服务、医疗救治、心理关怀等全方位推进且得到一定的发展,但从养老设施建设的空间环境细节设计,及设计的人文关怀、人性化方向还比较欠缺,在具体的养老设施设计和实践方法策略研究方面还需要进一步夯实。以人为本,以地方为研究背景,不仅是应该重视人作为物质形态在养老设施中的目的和意义,也应关注在特定的区域环境,人作为社会形态在和建筑、场所或城市的互动过程中形成的特殊关系,这种关系反射出家庭、社会阶层、日常生活等等,梳理清楚这样的关系和所对应的社会需求,才能真正意义上实现基于地方特点的适老化设计理念和实践策略。

　　本研究受益于近年国内外针对城市社会空间结构、建筑物理环境、心理环境等问题交叉研究的分析原理及方法的启示,通过对西安市 5 个城市区域,多家养老院进行不同程度调研、访谈、收集数据资料,例如室内公共空间的调查研究选取了西安市高新产业园区、城北近郊区、中心老城区及农业密集区区域 5 家养老院作为样本,环境设施研究选择了碑林区、雁塔区 6 所养老机构作为样本,室内外光环境研究选择了高新开发区、长安区 4 所养老机构进行样本数据采集,在较客观地获取数据、研究论证后得出设计策略,并依据建筑室内外环境及空间组织特征,将研究内容分为五个部分:公共活动空间设计研究、室内陈设设计研究、公共辅助设施设计研究、室内光环境设计研究、外环境及导视系统设计研究。每一部分内容都是以当前养老机构中比较突出的问题点进行有针对性的研究分析,提出具有西安市地方特征的养老机构环境设计的模式理念,构建起适于老年人的健康、安全、舒适、无障碍的室内外环境空间,提高老年人生活质量。

研究靶区和关键问题的选择,主要源于研究人员自身长期生活、学习和工作在西安地区,希望能把本地区设计实践理论研究运用于养老设施环境中。研究把地方人文社会、自然地理对环境的影响成因及变化规律进行了系统分析,所构建的设计模式都是以地方区域特征为导向。同时,由于养老设施各个建筑空间形态研究策略具有动态性和开放性,因此对不同区域进行纵向、不同时段的分析,分析其空间形态结构的组织过程及环境边界的研究,策略模式进行了应用性的动态变化。

当前,养老院环境设计的理论与实践研究在社会发展的道路上不断完善成长,我们也期望在今后的研究实践中能够结合国家和地区的需求,不断学习积累,以取得进一步的创新和突破。

王晓燕

2021 年 12 月 26 日

目　录

第1章 绪论

  中国当今社会老龄人口不断增加,老龄化不断加剧,老年人的养老问题已经成为社会关注的重点所在。据2021年5月11日第七次人口普查数据显示,我国60岁以上的人口数量为26 402万人次,占总人口数量的18.70%(65岁及以上人口为19 064万人,占13.50%)。陕西省自20世纪90年代开始人口呈老龄化趋向,进入21世纪人口老龄化逐渐加速,人口老龄化已成为陕西省社会经济发展中的一个突出问题。具体来看,从1990年开始陕西省多数地区为成年型人口年龄结构;2000年起陕西省的汉中和安康则率先进入人口老龄化社会,其他地区暂属于成年型;2010年,除延安以外,其他市区都进入了老龄化社会。《陕西统计年鉴—2020》显示,截至2019年末,陕西全省60岁以上老年人口数量达到702.37万,占常住人口总数的18.12%;65岁及以上老年人口数量约为459万,占常住人口总数的11.84%

  西安市作为陕西省的中心城市,老龄化问题引起学界广泛关注。据资料显示,西安市于2010年进入老年型社会,且老龄化程度逐年提高,中高龄老年人数增长迅猛,老年人口日趋高龄化。从人口增速看,2018年西安市65岁以上人口数量为112.94万,占总人口数量的11.29%,与2010年相比,增长了41.31万人,比重提高2.83个百分点,年均增长5.16万人,年均增速为5.9%。而依据西安市统计局出版的《西安统计年鉴—2020》相关数据显示,截至2019年末,西安市65岁以上老年人口数量占总人口总数的11.69%,从地域分布看,新城区、碑林区、莲湖区老年人口比例达到18%左右,为全市老龄化程度最高区域,这三个区中老社区较多,西安本地居民较多,因此老龄人口相对较多。雁塔区、未央区、长安区老龄化程度排在后三位,且均低于7%,这与这三个地区高校较多、年轻人较多有关。由此可见,西安已进入老年型人口结构社会,且呈现出持续增长的态势,据西安市老龄委预测,到2050年左右西安市老年人口总数将达到峰值,银发时代将全面到来。

  到目前为止,"家庭养老"仍然是老年人首选的养老方式。然而,随着家庭规模和养老观念的逐渐改变,"机构养老"将成为社会发展进程中的一种必然趋势。具体而言,我国老年人口对养老模式的需求主要有传统的居家养老(家庭养老)、社区居家养老和机构集中养老三种。《2018西安市人口老龄化现状分析报告》中通过对60岁以上老年人的养老方式的调查显示,选择家庭养老的占74.7%,选择社区居家养老的占17.2%,选择机构养老的占8.1%。而《中国养老机构发展报告》中预测,未来养老机构将与居家、社区养老融合发展,形成养老服务一体化的态势。针对老龄化问题及养老产业的发展现状,近年来西安政府相关部门积极出台了一系列重要对策,并取得丰硕的实践成果。例如,2014年8月,西安市被确定为全国养老服务业综合改革试点地区;2016年9月,西安市被确定为第二批国家级医养结合试点地区;2018年5月,西安市被确定为第三批中央财政支持开展居家和社区养老服务改革试点地区。2018年底,西安市政印发《西安市养老服务设施布局规划(2018—2030年)》,该规划除提出新建小区应按照每百户配建20平方米养老服务设施外,还提出推进"嵌入式"养老、探索创新"时间银行"养老、重点打造"虚拟养老院"等举措。2021年西安市将建成以居家为基础、社区为依托、机构为补充、医养相融合的养老服务体系。届时,西安全市养老服务设施将覆盖100%的城市社区和80%的农村社区,每千名老人拥有社会养老床位不低于45张。其中,护理型床位占养老总床位数的40%以上,社会办养老机构床位数占比达到80%。同时,各区县都要建设一所公办机构养老设施,确保政府托底功能。2022年至2030年,西安市将着重推进老年人家庭医生签约和老年人健康档案管理工作,在稳定签约率的基础上,做实做细老年人家庭医生签约工作,老年人协会和志愿者协会覆盖所有社区和村庄。全市养老服务设施覆盖100%的城市社区和100%的农村社区。

事实上,老龄化是一个发达国家发展所必经的过程。早在我国之前,许多发达国家已经步入老龄社会,并不断进行着应对养老问题的改革与探索。其中,美国于1950年开始,对养老院的形式进行了漫长的摸索。自1960年起,美国开始研究建造各种形式的养老院,对我们而言有许多可借鉴之处。例如:将老年人的卧室设计为同一形式,而将除卧室外的其他空间设计为多功能形式,使老人在使用时可以享受单一空间与多功能空间的对比所带来的乐趣;重视"人权",为每位老人提供独立空间,保证其私密性;为老年住宅提供社会化医疗、保险、劳务等配套服务,让老年人住得安心、放心;提供小型的娱乐文化交流空间。北欧地区主要指以瑞典、丹麦、芬兰、挪威、冰岛五国为主的斯堪的纳维亚地区(以"高福利"著称),北欧地区的养老体系建立在税收模式之上,通过老年住房政策和社区服务制度保障老年人生活质量。

日本是第一个进入老年社会的亚洲国家,在20世纪已进入老龄化社会。2017年日本的出生率较1989年下降22%,创下世纪新高。出生率下降、人均寿命增长,使得日本每4个人中就有1个65岁以上的老年人。同时日本15~60岁青壮年劳动人口的数量在1993年达到峰值后,一直处于下滑的状态,截至2018年,已经从1993年的8040万人下降至6850万人。2019年日本老年人口数量达到4300万人,而总人口数为1.248亿,老龄化比例为34.45%,高居世界老龄化国家的榜首。日本养老服务机构众多,有公立老年公寓、付费的养老院、介护疗养院、社区服务中心、特别养老院等,能够满足不同人群的个性化需求。日本政府注重老年人的特殊需求,对养老产业实行专业化分工,诞生了一大批老人用品、老年餐饮、养老服务人员培训等优秀企业,形成了以养老服务机构为中心的银发经济产业链。

与发达国家比,我国老龄化速度快、体量大,形势异常严峻,对人口老龄化问题的研究起步也较晚。其中,东南大学建筑系是国内较早在建筑领域进行应对人口老龄化问题研究的机构,胡仁禄在 1994 年发表的文章《城市老年居住建筑环境研究概要》中根据我国城市率先进入老龄化社会的基本国情,分析了城市老年居住环境问题产生的主要原因和现状,并借鉴国外实践经验,提出了改善城市老年居住环境的初步构想。

周燕珉、程晓青、林菊英等在《老年住宅》一书中谈到在住宅中不仅要注重适老化,还需切合各类人群的需求做到通用设计。[1]马哲明在《当代老年公寓人性化设计研究》一文中通过对国内外老年公寓建筑的分析,并借鉴国外老年公寓的实践经验,结合我国老年人的不同需求,设计以老年人为本的人性化建筑。[2]于泽鑫在《北方老年公寓互动空间设计和探究》一文中,针对老年人生理、心理上的特征设计老年公寓互动空间,考虑老年人对安全、舒适、参与、健康等方面的需求,达到人与人、人与物、物与物、人与环境的互动。[3]马丽在《消解"长廊式"空间结构——国内养老公寓空间设计的问题及对策》一文中归纳总结了在养老机构设计中从酒店设计移植而来的"长廊式"空间结构问题,在对策中提出了用座椅等公共设施建立"柔性边界"的建议。[4]

王晓伊、刘启波、王少锐在《养老建筑人性化设计的初探——以西安地区为例》一文中,通过对西安地区已建成的养老建筑人性化设计情况做调研和问卷分析,结合对典型案例的调查,从人性化设计的角度分析总结案例建筑中值得借鉴的因素以及欠缺的内容,对其设计方法以及更新途径做出探索。[5]魏舒乐、雷南在《对西安地区既有老年住宅绿色节能技术改造策略研究》一文中,以西安市建筑设计研究院家属院为例,通过对既有建筑墙体、门窗、屋面的调研分析,进而展开西安地区既有老年住宅绿色节能改造策略的研究。[6]安军、王舒、刘月超在《西安地区机构养老现状及建筑的适应性初探》一文中,对西安地区机构养老建筑进行调查研究,分析当前西安市机构养老建筑中存在的空间环境适应性问题,由此探索适合老年人心理及生理特点的建筑适应性设计模式,提供可行性的设计方法,以缓解老龄化给养老机构带来的压力,对研究未来西安地区机构养老建筑适应性发展问题具有重要的现实意义。[7]陈芊宇在《西安养老机构设施、环境现状及需求研究》一文中,探索适合西安老年人心理和生理的特点的环境及设施设计模式,缓解老龄化给家庭和社会带来的压力,解决西安老龄人口社会化养老问题。[8]

据国内外相关研究可知,以地方特征为背景、以城市社会结构为划分依据的养老机构环境研究较少,且缺乏深入的问题导向性研究。而从养老机构整体现状来看,西安地区养老院亦存在诸多问题。据统计,西安现有养老机构 140 家,其中公办 33 家、民办 107 家,社会养老床位 5.4 万张,每千名老人拥有 36.75 张养老床位,养老服务设施发展相对滞后。有部分高端养老机构，过于强调酒店式的物理环境设计，此类养老院虽然满足了老年人基本的生活需求，但是没有考虑关中地区老年人的生活习惯，出现了一些多余的不切合实际的设计。而且，此类型养老机构价格高昂，大部分老年人望尘莫及。不符合老年人生活习惯的场所和设计在养老院中常年闲置，一方面浪费资源，另一方面这种与老人生活有距离感的设计会影响老年人的心理环境，加剧老年人对养老院的陌生感。低端养老院中养老设施缺乏且环境简陋，无法满足老年人日常生活需求，休闲娱乐场所更加缺乏。老年人的社交圈子、活动圈子缩小的同时，心理环境也变得脆弱，特殊的身体状况使得老年人对基础设施及基本无障碍环境的需求必不可少。中端经济适用型养老机构，在西安地区床位紧张，需求量大。这一类型的养老机构设计满足了基本的养老设计技术指标，但设计中依然缺乏对老年人精神层面的关怀。

通过调研发现，西安市养老机构室内外环境设计中存在的问题主要包括五个方面，分别为公共活动空间设计、室内陈设设计、公共辅助设施、光色彩环境、外环境及导视系统设计。

（1）公共活动空间设计。主要存在以下问题：一是便捷性不足，公共空间都比较集中且多在养老院中较偏的位置，不利于腿脚不便的老人使用。二是实用性不足，公共空间的利用率不高。大多公共空间只是简单摆放了这一功能空间的基础设施，空间内其他地方大多闲置，浪费了空间。三是娱乐性不足，公共空间的类型缺乏多样性，难以满足老人多样性的爱好需求。四是缺乏人文关怀，没有从老年人的地域化特征进行考虑。不同地区老人的兴趣爱好和生活习惯的不同，对公共空间的使用习惯也存在着明显差别。五是公共活动空间会随着养老院的特殊性进行转换，养老院内部建筑形态的特殊性和公共活动空间分布的不合理，导致一些养老院中公共活动空间使用率过低，老年人自主地将活动区域转移至别处。

（2）室内陈设设计。首先，文化活动空间陈设单一。空间陈设缺乏地方文化审美特征。其次，家具是室内陈设最大体系，大多养老院陈设忽略老年人的行为需求。主要表现在，其一，家具造型未充分考虑老年人的不同生理特质，统一化的家具造型不便于特殊老人使用；其二，家具尺寸存在着很大问题，不适宜的尺寸使老年人在使用时的受力点不合理，可能会对老年人造成潜在的伤害。再次，功能空间陈设布局单调且不合理。从公共空间到私密空间，交通走廊、餐厅、活动室，所有的空间陈设都是一种风格，单调死板，缺乏趣味性和合理性。

（3）公共辅助设施设计。首先，在辅助设施的空间组织上人性化程度不足，主要表现在两方面：其一，设施单一，这导致设施对老年人相应的行为辅助程度不够；其二，设施空间组织简单，对老年人生理上的行为特征考虑不够深入，只是简单组织了常见设施，辅助设施适老化程度不足。其次，在辅助设施的单体设计上，总体表现为安全性不足、舒适性欠佳两个方面。其中安全性不足主要体现在设施的造型设计上，存在三方面问题：一是忽略老年人生理特征,只考虑到设施功能要求而没有让设施造型适合老年人的生理特征;二是欠缺部分设施或设施装设错误;三是设施造型统一程度不够,既包括设施造型与空间不协调的情况,也包括同类设施中有多种造型的情况。舒适性欠佳主要体现在设施的材质设计和色彩设计上。在设施的材质设计上,存在着过于追求稳固性而忽视了老年人接触设施的舒适性问题,比如设施表面材质缺乏温润的触感,不够亲和舒适。在设施的色彩设计上舒适性同样不足,存在两方面问题:一是整体设施色彩过于深沉,直接影响了空间的明亮程度;二是部分设施色彩的纯度较高,在设施种类较少时会显得过于突兀。这一问题在设施种类较多时会造成老年人识别上的困难。

(4)光、色彩环境设计。在自然采光方面,部分空间的照度值低,达不到相关采光标准;室内空间明暗变化较强,照度均匀度差;窗户的开窗尺寸、朝向、窗外的遮挡物对室内照度影响较大;缺乏晒阳场所的设置。在人工照明方面,室内空间照度值低于照度值相关标准;照明形式单一;灯具色调以冷调为主,缺乏温馨气氛;空间明暗变化较强,照度均匀度差;过渡区域缺乏局部照明;灯具开关设置缺乏合理性;缺乏对不同状况老人实际需求的考虑;没有依照老年人作息来调整照明;部分灯具存在破损。在材质与色彩方面,玻璃、不锈钢、地板等材质的反光较强,易造成炫光现象;材质缺乏光照下的纹理变化,氛围感较弱;部分材质过于冰冷生硬;色彩较为单一冰冷,缺乏轻松明快的色彩运用。

(5)外环境及导视系统设计。在外环境方面,户外空间缺乏互动景观设计,没有为老年人提供一个很好的参与互动的环境。休憩设施、功能设施设置不合理;绿化覆盖率低,老年公寓的植物配置不当,植物层次不够丰富;室外活动空间可达性不强;有些景观小品设计仅是摆设,形式大于功能,不适宜老人使用;缺乏趣味性;基于失智老人的康复疗养空间景观设计缺失。在导视系统方面,导视系统呈现信息的可识别性较弱,缺乏基于地域文化在导视图文系统的渗透。

本书从关中地域文化和西安市社会结构方面入手对养老环境公共空间进行设计研究。研究尝试将关中民俗文化、宗教文化、民间艺术等融入养老院环境设计中,增加关中老人所熟悉和喜闻乐见的元素。受益于社会学社会空间结构理论的启发,对西安各个社会分区的研究分析归类,根据不同社会分区的受教育程度、家庭结构及抚养比、住房质量、农业人口等其他诸因素的不同,对西安市社会空间结构进行分类研究论述,结合社会空间结构对各区域老年人的生活习性及特征作出分析,在养老院设计中充分考虑老年人的兴趣爱好及生活习惯,进而增强老年人对养老设施的情感归属。在室内陈设设计方面,对老年人起居空间、公共餐饮活动空间、休闲娱乐及文化活动空间等存在的问题进行分析,并根据其空间属性进行设计优化提升。同时在养老机构的设施构件研究中,提出安全、舒适、人性化的公共辅助设施设计策略,基于不同空间属性进行组织设计,提升设施环境的人性化程度。从设施的复合型及单项设计两个层面出发,对设施的组合方式及其造型、材质、色彩四个方面进行重点研究;由整体至局部分门别类地进行设计策略探讨。基于不同的光照环境对老年人的生理、心理的作用,养老机构光环境的设计研究对于老年人的日常生活有深层次意义与作用,以养老设施的自然光照和人工照明相关数据分析为依据,对光环境与老年人生活起居之间对应关系进行实证调查与分析,研究照度与老年人视力感知以及开窗面积与室内眩光,通过窗帘调光控光性能,保证老年人自主操控的舒适度。基于空间的公共性与私密性两种不同特征,人工照明设置在保证基本的适老化设计的同时,保证灯具的指引、导向、回忆、融合等情感功能的表达以完成系统性构建养老机构光环境的设计策略。导视系统的研究对于感知环境较弱的老年群体尤为重要,设计从导视图形的符号特征入手,对交互设计及环境的影响度进行研究。通过对导引符号的字体、图案、色彩、材质、形态、位置、声音、光照、色彩进行现场实验得出相应模式,将导视系统融入养老院整个空间环境中。养老院的外部环境从互动性和疗愈性空间景观进行研究,营造感官体验、行为参与、情感共鸣的互动方式,据此构建与西安地方特征相适应的环境设施,构建老人熟悉的亲切环境模式。

晚年阶段,老年人的心理易出现较大变化,尤其是在机构养老的老年人更是如此,养老院管理的封闭性导致他们基本与社会脱节。因此,对于生活在养老院的老年人来说,养老院就是他们的全部生活场所,在生活圈子缩小的情况下,我们需要更加关注老年人精神层面的需求,以此来改善老人的生活状态。基于以上分析本书旨在从老年人的精神文化需求出发,解决养老院中出现的现实问题,进而为老年人营造一个具有人文关怀的生活环境。

第 2 章　养老院公共活动空间设计

　　机构养老作为老年人养老的重要方式,不仅要满足老年人的日常生活需要,更要满足他们的精神层面的需求,提高晚年生活质量。养老机构中,公共活动空间作为老年人的娱乐休闲场所,对老年人的精神生活有着较大的影响。本章以养老机构公共活动空间为研究主体,从老年人生理、心理、生活习惯等方面进行针对性研究。在此基础上,以西安市养老院为例进行实地调研及老人行为特征及喜好分析,通过调研观察养老机构老年人的行为方式和生活习惯,分析出目前养老机构公共活动空间存在的不足,从人文关怀角度出发,以西安市社会区域划分和地域特征为依据,从公共活动空间的组织形式、功能配置、空间氛围等方面对西安市养老机构公共活动空间提出设计策略,概括为以下内容:

　　老年人的活动行为具有一定的随机性,在养老院中对公共活动空间进行灵活排布,打破以往公共空间在一处集中的布局特点。例如重视对小空间的运用,在走廊节点处增设小型公共活动空间。通过这些节点的增设,公共活动空间可以更好地满足老人的需要,吸引老人在此进行活动,丰富其精神生活。空间形态中将开敞空间、半开敞空间、私密空间等不同的空间形态相结合,满足老人对于不同空间功能的需求,灵活多变的空间组合有利于养老院内部不同类型的活动分区被更合理地安排,更好地满足老年人的使用需求。

　　重视无意识行为空间的设计。对于公共活动空间需打破固有定位,公共空间不仅仅是一个用来休闲娱乐的空间,更多的是老人的一些无意识行为活动的场所,如老人静坐观望、游走等,常出现在走廊通道、窗边等区域,设计的重点是使这类空间在空间尺度、环境氛围方面更好地满足老人的行为需要,更好地服务于老人。在设施组合和空间分割中重点考虑复合性、时效性,以此来提高空间利用率。

　　重视辅助空间场所的设计。每个公共活动空间不是单独存在的,需要合理安排其周边的存储区域、饮水休息区域、看护区域等辅助空间。辅助空间的增设可根据周围公共活动空间的分布进行共享。

　　注重空间的地域性表达。西安市不同社会分区老人的生活习惯与兴趣爱好不同,在公共空间的设计中应尊重老人原有的生活习惯和认知,在室内氛围营造、活动功能类型设置中结合老人主要的生活习惯和喜好,带给老人熟悉感,营造亲切的活动环境使其内心产生归属感。

分析老人的活动时间与活动类型的关系,考虑不同时间段老人所进行的活动在同一公共活动空间中的可兼容性,包括不同功能在同一空间中的复合型设计及细节处理。设计目的是让老人在不同的时间段在同一空间中可以进行多种类型的公共活动,同时也提升空间使用率。

通过对老年人的生理心理特征、西安市的地域文化和空间的协调关系的相关研究,尽可能为老年人提供相对舒适的公共休闲娱乐环境,从而使老人更多地感受到归属感和亲切感。

2.1 公共活动空间概述及相关研究

2.1.1 公共活动空间与公共活动方式

1. 公共活动空间

公共活动是人类生活的基本方式之一,尤其是老年人在入住养老院后与家人、外界社会的接触变得相对较少,养老院几乎成为老年人生活的全部,在养老院的社交活动成为老年人主要的休闲娱乐机会。对于公共活动空间的定位不仅仅是老年人在一起聊天的场所,可以是形式多种多样的且涵盖了一切养老院室内娱乐的场所。

2. 公共活动方式

根据兴趣爱好的不同,可将老年人的公共活动方式分为以下五类:

(1)阅读型。主要包括一些以阅读为主,和思维活动关系较为密切,能获得新知识的活动方式,如看报、看杂志、学习书法绘画等等。老年阶段人体大脑调节功能和大脑认知功能都普遍下降,认知能力、记忆能力、思维能力等整个智力水平都开始呈下降趋势,这种情况下老人可在学习获得新知的同时,延缓大脑的衰老。

(2)锻炼型。主要包括一些以肌肉活动为主的活动方式,如打拳、做操等等。通过锻炼可以降低疾病的发病率,同时此类型的活动方式可以让老人积极参与集体活动,增强老人之间的互动。

(3)创造型。主要包括一些能产生意识活动产物的活动方式,如手工制作、编织、布艺等等。老人的肌肉协调能力开始下降,此类型活动在锻炼老人动手能力的同时还可加强彼此间的交流。

(4)视听型。主要包括一些和视听觉感知活动关系较为密切的活动方式,如看电视、听收音机、网络阅览等等。老年阶段人体各感官也在退化,具体表现在:一是视力变化,随着年龄的增加,老年人眼中的世界会变得略显灰暗,因为眼睛分辨可见光中蓝紫色光的能力在下降。此外,远视眼在老年人群中普遍存在。二是听力变化,正常成人可以听到 20 000 Hz 的声音,而老年人随着年龄的增加所能听到的声音会逐渐减少,他们的世界会变得寂静,所感知到的世界也在萎缩。通过视听交流老人在接收信息的同时可以锻炼视听能力。

(5)娱乐型。包括以上四种类型以外的其他活动方式,如种花草、棋牌休闲等等。

老年人通过不同的爱好形式进行休闲娱乐活动,不仅丰富了他们的生活,也帮助他们更快地适应养老院的生活,消解进入养老院后的孤独感。

2.1.2 国内外公共活动空间相关研究

1. 国内研究

(1)以老年人的活动交流需求作为出发点进行阐述。如周燕珉等在《老年住宅》一书中将老人的日常行为作出了划分归类,并概括为养生、休闲娱乐与家居生活有关的活动,在对老年人行为研究的基础上提出老人住宅的具体设计策略。[1] 李洁在《当代我国城市老年文化研究》一书中写到老年人的余热文化,指出老人渴望交流,对于精神层面的需求有所提升,更加追求自我价值与尊重,在学习新的文化知识时惯用传统的学习方式与接受形式。[9] 林思敏在《养老院公共空间适老化设计研究》一文中阐述了老年人由于年龄所决定的特殊性对养老院公共活动空间的一些特定需求,主要反映在物理环境、交流空间的需求以及自我独处空间等方面,提出了养老院应该考虑老人的特征及其对空间的主要需求及其特征,以适老化设计作为设计的主要准则,体现人性化设计。[10]

(2)以老年人的生理及心理状况作为研究的核心,结合公共空间进行阐述。如张丹在《场所精神下的西安养老院室内空间研究》一文中提出养老院室内空间不仅是将适老化设计与人体工程学的机械结合,而是注重于对老人精神层面的设计考量,为未来养老院的室内设计提供新的视角。结合空间的流线、材料、造型、颜色及光线,以及养老院室内空间场所精神的具体营造来提升老年人在养老院室内空间中的安全感和归属感。[11] 侯继坤在《基于"人情味"的养老院室内空间设计》一文中阐述了养老院要从老年人的心理与生理需求出发,为老年人提供具有人文色彩的生活环境。为营造有人情味的环境需在养老院环境的细节之处提升设计理念,在更高层次的细节设计中让老人感受到温暖,以此来弥补老人离开家庭生活后心理方面的缺失。[12] 杨建新在《东北地区养老院室内行为模式与空间需求研究》一文中充分研究老年人的生理、心理以及行为特征,并结合东北地区的地域环境特点,总结出符合东北地区老人的生理、心理、行为需求以及适应东北地区地域环境的养老院室内空间设计策略。从空间布局、功能空间、物理环境三个方面归纳和总结适合东北地区养老院室内空间设计的策略。[13] 李怡霖、郭全生在《基于老年心理需求的养老院室内公共空间环境设计研究》一文中通过对养老院老年心理特征的分析,总结出老人的心理需求,包括求生性、眷恋感、共生性、孤寂性四个方面。针对老年人主要的心理需求,对养老院室内公共空间的设置提出了相应的解决办法。在公共空间设计中还涉及了空间组织、材质、家具和装饰品、视觉标识系统等内容。[14]

（3）阐述老人的日常行为与医疗相结合的设计模式。如张艳嵘在《城市养老院建筑的人性化设计》一文中写道要在养老院建筑设计中以人性化作为设计目标，通过人性化寻找合理的设计策略和改善措施，营造适宜于老年人的生活环境。首先要确保养老院中的无障碍设计达到合理化，其次是与日常环境以及医疗护理设施相结合，满足老年人实际生理需求，提升老年人的居住体验。[15]朱政、马陈在《基于互助养老模式的住宅式养老院改造设计研究》一文中以某安置小区某单元的12套住宅改造为例，以居住空间、娱乐空间的设计为出发点，形成了一套低龄老人共享厨房、餐厅、娱乐空间，由低龄老人积极参与烹饪、保洁、保健等工作，并照顾高龄老人的互助养老模式，探索建立"银币"互助养老信用体系。[16]

（4）结合地域文化因素对室内进行更适宜于当地老人的设计。如李婷杰在《西北地区养老设施室内公共活动空间设计研究》一文中指出西北地区养老设施相关建筑设计标准研究滞后的问题，包括在室内公共活动空间中的设计研究仅仅浮于表面，虽符合一些国家标准，并未进行更深层次的设计探索等。并基于上述情况，结合西北地区的独特地域化特征对养老院的室内公共活动空间提出了设计策略。[17]王墨林、李健红在《海西地区养老设施公共空间设计初探》一文中指出养老设施的公共空间大多存在交通流线设计过长、空间配置不合理、忽视地域特征、空间匮乏舒适感、空间缺乏亲近感、空间个性不鲜明等问题，并提出合理优化流线设计；合理配置公共空间，优化资源利用；注重地域文化，延续居住习惯；强化空间标识性；强化空间的人性化设计、创造具有归属感的空间。[18]王晨曦在《养老设施的室内公共活动空间设计研究》一文中从各类功能空间的家具设施配置、常见的空间形式和室内设计方面探讨了公共活动空间的设计要点，研究了各类功能空间的组织形式、特点、位置和流线关系；并根据各类公共空间的配置需求，参照国内相关规范标准和国外的设计建议，总结出不同类型、规模的养老设施公共活动空间的面积标准和配置建议；从风格、色彩、材料、物理环境及其他环境方面，总结了公共活动空间的室内环境设计方法。[19]

2. 国外研究

欧洲是最早进入老龄化的地区，英国1985年65岁以上老人数量已占据本国总人口的15%以上，位于世界前列。由于英国文化的差异性及思想的开放性，全国有40%的年轻人不愿与其父母生活在一起，因此大量的老人选择在老年公寓中度过晚年。美国也于1950年开始了对养老院公共空间的漫长设计研究。美国经济的迅速增长，也滋生了一系列的问题，其中较为突出的就是人口老龄化问题。1960年开始，美国开始建造各类养老院，尤其注重对养老院公共空间的打造。在这些发达国家的养老院公共空间的研究成果中有很多强调注重老人精神方面的设计，对我们来说有许多可借鉴之处。其一是将老人的卧室、餐厅、公共活动室设计为多功能区域，合理地平衡各个功能在空间中的使用，让老人可以享受一个多功能、体验感丰富的空间。其二是注重人权,尊重老人的个人隐私,让老人享受一定程度的独处,强调私密空间的运用。其三是为老人提供相应的社会医疗、保险、劳务等配套设施,保障其安全。其四是提供一些小型文化娱乐场所,便于老人开派对,让他们保持好的心理状态。

日本的养老居住设施经历了三个阶段:养老院时期(1896 至 20 世纪);老年人的住所时期(20 世纪 50 至 60 年代);多种类型并存的时期(开始于 1980 年代)。日本建设省和厚生省于 1968 年共同提出了"银发住宅建设计划",主要目的是为自理老年人提供出租公寓,以制定住房供应政策。直到 1988 年,随着老龄化的加剧,该政策才迅速发展。在这项政策的协调基础上,日本开始建造各种类型的老年公寓,随后出现"银发之友""年长者住宅"和其他类型的老年公寓名称。

日本的养老模式在 21 世纪发生了变化,从社会养老向倡导原始家庭养老与社会服务相结合的方向转变。具体表现在:在规模上,更加注重空间尺度问题,空间尺度从大型向小型过渡。在人群结构上,从老年人到老年人及其子女,即"二代居",在人群结构变化的情况下,增加两代人之间的活动行为。在布局上,将养老机构从开始的郊区地带放置到老年人社区中,进一步加强老年人之间的交流以及老年人的心理安全感。在设施方面,从之前"单一化"变成可应对不同的老人生活需求。根据日本的"两代居"及横滨老年公寓在公共空间的设计中得到如下启发:在公共空间的布局上,应将食堂及活动室布置在离交通空间较近的位置,为老人之间提供更多的聊天机会;在公共空间与私密空间的连接处应考虑其如何衔接的问题,既要保证老人卧室的私密性,又应考虑老人身体的实际状况,保证活动空间离卧室不远,以方便残障老人出入;注重公共设施功能的多样化;公共空间需多设置连廊、阳光室等交流空间,尽最大可能增加老人参加公关活动的频次。从日本养老居住建筑的研究发展史,可以看出关注点逐渐从物质环境到对人文环境的关怀,对我国老年养护机构适老化的设计研究有积极的借鉴意义。

2.2 西安市养老院公共活动空间的现状与问题

本章对香积童心老年公寓、康宁老年公寓、颐安老年公寓、寿星乐园养老院四家养老院展开调研分析,这四家养老院分别位于西安市城北近郊区、高新产业园区、中心老城区和农业密集区。通过这四家养老院的公共活动空间进行分析比较,总结公共活动空间目前的状况和问题。

2.2.1 西安市养老院公共活动空间现状

1. 香积童心老年公寓

香积童心老年公寓位于长安区香积寺村内,是民办小型养老院,养老院内部格局以农家小院形式为主(图2-1),接收的老人主要是附近的村民,院内设施较简单。现状如下:

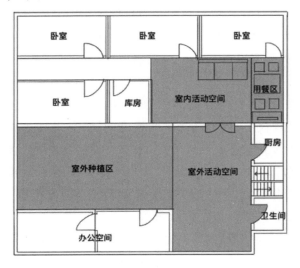

图2-1 香积童心老年公寓平面图　　图2-2 香积童心老年公寓室内公共活动空间

(1)公共空间内基础设施缺乏,现有设施只是一些旧家具,不利于老人的使用,交流区域的家具位置摆放也存在着问题,老人的听力或多或少会有一些退化,所能听到的频率有限,而桌椅摆放多为横向,位于两端座椅的老人相隔较远,不利于相互间信息的传达,还有可能出现两边的老人参与不到交流活动的情况。(图2-2)

(2)室内公共空间分为两部分,东部为进餐区,西部为公共交流区,但由于该空间面积较小但又要兼具老人交流和进餐的双重用途,明显的分区使空间显得更加拥挤。为了使空间变得整体统一化又能提高其利用率,可将进餐和交流空间融为一体,统一家具的类型,也就是让该区域在特定的时间段作为餐厅使用,其余时间作为休闲空间。

(3)活动空间缺乏人文关怀的设计理念,养老院的老人多为附近农民,他们习惯于比较随意舒适的农村生活,且有与左邻右舍闲话家常的习惯,而该区域内只摆放了几把旧桌椅,缺少营造农村温馨氛围的设计。

(4)室外公共空间一部分是种植区,一部分是活动区,养老院考虑到多数老人有种植的习惯,所以在院中为老人开辟了一块种植区域,不仅可为老人提供保持日常喜好的场所,也可以促进老人锻炼身体。但活动区内的安全设施比较缺乏,且在种植区和活动区之间缺乏过渡地带,种植区域的沙土有时会粘在活动区的地面上造成打滑的情况,老人的安全存在一定的隐患。

2.康宁老年公寓

西安康宁老年公寓坐落于西安市高陵区泾渭新区,距渭河、泾河各 500 米,离西安市政府 13 分钟车程,西安北站 10 分钟车程。它是一所集养老、医疗、康复、养生、保健、候鸟团为一体的综合养老中心,主要为老人提供日常照料护理和日托服务。这一栋建筑的二、三、四层为该养老院的主要使用区域,每层楼的东侧和西侧为老年人的住宿区域,连接东西的中间区域为公共活动空间(图 2-3)。现状如下:

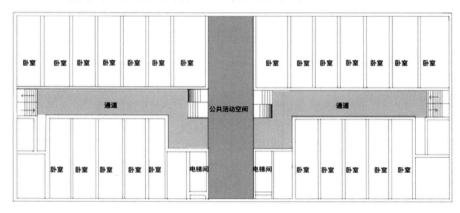

图 2-3　康宁老年公寓公共空间

(1)康宁老年公寓公共空间面积较大,有麻将房、健身区、针灸推拿区等,区域类型比较丰富。其中比较有特色的模式是为日间照料的老人提供公共场所(图 2-4),在此期间老人可以带孙子前来。日间照料区内一部分为老人的麻将棋牌区(图 2-5),另一部分是供幼儿玩耍的游乐区(图 2-6),但两个区域都比较独立,没有很好的互动性。

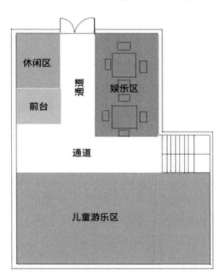

图 2-4　康宁老年公寓日间照料区

图2-5　康宁老年公寓日间照料棋牌区

图2-6　康宁老年公寓日间照料儿童活动区

（2）公共空间集中在每一层楼的中间区域,对在东西两端居住的老人来说,距离偏远再加之自身腿脚不便,不符合易达性原则,导致在卧房走廊的区域有大量老人聚集交流,但是走廊较窄且缺少设施,这样既影响了该区域交通,使老人活动不便,同时也浪费了中间部分的公共区域。

（3）三层楼中间的公共空间设置都不够紧凑,二楼是跳舞做操的场地,虽然主体空间需要宽敞一些,但还是缺少必要的休息区和物品存放区。三楼和四楼的公共空间区域分别是麻将棋牌区和健身器材区,这两个较大空间内只放有零星的一两套麻将桌或者锻炼器材,其余地方全部闲置着,空间的利用率有待提高。

（4）欠缺对西安地方文化的综合考虑,养老院中出现了泰式的艾灸区（图2-7）,但是老人们并不太习惯使用此类区域,所以这类空间常年闲置。该区域应针对西安老年人的生活习惯设置适宜于他们喜好的公共活动场所。

图 2 - 7　康宁老年公寓艾灸区

（5）室外活动空间较大，但布局松散，可供老人休息的区域只有东南角的亭子，离老人居住的位置较远，从居住区到亭子中途没有任何可供休息或者介助的设施，空间利用较差。（图 2 - 8）

图 2 - 8　康宁老年公寓室外活动区

3. 颐安老年公寓

颐安老年公寓位于丈八六路南段与锦业二路交会处，整个公寓建筑呈"L"形分布，南北朝向的楼供自理型及介助型老人使用，东西走向的楼供介护型老人使用，公共空间主要分布在南北走向的二层西侧和室外的花坛、廊架等区域。二层区域是老年人公共活动最多的区域（图 2 - 9）。现状如下：

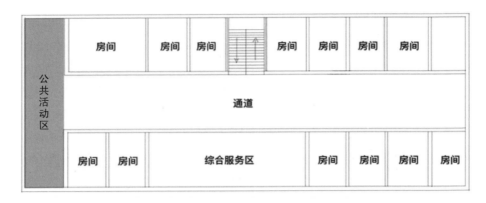

公共活动区	房间	房间	房间	房间	房间	房间	房间
	通道						
	房间	房间	综合服务区		房间	房间	房间	房间

图 2-9 颐安老年公寓二层平面图

（1）公共活动空间较丰富，二层的公共活动区包含书画区、茶饮区和阅读区三个部分。该养老院中的老人知识文化素养相对较高，大多数比较爱好阅读和书画，该空间内虽然包含书画区（图 2-10），但区域内只简单地摆放了一套桌椅，在老人活动频繁的时间段会明显感觉不够用。而且该区域缺少储存空间，老人写字作画的工具和完成的作品没有地方妥善安置。

图 2-10 颐安老年公寓二层书画区　　　　图 2-11 颐安老年公寓二层茶饮区

（2）活动空间划分不明确，如茶饮区与书画区相邻，也只有一套桌椅（图 2-11），两区域衔接得比较突兀。书画和饮茶都是提升老人雅兴的活动，在此区域设计时可以将这两类活动区域彼此衔接，相互衬托气氛。

（3）空间组织合理性欠缺，阅读区和书画饮茶区之间通过书架分隔开，书架只有一排，但阅读区的面积较大，不便于腿脚行动不便的老人中途换书（图 2-12）。因此在阅读区可将书架分散开来摆在接近桌椅的位置，方便老人拿取。另外，阅读区的桌椅都是沿墙摆放的且桌椅较少，区域显得很空荡。

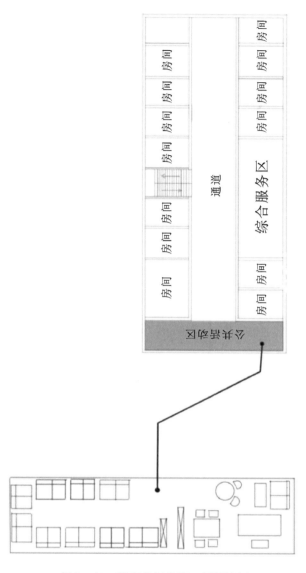

图 2 – 12　颐安老年公寓二层阅读区

（4）交流空间形式单一，以书画阅读为主，缺少其他类型的交流空间，尤其是锻炼型空间。养老院室外虽设有健身设施，但在冬季天气恶劣的情况下，很少有老人愿意在室外锻炼，因此室内的锻炼型空间还是需要设立。

（5）公共活动空间设施组织不合理。养老院室外公共空间较大，座椅类型比较丰富，每隔十米左右就会出现可供休息的设施，但老人常使用的地方只有花坛边（图 2 – 13）、廊架（图 2 – 14）。一些可供休息的亭子因长时间不打扫已经废弃，老人已无法使用。老人午后都有晒太阳的习惯，院内繁茂的低矮灌木围合出的一块区域成了他们晒太阳聊天的场所（图 2 – 15），但是该区域缺少座椅设施，老人须自带座椅过来，很不方便。养老院在室内外过渡的灰空间提供了一些可供老人短暂休息的设施,通过调研发现老人在此空间停留的频率较高,但是该区域的设施分布不够合理,座椅位置摆放较为孤立,且栏杆扶手附近摆放的座椅对于要借助栏杆行走的老人来说成了阻碍(图2-16)。

图2-13　颐安老年公寓室外花坛

图2-14　颐安老年公寓室外廊架

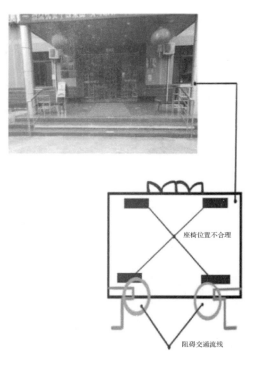

图2-15　颐安老年公寓室外活动空间

图2-16　颐安老年公寓室内外衔接处

4.寿星乐园养老院

该养老院位于西安市莲湖区,是一家公办小型养老院,收纳了许多带有福利性质的老人,院内设施比较简陋。公共活动空间集中在养老院东面的房间内,但老人很少使用,而是在天气好的情况下在院子里坐在一起进行闲聊,天气恶劣的情况下老人很少离开卧室。现状如下:

(1)公共活动空间布局不合理,养老院室内活动空间在养老院最东边的房间,离西边的卧室较远,而该养老院卧室一出门就是室外,且通往公共活动空间的路是砖地不平整,所以老人很少会专门走到这个房间进行活动(图2-17)。室内公共活动空间的门和窗户都位于西侧,加之北边的建筑离该空间较近,所以该空间采光不好,老人比较排斥(图2-18)。

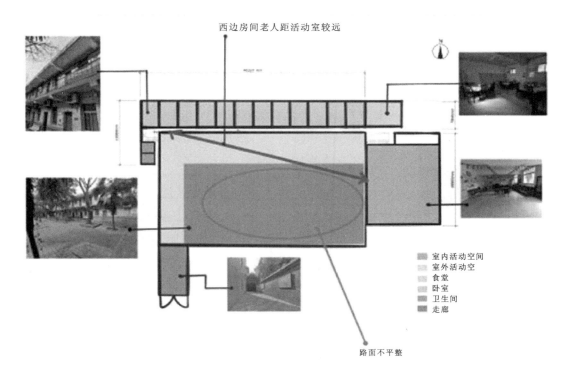

图2-17 寿星乐园养老院平面图

(2)公共空间活动设施类型比较单一,只是简单地摆放了两组麻将桌,而该养老院的老人全部为女性,她们大都比较喜欢聊天,而对于麻将一类的活动兴趣不大。

(3)室外公共空间面积较为宽阔但利用率不高,由于南边建筑物较高,该空间一天内太阳可照射到的面积较少,冬季甚至没有太阳光照,而大多数老人都有午后晒太阳的习惯,所以老人会在仅有的光照面积不大的养老院入口处晒太阳,但由于入口又处于风口位置,老人们也很难长时间停留(图2-19)。

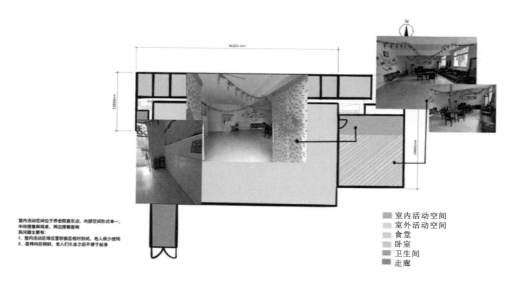

图 2 – 18　寿星乐园养老院室内公共活动区域分析图

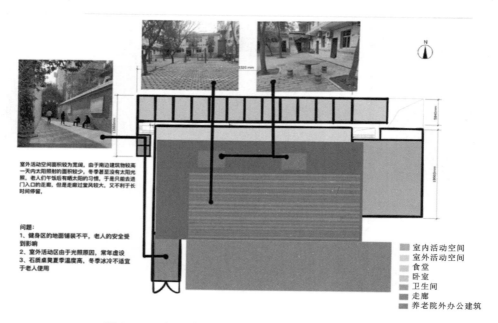

图 2 – 19　寿星乐园养老院室外公共活动区域分析图

2.2.2 公共活动空间问题分析

1. 养老院现状问题分析

通过对四家养老院的调研,了解到西安市目前养老服务设施的需求量较大,在使用设施方面较为简陋且大多仅停留于满足老人的基本使用需求,在人性化方面、软硬件设施以及空间布局等方面的设计依然存在着一些缺陷。具体为：

1）活动设施条件难以满足老年人的日常行为需求

老年人处于人生生理及心理的特殊阶段，养老院设施辅助于老人日常生活的方方面面，但由于一些养老院建成年份较早，以及资金的不足，院内设施简陋，在人性化设计上缺乏理论支撑，在美观性、实用性方面设施条件较差，难以维系老年人的日常生活要求。另外养老环境中缺少对智能化技术的运用，一些养老院中虽然使用了智能化的设施，但依旧不完善。智能化技术更大程度地保障了老年人生活的安全性和便捷性，也可为养老院工作人员的管理带来便捷。

2）养老院各功能空间的沟通欠缺

调研中发现养老院接收老年人类型较广，并将自理型、介助型、介护型老人居住及活动地点区分过于明显，导致自理型、介助型老人区老人的活动较多，人性化关怀较好。而介护型老人由于常年卧床，该区域除了护理人员很少有人路过，常年处于养老院中被孤立的位置坐标，于其他老人的沟通互动较少，对此类老人精神关怀方面的考虑较弱。

3）护理功能空间布局不合理

调研发现，看护人员所在区域在整个养老院中分布不够完善，缺乏合理性。有的养老院中仅在养老院入口前台处设有看护人员区域；有的养老院在每一楼层设置一个看护人员区域，而养老院的建筑规模较大甚至出现"L"型的转角，会出现看护人员视觉盲区，老人在走廊中行走时如遇意外可能会出现看护人员救助不及时的情况。另外，老人也需要与其他年龄阶段的人相处，而在养老院中看护人员与老人的交流较少。看护人员所在区域应融入老人的生活区，加强看护人员与老人的交流，关注老人的精神层面需求。

2. 公共活动空间的使用情况

对四所养老院公共活动空间进行了重点调研，从空间位置、空间布局、空间组织及使用情况等方面进行对比分析。

1）空间位置

（1）香积童心老年公寓。该养老院的主要公共活动区域位于整个养老院的中心位置，与室外环境、老人居住空间联系比较紧密，属于中心辐射四周型。但也是由于处于中心位置，老人在公共活动空间进行活动、游走频率较高，存在着交通流线相互干扰的情况。

（2）康宁老年公寓。该养老院的公共活动区域位于各楼层（二、三、四层）的中心位置，呈中心向两边的辐射形态，其建筑走向过长导致离公共活动区域较远的两端区域的老人使用不便。

（3）颐安老年公寓。该养老院公共活动空间较为集中，四层楼中除第四层是未使用的楼层外，一至三层的公共活动空间均分布在自理型老人居住楼的最东侧，距老人的居住区较远，公共活动区域的使用率较低。

（4）寿星乐园养老院。该养老院中室内公共活动区域位于整个养老院中的角落位置,且与前一幢楼相距过近,导致其内部采光较差,空气阴冷,另外与老人居住区距离较远。

2)空间布局

(1)香积童心老年公寓。养老院中公共活动空间的面积较小,且活动空间与用餐区连接处的空间较为拥挤。布局方面较单一,只有静坐区域,且存在着不合理性。沙发位置直面大门入口,呈直线型摆放,不利于两边的老人进行交流。

(2)康宁老年公寓。养老院活动空间的位置较为集中,导致原本的公共活动区域使用频率并不高,因此出现了空间内布局的简单化,较大的空间内只是象征性地零星摆放长椅、麻将桌、康体器材,并未对布局进行合理的设计规划。

(3)颐安老年公寓。公共活动空间存在于整个养老院中的边缘位置,功能划分较为丰富,但在便捷性设计方面依然不合理,尤其表现在阅读区域桌椅的位置与书架的摆放关系上,没有考虑到老人行动不便的因素。书画区与茶饮区、阅读区之间也仅为平行布置,在设计上没有进行合理地考量。

(4)寿星乐园养老院。室内公共活动空间由于位置原因使用频率较低,其内布局为四周是静坐休息区,中心是麻将棋牌区,布局过于单一化,且未考虑静坐老人独处时需要较为安静的环境。在空间的私密性与开敞性的分割、融合方面的设计欠缺。

3)空间使用情况

(1)香积童心老年公寓。由于该养老院面积较小,各区域联系紧凑,且公共活动空间位于中心位置,所以日常使用率较高,但空间内布局的不合理导致该空间过于拥挤,老人的活动范围从室内向门口及室外转移。

(2)康宁老年公寓。公共空间的集中坐落不便于两边居住的老人抵达,因此老人在此空间中的活动较少,一天中只有早晨老人进行集体练操时才使用。而老人为了交流方便,自主选择了在各自房间门口进行交流活动,因此也导致过道出现拥挤的现象,甚至影响老人正常的行走。

(3)颐安老年公寓。公共空间的位置较偏导致老人使用频次较低,而由于其"L"型的建筑造型以及过道较长,老人在过道中游走以及在窗边观望频率变高,因此走廊成为老人的主要活动场所,但老人游走时需要扶着围墙扶手进行,导致游走老人较多时相互影响。

(4)寿星乐园养老院。相邻建筑间距过小导致该空间日照和采光不足,老人在该室内公共空间活动较少。养老院的居住楼层只有两层,方便老人去室外活动。在天气状况较差的情况下,室外也不便于老人活动,因此该养老院老人对公共活动空间的使用积极性不高。

2.问题

综合以上对西安市养老院公共活动空间的调研分析,均出现了安全性、便捷性、实用性、娱乐性、人文关怀不足,活动区域不确定的状况。安全性不足体现在养老院中老人经常活动的场所,如走廊、入口,还有一些空间过渡的节点,这类空间通常在其基本功能上使用频率较高,加之老人又常在此活动聚集,活动流线的密集拥堵对老人的安全造成了一定的影响。便捷性不足体现在公共空间比较集中且多在养老院中较偏的位置,在相对较远的一段距离中缺乏老人停坐休息的区域。当活动区域不利于老人抵达时,老人对该空间的使用频率会大大降低。节点处设置的座椅可以为老人停留休息或两个老人碰面想聊天时提供方便。实用性不足体现在公共空间的利用率不高。公共空间只是简单摆放了这一功能空间的基础设施,空间内其他地方大多闲置,整个区域显得空荡且浪费空间。娱乐性不足体现在公共空间的类型缺乏多样性。所调研养老院的公共空间的类型偏少,老年人的兴趣爱好多样,而目前的公共空间类型难以满足老人的爱好需求。在娱乐区域面积固定的情况下,现有养老院在一个较大的空间中只设置一类兴趣活动场所,并没有根据活动类别的不同对空间进行合理的划分。缺乏人文关怀。本书所调研的养老院分布在西安市的不同区域,根据所在社会分区的不同,老年人的社会经历、文化层次都有所差别,在设计公共空间时要充分考虑该区域老年人的状况,根据不同区域老年人的不同需求进行公共空间的设计。西安老人对于一些带有地域特色的休闲娱乐活动感兴趣,如打陀螺、秦腔表演等,而经调研发现养老院并没有将这类场所考虑在公共空间布局中。公共活动空间随着养老院的特殊性转移。由于养老院内部建筑形态的特殊性和公共活动空间分布不合理,一些养老院中原有的公共活动空间使用率过低,老人自主地将活动区域转移至别处。其中卧房入口处、过道、阳光较好的窗边成为老人的活动区。但养老院建成之初并未针对老人的活动行为对这些空间作出适应性设计,导致这类活动空间存在很多弊端。

2.3　西安市地理文化环境及老年人活动特征

公共活动空间是相对于私有空间的一个概念,它具有社会性,使用群体更为广泛,是群体进行有序或无序社会活动的场所。养老院公共活动空间的使用群体范围更为精确,群体所进行的活动更具确定性和特殊性,在某一特定城市或地区老年人的记忆爱好存在一定的相似性,其在养老院公共活动空间中的行为也更为具体。

段义浮在《空间与地方》一书中提到,人们对于故乡的依恋是一种世界性现象,它并不局限于任何特定的文化和经济体。城市或者土地被视为母亲,它哺育了一方人民。地方是一个存放美好回忆和辉煌成就的档案馆,地方是永恒的,因此可以使人们安心。[14]地域文化是在一定的地域范围内长期形成的历史遗存、文化形态、社会习俗、生产生活方式等,受不同地域条件与气候特点以及独有的人文精神等诸多因素影响。不同的地域环境造就了老人不同的意识认知和生活习惯、兴趣爱好。在养老院公共活动空间中融入老人所熟知和认可的环境及元素可以给老人带来一定的归属感,以此来缓解老人离开原生家庭后的孤独感。本章将对西安市地域特征进行分析,为基于地域特征下养老院公共活动空间设计提供依据。

2.3.1 西安市地理环境特征

1. 自然地理特征

西安市位于温带季风气候区和亚热带季风气候区的过渡地带,南部的秦岭山脉是中国的南北方气候分界线"秦岭—淮河线"的一部分,因此兼具两种气候的部分特点。该市四季分明但时长不均,冬夏季节长于春秋。全年雨量适中,集中于夏秋,雨热大体同期,农作物较易生长,湿度冬低夏高。冬季寒冷程度较为温和,少有极端严寒;夏季由于地形原因,南部山脉阻挡削弱海洋北上的冷空气,再加之地处背风坡易形成焚风效应,故炎热程度高且持续时间长,给市民健康特别是心脑血管相关疾病的老年患者的身体状况带来不小挑战。

据陕西省气象局数据显示,该市最高日间气温近年来(自2016年左右始)不断接近、逾越40摄氏度,且极端炎热过程持续长达月余而无明显降温(图2-20)。该市最冷月(1月)平均气温0.3℃,极端最低气温-20.6℃(1955年1月6日);最热月(7月)平均气温27.0℃,极端最高气温41.8℃(1998年6月21日、2017年7月24日);年平均气温14.1℃;年平均降水量约561毫米;年平均湿度为69.6%;年平均降雪日为13.8天。雾霾等特殊天气状况出现次数较多,天气的变化限制着老年人的活动范围,在公共活动空间的设计中首先要考虑当地的气候特征,在空间布局上考虑夏季的通风及庇荫的需求,冬季注重光照对活动空间的影响。其次要注重室内与室外的互动性,在天气状况不佳的情况下可以使老人在可遮风挡风的区域观望室外。

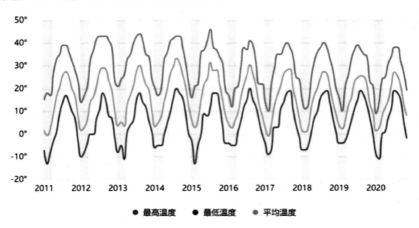

图2-20 2011—2020年西安市温度变化曲线图

2. 人文地理特征

西安是一个民族多元化、宗教活动较多的城市,有 52 个少数民族(乌努族、德昂族、罗巴族、独龙族等),常住人口 9.56 万,约占全市人口的 1.1%,占新疆少数民族总数的一半以上。陕西省少数民族中,回族和满族人口均超过 10000。已依法批准在西安建立和注册宗教活动的宗教场所 433 个宗教场所(佛教 134 个,道教 35 个,伊斯兰教 26 个,天主教 97 个,基督教 141 个)。养老院中也会收纳一些有宗教信仰的老人,但在养老院公共活动空间中宗教活动场所常常被忽略,此类场所的划分应根据养老院活动空间总面积的比例设置区域,且放在较为安静的位置。

老年人的教育成为近些年来老年人追求精神文明的需要,在养老院公共活动空间中可以根据老人的爱好划分学习交流的区域,丰富老年人的精神需要。在老年教育方面,中共西安市委老干部工作局坚持办西安老年大学,做好老年人教育工作。西安市老年大学成立了新的校舍筹建领导小组,与西安市规划局、西安市国土资源局、西安市政府事务管理局、西安市财政局等部门进行了沟通协调。而后多次进行了校舍调查和调查,并制定了西街校区的重建方案实施计划;投资 15 万元,引进教与学管理系统,为西安老年大学建立信息管理平台,实现网络化、电子化管理。在西安大明宫遗址公园和西安城市运动公园制定《校外教学辅导站管理办法》,3 个场所开设 13 个教学指导点。

2.3.2　西安市地方文化特征

1. 地域民俗文化

关中传统文化有以下特点:一是具有良好的生态环境,是北方典型的农耕文化地带。二是具有以汉族为主体的多民族、多宗教文化和外来文化相融合特点。三是原始信仰、宗教与民间游艺民俗高度发展,有节日文化、社火文化、庙会文化、饮食文化、口承文化、民间工艺美术文化等民俗文化。其中常出现在人们生活中的有:①秦腔。"八百里秦川黄土飞扬,三千万儿女高吼秦腔"是西安乃至西北地区独特的地域特征。秦腔源于陕西及甘肃一带的民间歌舞,长安作为古代的政治、经济、文化中心,秦腔由此而壮大起来。2006 年 5 月 20 日秦腔被列为国家非物质文化遗产。在西安有很多秦腔爱好者,尤其集中在老年群体。②木版年画。陕西关中地区独具特色的民间艺术还有木刻年画,其表现题材丰富,具有驱邪、敬神、纳祥的寓意特征。木版年画的存在与发展起源于老百姓的生活。其造型夸张,古拙质朴,作为民俗文化其题材多取于民间风俗。③石雕文化。对于生活在西安的老人来说最熟悉的莫过于石雕文化,拴马桩、石鼓、石墩、砖雕等装饰在城市的各个角落可见,石雕文化是华夏文明的缩影,也记载着古人的智慧。其题材多来自前人们对自然景象的观察并按照一定的比例和形式搭配组合,石雕上斑驳的印记使生活在西安的人有着较强的文化认同感。

在养老院公共活动空间设计中加入地域民俗文化元素,一是可以为老人提供一些适合于进行民间传统文化交流的场所,这些场所可以是唱秦腔的空间,或者是一些简易年画学习的空间。二是可以运用一些民间传统文化中的元素对空间进行装饰,如以石雕、年画、秦腔中的"生旦净丑"对空间进行小面积的装饰,在公共活动空间中营造关中所特有的气氛。

2. 传统民居文化

关中传统民居形成了在空间要素、空间组织、装饰艺术这三个方面的典型特征。空间要素在关中民居中一般由正房、下房、门房、入口等建筑共同围合成院。空间组织根据坐落方位街道的不同有东、西、南、北宅之分。装饰艺术中屋顶有脊饰、瓦饰来丰富建筑天际轮廓线。门口两边伸有墙垛,上部墀头有灯笼状花砖雕饰,大门两边有抱鼓石。在传统的民居文化虽不能照搬进养老院公共活动空间的设计中,但一些人们长期遗留下来的习惯可以作为设计中的参考,如传统民居中的槐院文化,槐院是关中民居的前庭,起遮挡作用。同时也起着庇荫纳凉的作用,邻里间可坐在槐树下休憩。在养老院公共空间中可借鉴这一特点对空间进行设计划分,使老人以熟悉的方式进行聊天交往,与其有相似借鉴意义的地方还有传统民居中的檐廊,作为室内与室外连接的灰空间,在养老院中可在室内外的过渡空间增设公共活动空间,加强室内外的互动性,同时延展室内空间。

2.3.3 西安市社会区域划分

西安市各个社会分区中也存在着一定的差异,每一个社会分区的老人的生活习惯、兴趣爱好等都存在差异,要将人文关怀的设计融进公共空间中就要对西安市社会空间结构划分进行研究,将每个区域的特色和老人的喜好做出分类,为下文中养老院公共活动空间设计结合区域特色提供理论基础,为养老院公共空间的人文关怀设计提供依据。

1. 西安市社会区域类型

城市社会空间结构的五个主要影响因子:受教育程度因子、家庭结构及抚养比因子、住房质量因子、农业人口因子以及其他因子,据此西安市社会空间结构可以划分为七大类型区:

(1)工业密集区。这一区域以工业制造业为主,工人在总人口中占据重大比例。居民的家庭特征、人口特征以及非农化特征比较显著。主要分布于韩森寨、长乐中路、胡家庙附近的机械制造企业;桃园路、枣园的西部电工城;三桥的物流仓储企业;土门的新兴工业区、西安印钞厂等大中小企业;纺织厂街道的西部纺织城。

(2)知识密集区。这一区域以高收入知识分子、高素质人群为主,主要分布于太乙路街道、大雁塔街道、和平路街道、青年路街道、西大街街道、北关街道、二府庄街道等内城街道及洪庆街道。这一区域主要分布着大量高校、研究所、文教类设施、企业单位,文化水平高的专业技术人员和知识分子在总人口中占比较大。

(3)中心密集混合居住区。这一区域人员结构复杂,除原住居民外包含大量进城务工的农业人口,又有大量从事商业服务的外来人口。这一空间范围较广,主要分布在城内的莲湖区、新城区、碑林区以及雁塔区和未央区靠近城市中心的一些街道,人口密度相对较大。

(4)近郊外来人口混住区。这一区域位于城乡接合部,通常是刚进入城市的外来人口暂住的地方。主要分布于北郊的未央区和东郊的灞桥区,并且相对集中。

(5)外来混合居住区。这一区域外来人口比重较高,主要分布于内城的新城区和靠近内城的外围地区。

(6)外来人口混住区。这一区域随着时间发展,基础设施老化,一部分原住居民搬走,由低收入阶层租住或购买,出现原住居民与外来人口混住现象。

(7)农业人口散居区,这一区域城市化率较低,农业人口比重较高,人口密集度较低。空间分布在郊区,如灞桥区、未央区、雁塔区外围。

2. 结合社会区域划分养老院公共空间类型

为方便探望,大多数家庭习惯于为老人选择离家较近的养老院。不同区域的老人对西安市这座城市的记忆与感受不同,为将养老院的公共空间改造得更具人性化,有必要对不同区域的老人依照职业、经历进行划分。如工人、知识分子、农民工等由于其生活环境背景及生活习惯具有一定的差异性,所熟悉的和喜好的东西也不同。在养老院公共活动空间可有选择性地进行活动类型设置与布局,可选取该区域老人共同的爱好类型作为公共空间设计依据,其余类型的公共空间可减少在总空间中的占比。通过对西安市各社会区域的特点来定位各区域养老院公共空间的类型,结合特定区域内老年人的主要爱好、生活习惯及该区域内独特的社会文化,为社会区域内养老院公共空间创造具有文化特色和区域印象的空间模式。

2.3.4 公共空间中老年人活动模式分析

1. 养老院老年人行为特征

综合调研发现,老年人常进行的公共活动行为通常包含以下几种:首先,最为常见的是闲坐观望,老人常在养老院门口、走廊窗户边、大厅内等区域驻足观望或久坐。这些地方的共性基本为视野较为开阔或与室外空间有一定互动性。其次,大多老人都有锻炼身体的习惯。进行这类活动的时间段一般集中在上午,除室外活动外,老人也会在室内的锻炼空间进行练操等活动。再次,各类娱乐活动。老人会在室内设置的不同类型娱乐区域进行公共活动,如下棋、书画、阅读等。这些活动所需要的空间尺度、空间开敞程度、空间形态都不尽相同。另外,自由交谈闲聊,该行为是在养老院中随机发生的,交谈行为的发生频率较高,发生地点较为多样。最后,活动游走也是健康老人较为多见行为,在该行为中老人获得与其他老人进行交流的机会,同时获取周围环境信息。该行为贯穿于整个养老院公共活动空间,包括大厅、走廊、娱乐区域等。

以颐安老年公寓为例,养老院中老人最常见的行为是闲坐观望、自由交谈、活动游走,兴趣娱乐、锻炼身体次之(图2-21)。通过调研会发现一些普遍存在的弊端:一方面老人常见的三类行为(闲坐观望、自由交谈、活动游走)相应的空间没有得到最优化的设计,只是简单地停留在单一的基本使用功能上;另一方面由于兴趣娱乐空间位置的固定性及局限性,老人更加青睐于一些随机停留的空间。

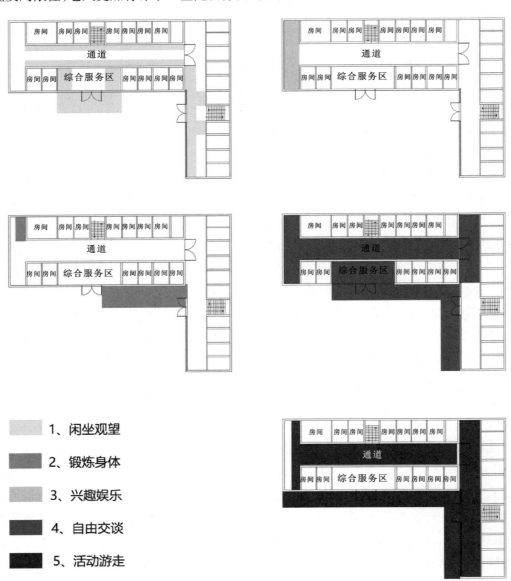

图2-21 颐安老年公寓老人行为地点分析

2. 不同时间段老年人活动频率分析

老年人的活动行为与时间段有很大的联系,上午8:00—10:00是锻炼活动的频发时段,娱乐活动常发生在下午,闲坐观望、自由交谈、活动游走贯穿在除休息外的多个时间

段。(图 2 - 22)

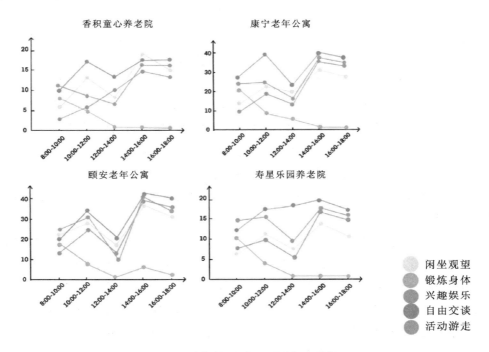

图 2 - 22　不同时间段老人活动频率分析

　　通过对四所养老院不同时间段的调研得出,老人对公共空间使用中,使用时长最多的是闲坐观望、自由交谈、活动游走行为所相对应的空间。由于老人这些行为活动经常停留在通道走廊、房间门口等位置,且停留时间或活动时间较长,会影响这些区域基本功能的使用,同时对老人会有一定的安全隐患。进行兴趣娱乐活动的人数较少与该空间的位置设置较偏有很大的关系。

2.3.5 影响老年人公共活动的因素

　　1. 老年人生理、心理因素

　　随着老年人年龄的不断增长,身体机能逐渐弱化,可进行的公共活动也会有特殊要求。首先进入老年期身体发生着很多变化,普遍表现为身体各项机能的减退,随着年龄的增长各感知器官、骨骼肌肉等机体、身体代谢都将退化。根据护理级别的不同,自理、介助、介护老人对于公共活动空间的需求在功能类型和空间尺度上有着较大的影响。其次是心理上的变化,老人特殊的心理现象影响着公共活动空间的氛围营造。因此,一方面公共空间影响着老年人的心情、活动的方式,另一方面老人的生理因素及心理因素制约着公共活动空间。

　　1)老年人生理因素

　　(1)老年人身体机能。老年人会逐渐出现骨质疏松、脊柱变短、椎间盘变薄等身体机能的变化,这就导致老年人在日常生活中容易出现骨折骨裂的意外发生。老年人的软骨有时会发生脂肪化,关节表面粗糙不平整、变形等使老年人站立不稳,行动不便。一些部位的骨质增生,给老年人常常带来极大的痛苦,这些变化限制着老年人的活动。由于身体机能的变化,很多老年人对气候的变化比较敏感,抵御疾病的能力也在减弱,尤其是季节改变后严寒的冬季和燥热的夏季是老年人发病的高峰期。[18]老年人的外部特征的变化,如身高变矮、佝偻甚至坐轮椅的状态等要求在空间设计中应考虑尺度。老年人大脑皮层分析能力的下降导致老年人记忆力减退、注意力不集中、性格偏执等特点,在公共活动空间中加强老年人学习及兴趣爱好培养的区域建设可帮助老年人在学习中锻炼记忆力。由于老年人身体机能的退化,和抵御外界温度变化的能力下降,这导致天气较恶劣的情况下身体较弱的老人无法进行室外活动,所以进行对公共活动空间的有效安排在养老院中显得尤为重要。

(2)老年人感官系统。老年阶段人体各感官也在退化,具体表现在:首先是视力变化,视力会退化。随着年龄的增加,世界会变得略显灰暗,因为眼睛分辨可见光中蓝紫色端的能力在下降。此外远视眼在老年人群中普遍存在。其次是听力变化,正成人地听力可以听到20000Hz的声音,老年人所能听到的声音逐渐减少,老年人的世界会变得寂静,所感知到的世界也在萎缩。在公共活动空间中需增设视听型空间,通过视听行为使老人在接收信息的同时锻炼视听能力。

2)老年人心理因素

(1)老人的人格特点。一是健康及经济上的不安。老人会对物价上涨、自身疾病及生病无人照顾等问题而感到不安。二是由于生活上不完全适应而产生焦虑感。如社会变革及各个方面变化的速度越快,要求人们积极地去适应变化。但老人由于逐渐固执的方法和态度,应付新情况的能力减弱,心理负担会越来越重,容易产生焦虑感。三是兴趣范围缩小形成的孤独感。老人对新鲜事物的探索能力逐渐下降,缺少激情,表现出心理上的惰性,容易形成孤独感。四是对身体舒适度的兴趣增大。五是变得保守固执。六是总好回忆往事。如怀念过去美好的日子,感受与人相处那种自然纯朴的亲切,想念度过的快乐时光。七是舍不得扔掉旧东西。[19]

(2)老年人的情绪。老年人的情绪不稳定,经常出现孤独感。老人情绪反应的强度也有所降低,很少表现出暴跳如雷的一面,也时常羞于表现对于他人的关爱。其情绪变化极易随着周围环境的变化而变化,缺乏稳定性。

2. 老年人生活习惯因素

老年人的生活习惯决定着对养老院中公共活动空间的使用率、使用类型和使用时间。中国老人的日常生活有以下几个特点:①长期性与规律性。②私密性与聚集性。③个性化与共性化。④退行性与渐变性。老人们一般喜欢早睡早起且有午休的习惯,每日的生活计划规律。退休后的老人告别了社会活动希望有独处的空间,但对于健康方面的要求来说适度的聚集性活动有助于老年人的健康。老年人的习惯虽有一定的共性但根据其所处的地域环境、身体状况、经济状况、文化程度等的不同也会有个性的变化。退行性与渐变性体现在老年人随着身体机能的衰退习惯也会跟着变化。

3. 其他因素

1）文化程度

从文化程度来看,受教育程度高的老人对于活动的参与度较低。不同的文化程度使老人们的认知也不尽相同,其活动的类型也存在着差异性。（表 2 - 1）

表 2 - 1　受教育程度与老人活动参与度关系[①]

文化程度	受访人数	参与人数	相对参与率（%）
小学及以下	19	15	78.9
初中	24	19	79.0
高中	21	8	38.0
大专	27	7	25.9
本科及以上	29	10	34.4
合计	120	59	49.1

2）经济因素

高收入家庭的老人对公共活动参与度较高,且对活动的丰富性、多元化有着更高的要求。低收入家庭的老人较高收入家庭老人活动参与程度较低。在公共活动空间要充分考虑老人的参与程度,迎合老人所接受的活动类型设置其活动空间。（表 2 - 2）

表 2 - 2　老年人收入水平与活动参与度关系[②]

家庭月收入	受访人数	参与人数	参与率（%）
1000 元以下	23	7	30.4
1000—1500 元	28	12	42.8
1500—2000 元	41	33	80.4
2000 元以上	28	25	89.2
合计	120	77	64.1

---

① 图表来源:韩俊泽,西安碑林区老年人社区文化参与需求研究。
② 图表来源:韩俊泽,西安碑林区老年人社区文化参与需求研究。

2.4 西安市养老院公共活动空间设计策略

2.4.1 公共活动空间的设计改造原则

老年人的生理机能的退化导致其安全感的缺失,心理方面容易变得敏感,因此需加强公共空间的安全性设计,以及避免一些过于空旷或狭窄空间引起的不适感。进入养老院后生活方式及环境的改变使老人容易产生孤独感和陌生感,因此营造老人熟悉的生活环境氛围变得更为重要,公共活动空间的丰富性以及地域化特征的渗透可以使老人产生共情,加强对于生活环境的认同感。社会角色的转变会使老人产生一定程度的失落、自卑心理,因此需在公共活动空间组织上促进老人之间或老人与外界的交往互动,重视公共空间对老人交流频次的影响。(图2-3)

表2-3 老年人心理的影响因子对设计的启示

影响因子	心理特征	设计启示
生理退化	安全感缺失,心理变得敏感	1.加强公共空间的安全性设计; 2.避免过于空旷或狭小的空间对老人造成的不适感。
生活机构变化	出现孤独和陌生感	1.营造老人熟悉的生活环境氛围; 2.公共空间多样性; 3.地域特征的渗透或运用。
社会角色转变	产生失落、自卑、抑郁等不良情绪	1.促进与外界或与其他老人的交往互动; 2.重视公共空间对老人的影响。

根据以上设计启示得出以下设计改造原则:安全性原则、实用性原则、娱乐性原则、便捷性原则、人文关怀原则。

1. 安全性原则

安全性在养老院环境中是不可缺少的属性,安全性原则包括两方面:其一是老年人身体机能退化后需要辅助设施来减少所处环境中的安全隐患。通过调研发现养老院中存在一些无障碍设施不合理和交通受阻的情况。针对此类情况,应首先对老人常出现的行走路线进行分析,将停留区与行走区合理划分,保障辅助设施、行走路线、停留休息区的有效使用。其二是老年人心理上的安全感,老年人在养老院进行集体活动之余也需要一定程度的独处,而在调研后发现公共活动空间内格局空旷,空间布局没有区分不同功能需要并分配与其相匹配的空间尺度。

2. 实用性原则

调研发现,一些养老院中公共活动空间闲置或者使用率低的现象严重。在设计时可根据老人的生活习惯对空间进行改造,观察老人的活动路线,对于老人常使用的地段进行人性化改造。如不同的社会区域老人的喜好、习惯存在一定的差异性,在有限的公共空间内需迎合该区域养老院中老人的喜好进行公共空间设计,摒弃一些与老人生活习惯脱节的公共空间类型,倡导以实用为主的空间类型的设计。另外,在与该类型空间相互牵制的辅助空间设计中也要考虑实用性,每个主要活动空间周围都会产生小的区域去辅助它,如阅读空间、锻炼空间、视听空间等为主要空间,周围需要储存区域、滞留区域、休息区域等辅助主要空间。

3. 娱乐性原则

随着社会的不断发展,越来越多的老年人开始追求精神娱乐生活,而在调研中发现,养老院公共活动空间的形式单一,且没有得到较好的利用。娱乐场所的匮乏导致老年人常常在房间门口聚集或者在养老院走廊活动。在养老院公共活动空间设计中可根据老人的兴趣爱好做出空间划分,以丰富老年人日常活动,使老人充分发展自身爱好,更好地融入养老院的生活。

4. 便捷性原则

在老人腿脚不便的情况下,公共活动空间的便捷性是设计中应考虑的重点,可通过以下两个方面改善:其一是对养老院中老人的住宿区域到活动空间的路线进行改造,选取最便于抵达的路线,并做好辅助设施。其二是分散活动空间和增设临时停留空间,可以让老人就近选择活动区域,不至于使活动空间拥堵,还可以解决活动空间太远给老人带来的不便。(在公共活动空间设计中可以通过一些设计暗示对老人的活动区域及活动路线进行指引,让老人可以通过设计中的暗示在相对适宜的区域中活动。)比如:通过设计将室外环境向室内延伸,将自然氛围融入室内,吸引老人在此聚集进行公共活动;将多样化的功能区域安排在养老院不同的空间节点,吸引老人停留,满足老人对活动多样化的需求的同时可调控养老院空间使用率;通过带有地域特征的公共活动类型和地域特色的人文氛围营造吸引老人的聚合;在养老院中的开敞空间,如门厅、较宽阔的走廊中摆放可供休息的座椅等,增加老人在偶发性碰面中的聊天机会。

5. 人文关怀原则

公共活动空间中的地域化特征可以提供给老人更加熟悉的生活环境,促进老人积极地参与到公共活动中。而通过调研发现,养老院中一些公共活动空间内装饰简陋且常规化,没有地域性特色或可以给老人亲切感的设计,缺乏人文关怀。因此在公共空间设计中应根据人文关怀原则,以老人的情感态度作为设计考虑的主要依据,将西安的本土化特征渗透在公共空间中。首先需要对西安市不同社会分区的老人生活习惯进行了解,将西安地域文化、不同社会分区的特点、老人的生活习惯以及兴趣爱好等元素带入设计中,通过熟悉的环境,引导老人积极参与公共活动,丰富老人的精神世界,激发老人对所处空间的认同感。

2.4.2 西安市养老院公共活动空间类型划分

1. 根据老年人身体状况划分

根据身体状况不同,可将老年人分为介护型老人、介助型老人和自理型老人。不同看护级别的老人所需要的公共活动类型存在较大差异,自理型老人的活动限制相对较少,其可参与的活动较为丰富。介助型老人、介护型老人可进行的活动依次减少。

随着身体状况的变化,老年人对公共活动空间的需求主要存在以下几个方面变化:一是活动由动态向静态转变。不同的身体状况的老人所能承受的活动强度不同,随着身体机能的退化,老人的活动方式由动态向静态转变。(可将其空间类型划分为:动态空间、半动态空间、静态空间)。二是活动类型的多样性减少。随着身体机能的退化,老人可参与的活动逐渐减少。三是活动目的逐渐由娱乐向康体转变。自理型老人更多的是进行娱乐活动满足兴趣爱好,介助型老人、介护型老人逐渐以康体为目的进行活动。

虽在不同社会分区中老人的兴趣爱好存在着一定的差异性,但在同一社会分区中大多数老人因其所处的社会阶层和所扮演过的社会角色存在着一定的相似性,所以同一社会分区的老人的兴趣爱好类型也存在着一定的相似性。养老院公共空间的类型虽然不能做到面面俱到,但可以根据这一区域老年人的特点分析出该区域老年人的爱好类型,通过老年人主要爱好类型来确定该养老院主要的公共空间的模式,并扩大这一类型的公共空间在整个公共空间中所占的比例。其余类型的公共空间可以适当减少,但出于对老人特殊性的考虑,其余类型的公共空间也是不可或缺的。

2. 根据空间尺度划分

空间尺度是公共空间设计中的一部分,不同功能性的空间需要与其相匹配的适宜的空间尺度,空间尺度分为大、中、小三种,在公共空间设计时应充分结合空间尺度进行规划。

公共空间是老年人进行娱乐、学习、交流、休闲的场所,对于不同功能的空间在尺度的要求也不同,小空间可以为老人营造舒适安逸的环境氛围,可将此类空间运用在需要安静氛围的公共场所,如一些私密的阅读区和学习区。大空间给人空旷、冷漠的感受,此类空间可用于人员比较容易聚集的区域。为了避免大片的空间过于空旷以至于被浪费,可按照功能的划分,将大中小空间合理地排布使整体空间更加灵活多样。设计中还应考虑养老院公共空间的面积所占比,对于一些集中的公共空间较小的养老院可以在适宜的区域设置分散的小型空间来弥补公共空间总面积不够的情况。

除了尺度的大小,需要根据空间的功能及老人的使用方式将其分为开敞空间、半开敞空间、私密空间。开敞空间主要进行一些社交、娱乐、锻炼身体等活动,为老人提供相对开放的场所。半开敞空间为老人提供可相互交流又可进行一些学习活动的适宜空间。

私密空间为老人提供独自思考、冥想的场所。（图 2 – 23）

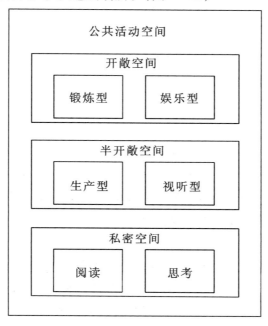

图 2 – 23　场所分类

2.4.3 西安市养老院公共活动空间的设计策略

1. 空间布局与组织设计策略

1）空间布局的易达性

为了使公共活动空间更便利地服务于老人，需要在便捷性和易达性方面进行考虑。调研发现养老院的公共活动空间相对较集中，且一些老人的居住空间离活动空间距离较远，或是在同一空间中某一功能区与其关联的功能区距离较远不利于老人的使用。可从以下三个方面着手进行组织设计：

（1）分解可使用的公共活动空间。可根据养老院中老人的居住位置，在离其较近的位置增设小型活动空间，缩小每一功能空间的服务半径，以便于腿脚不便的老人就近参与活动。

（2）合理安排空间内相关联功能区域。老人在进行一类活动时其行为具有可变性，在空间组织时需判断老人在该空间中可能出现的行为，将满足老人这些行为的区域根据其与主要活动空间联系的紧密关系进行远近位置排列组织。如阅读区座椅与书架的位置关系不应太远，可将座椅融入图书存储区。以颐安老年公寓公共空间为例，该养老院中老人的知识水平普遍较高，对知识阅读型公共空间的使用较多，但是该养老院阅读区域的桌椅位置离书架较远，不方便老人换取书籍（图 2 – 24）。在设计改造时需将图书存储区融入阅读区，方便老人随时存取书籍。

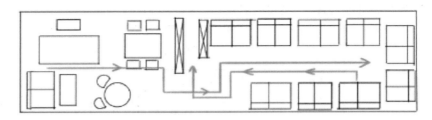

图 2 - 24　颐安老年公寓知识阅读空间平面图

（3）不同护理等级老人的活动区域应有所区分。不同护理等级老人的居住空间也相隔较远，他们需要进行的活动也有所不同。可根据老人的身体状况就近设置适合的公共活动空间，方便老人的使用。如自理型老人周围设置娱乐型空间、介助型老人周围设置康体空间、介护型老人周围设置静态观望的场所。

2）空间布局的安全性

空间布局的安全性，包括老年人身体的安全性和心理的安全感。身体的安全性方面，要让老人处于相对安全的物理空间，空间布局尽量简洁，避免过于复杂的交通流线，防止老人迷路或磕碰；每隔一段较远的距离应该设置供停留休息的区域，但要防止阻碍交通流线。心理的安全感方面，比如要避免室内走廊过长对老人造成心理方面的不安感，可对走廊进行分段处理，每隔一段距离设置嵌入式的小型区域，增添安全感的同时起到导向作用。

3）空间组织的变化性

老人的爱好类型具有多样性和一定的变化性，因此可在公共活动区域设置一块可变空间，即老人可根据个人爱好或者群体喜好随机改动空间功能及装饰，增加老年人日常生活的新鲜感和丰富性。

2. 空间功能配置设计策略

1）空间功能重叠化

由于公共活动空间面积有限，养老院为老人提供的活动空间也有限，能满足的老年人的需求也有限。为提高其公共空间的使用率，尽可能多地满足老人的需求，可将公共活动空间重叠化。

（1）空间方面的重叠。分析不同活动的相似性，将相似性高的活动放在同一空间，使同一空间中不同活动之间的冲突降到最低。如将静态活动放在一起，动态活动放在一起。这样可以省去一些隔离空间，使空间利用更有效，也可以促进老人之间的互动，迎合老人活动方式的变化。另外在某一功能区域叠加一些可以共存的活动区，如在静坐观望空间可以加入娱乐休闲型活动区域，满足静态活动的同时可吸引老人进行一些更加丰富的休闲活动。

（2）时间方面的重叠。时间方面的重叠是指分时段对公共活动空间进行功能划分。

经调研发现,老人常出现的行为类型有静坐观望、锻炼身体、娱乐活动、自由交谈、活动游走。老人每天的作息行为具有一定的规律性。锻炼身体常出现于上午 8:00—10:00。娱乐活动的高频时段为 14:00－17:00,自由交谈、静坐观望、活动游走贯穿于整个白天的所有时间段,其中 8:00 前、12:00—14:00 处于较低值。因此在面积有限的情况下,可将养老院中可使用的公共活动空间根据老人的作息行为规律改变其功能类型。如老人进行锻炼型活动的高峰时段与进行娱乐型活动的高峰时段冲突较小,在空间组织时可以将两种活动类型放在同一空间,提高空间使用总时长。空间划分方面需根据一天当中该空间内进行的所有活动类型考虑,满足老人不同时段的活动需求。区域布置可以有一定的变动性,尤其在家具摆放上应该具有可移动性。

2)空间功能多样化

公共活动空间类型的多样性决定着空间功能的多样化,根据对老年人兴趣喜好及生活习惯的分析可将相同种类的公共活动空间划在同一区域,对于该活动空间的休息区、储存区及工作人员看护台等辅助区域的设计要充分考虑。

其一是对公共活动空间的尺度进行把控,大空间适合做一些动态活动的功能空间,小空间适合做一些静态活动的功能空间,应根据老人的活动需求尺度合理划分区域。其二是根据老人对各个功能空间的使用频率进行划分位置,将老人使用率高的活动空间扩大,并对该空间内的辅助区域进行细化。缩小使用率较低的功能区域空间,避免大面积空间闲置。如生产型公共空间、操作区之间尽量保持开放,让老人在锻炼动手能力的同时可以进行彼此间技能的交流。另一方面需加强对其辅助区域的设置。以康宁养老院为例,该养老院大量公共活动空间虚置,如三楼活动室内,相对较大的空间内零星摆放着麻将桌,很多空间没有被充分利用。三楼空间为较长的矩形,南北开窗,可将主要的操作区放在南北两边采光较好的位置,为保证空间的开放性及易交流性,可将操作区桌椅相对摆放,中间区域设置休息茶水区及看护人员工作区,一来方便老人休息,二来遇到突发情况时看护人员可以第一时间处理。(图 2－25)

3)空间功能延续化

公共活动空间可分为开敞空间、半开敞空间、私密空间。三种类型空间的组合关系可以由敞开、半开敞到私密依次递进,其边界不需要明确划分,以使各个功能区相互畅通,避免某一类型空间单独设置在养老院中某角落。如知识阅读型公共空间主要是为老人提供一个舒适的学习阅读氛围,要在这一空间设置开敞阅读交流区、半开敞阅读区和私密阅读区。私密阅读区可设置在该公共空间内侧,虽然老人的听力会有所下降,但对于噪音依然非常敏感,私密阅读区可以为老人提供安静舒适的阅读环境。开敞区主要为学习绘画书法等技能的老人提供互相交流心得的场所。以颐安养老院为例,可将开敞交流区与私密阅读区进行区分。开敞交流区可设置为书画区,该区域内要满足老人进行书画创作、存储与休息的功能,空间组织上应尽量开敞,方便老年人交流书画心得。阅读区

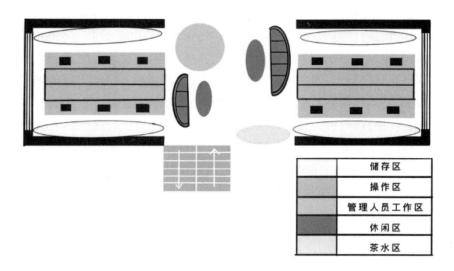

	储存区
	操作区
	管理人员工作区
	休闲区
	茶水区

图 2 - 25　生产型空间布局改造

内可设置公共阅读区与私密阅读区,公共阅读区相对开敞,但也要满足阅读时安静的环境要求。整个知识阅读空间从开敞、半开敞到私密过渡设置。(图 2 - 26)

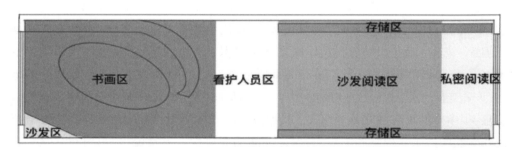

图 2 - 26　知识阅读空间布局改造

　　模糊室内与室外边界,在室内外相接的区域做休闲区域,如在大厅门口、楼梯口增设休息区,这样老人从室外进入室内时有稍作停顿休息的区域,同时室内老人也可以在该区域对室外进行观望,室内空间得到延展,增加室内与室外的互动性。

　　4)动态空间营造

　　养老院中老人最常见的行为是游走、观望、自由交谈,但对于一些固定的娱乐空间很大一部分老人不会自主前往,而是在走廊、入口等区域聚集或游走。因此,公共活动空间应根据老人自然而然的行为方式去定义。在公共空间设计中,一方面需要引导老人主动参与娱乐活动,帮助老人维持身心健康;另一方面需要维持老人走廊、入口等区域的基本使用功能,并在此基础上通过设计让老人更为安全方便地进行随意的活动,如游走、静坐等。

动态空间的设置目的是将老人常用到走廊、入口、拐角等区域设置为可供老人闲坐观望、游走、自由交谈的区域,并将娱乐活动区放在更接近老人常活动的区域,提高老人的参与积极性。如目前养老院中走廊里的座椅基本都是靠墙摆放,一些在走廊游走的老人没有办法依墙辅助前行,因此可扩宽走廊通道,在中间设置座椅以方便老人在游走时停下来休息或自由交谈(图 2-27)。在较为空旷的节点位置如大厅入口、空间转角处设置小型的娱乐空间,吸引游走中的老人前往融入活动。在老人游走路线的铺装上可与其他地面铺装有所区分,尽量使用塑胶等安全性较好的材料,一方面对老人的行进路线有所指引,另一方面在老人不慎跌倒时起保护作用。在行进路线的节点上需设置具有标志性的装饰或者记忆点较强的小空间,以免老人在其中游走时因为路面的延续性和相似性出现迷路恍神的情况。

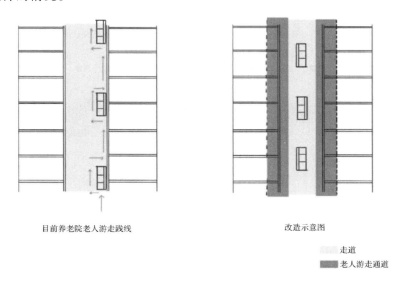

目前养老院老人游走践线　　　　　改造示意图

　　　　　　　　　　　　　　　▦ 走道
　　　　　　　　　　　　　　　▦ 老人游走通道

图 2-27　走廊布局改造

3.空间氛围地方化改造设计策略

1)区域习惯延续

　　不同的老年群体对环境的感知和体验也不同。根据西安社会区域划分将西安市养老院分为四种类型,分别是工业密集区养老院、知识密集区养老院、混合居住区养老院、农业居住区养老院。

　　(1)工业密集区。工业密集区的老人以退休工人为主,他们熟悉的是年轻时的车间厂房,生产工作之余的文体活动或者是工厂居民区大院的生活景象。为给老人带来人文关怀在空间的设计中需要将工人的爱好和情感带入空间设计中。工业密集区的老人偏向于生产型和锻炼型的兴趣爱好,在公共空间的设计中可以将这两个类型作为主体,其余类型的公共空间的比例可以相对较少。

工人早年间生活在工厂居民区大院,邻里之间习惯于聊家常,可根据这一特点在养老院室内阳光比较好、离居住区较近的地段设置一些小型的公共交流空间。公共交流区应设置在离居住区较近的位置,保证老人的易达性,但同时也要避免在离老人居住区太近的位置,以免打扰到休息中的老人。以康宁老年公寓为例,该养老院三楼以自理型和介助型老人为主,这些老人有自主活动的能力,因此可在电梯拐点处和居住区中间的位置设置临时公共活动区,方便住在附近房间的老人参与活动(图2-28)。二楼以介护型老人为主,除少部分老人常年卧床外,其他老人也只是在卧室门口进行一些交流活动。但由于卧室门口走廊较窄,老人坐在门口走廊较拥挤,在改造时可将墙体向房间内移800mm,使房间门口可以足够放置一个轮椅,方便介护型老人坐在房间门口的轮椅上进行一些交流活动(图2-29)。

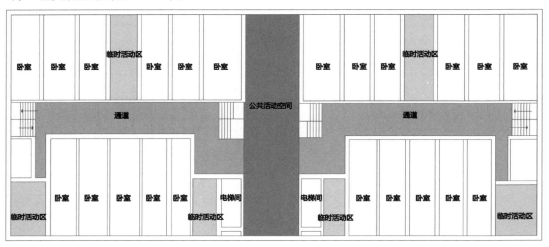

图2-28　康宁老年公寓三层四层临时活动区改造平面图

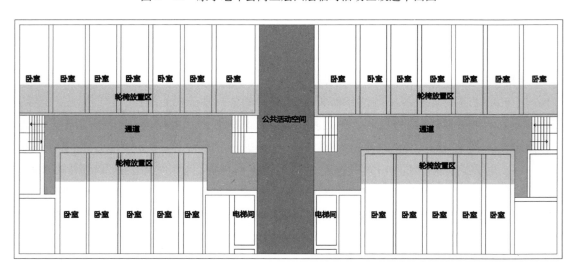

图2-29　康宁老年公寓二层临时活动区改造平面图

另外,工业聚集区养老院公共空间可以借工业时代的一些物品或元素来呈现老年人脑海中对于生活的印象,营造出老人熟悉的氛围使老人产生共鸣,增加老人对养老院的熟悉感与亲切感。

(2)知识密集区。知识密集区老人多为知识分子,他们对于精神文化方面的需求较大,主要的爱好类型以阅读和学习为主。此种类型的养老院应以知识阅读型为主要公共空间,其余类型公共空间的占比次之。

知识密集区老人对一些脑力活动比较感兴趣,但养老院中有一部分老人在特定的公共空间活动比较少,而在养老院的走廊或者节点位置活动较多,因此养老院需要在老人活动较多的地方加入一些临时活动空间。以颐安老年公寓为例,可在养老院二层的走廊或者节点位置增设一些临时的杂志阅读区、拼图魔方区等小型活动区域,这样既可以让老人有临时休息的场所,又可以为老人提供阅读思考、锻炼思维的机会(图 2 - 30)。由于一层、三层没有活动区,因此可将公共空间分散开来设置多个小型的活动区域,在节点处设置的临时活动区域的数量可较二层偏多(图 2 - 31 和图 2 - 32)。可结合关中特有的文娱活动增设更为丰富的活动空间。不同地区人们所喜好的文娱项目也有所不同,关中地区的一些传统工艺,如剪纸、陶艺、泥塑、皮影戏等深受老年人的喜爱,可以在娱乐空间放置一些可以活动的皮影或者剪纸的道具,吸引老人闲暇之余动手体验;还可以放置一些秦腔的脸谱,让老年人根据兴趣即兴表演,为老年人的生活增添情趣,促进老人之间的交流,满足老人的心理需求。

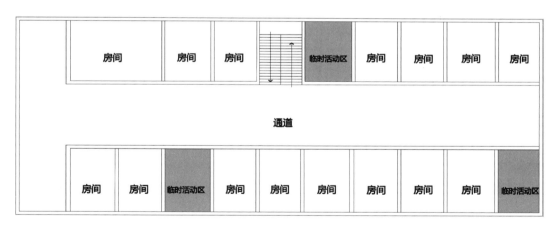

图 2 - 30　颐安老年公寓二层临时活动区改造平面图

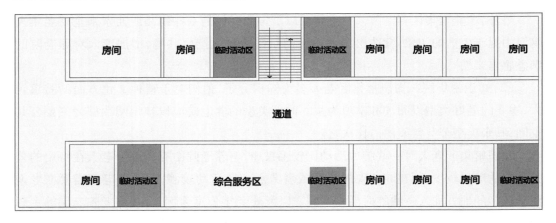

图2-31 颐安老年公寓一层临时活动区改造平面图

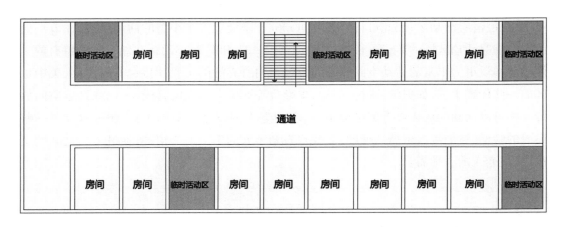

图2-32 颐安老年公寓三层临时活动区改造平面图

（3）混合型居住区。混合型居住区包括中心密集混合居住区、外来混合居住区、当地居民与外来人口混住区，这些区域老人的类型比较多，爱好也比较宽泛。主要包括西安市莲湖区、未央区、碑林区、新城区等，以当地原居民为主，也混杂外来经商务工人群。以阿房宫老年公寓为例，基本上涵盖了阅读、锻炼、娱乐、生产等各个方面的活动方式，公共活动空间特性不突出，活动类型的多样和影响人行为的不确定因素导致公共空间具有多元化的特点。

（4）农业居住区。该区域老人多以农业人口为主，比较熟悉的事物主要是农村的生活景象。在公共空间设计上，应以娱乐型和锻炼型空间为主，包括麻将、扑克等室内娱乐空间，还可以设置种植类活动空间，在已有公共空间基础上设置一些锻炼器材。以香积童心老年公寓为例，该养老院地处南郊农村，院内没有任何锻炼器材，老人的锻炼机会较少，可如图2-33所示在室外添加锻炼设施，为老年人提供更多锻炼的机会。

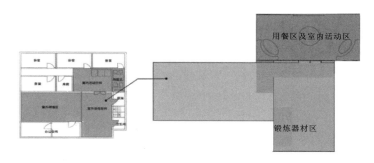

图2-33　香积童心老年公寓活动区改造平面图

同时,在农村一些乡土民情的东西更容易被保存下来,老人们的喜好也更加传统且具有关中特色。因此,在公共空间的设计时注重关中民风、民俗文化的渗透,比如关中地区比较注重槐院文化,左邻右舍喜欢端着碗聚集在一起边聊天边吃饭。以香积童心老年公寓为例,养老院将餐厅与聊天区域相结合,该空间在饭点时作为食堂,老人可以边吃饭边聊天,其余时间作为活动空间,这样既节省空间,也符合该区域老人的生活习惯。

2)传统文娱的渗透

关中地区文化艺术形式对西安老人的影响深远,在老人们生活过的环境中也常常出现,老人们对其也有一定的认同感。在养老院公共活动空间的功能设置中应结合这些文化艺术形式增设关中传统文化体验区,如秦腔、年画、马勺绘制等,也可以为传统娱乐方式提供专门的空间,如关中的打木陀螺、吼秦腔等活动场所。这些场所的设计需视其活动的特点而定,如打木陀螺区域的铺装不宜太粗糙但又要考虑到老人的身体特点防止打滑,唱秦腔的区域需注重其隔音效果且尽量避开老人的休息区域。在知识阅读型公共空间的设计中可融入西安的一些特有的文化元素,如陕西的皮影、石鼓文等,不仅可以营造文化氛围,也可以引起知识分子的共鸣。

3)民居文化的启示

在传统民居中出现了对于廊檐这一过渡室内外的灰空间,在养老院公共空间的设计中可参照檐廊的作用将室内外相结合,在此区域设置交流空间既能让老人更好地参与室外活动,又可以减少老人长期待在室内的焦灼感,而且该区域还可以满足关中老人喜欢晒太阳的生活习惯。以香积童心老年公寓为例,该养老院室外有一片供老年人种植的菜地,但是室内外没有很好地呼应,室内空间较小也很封闭。该养老院可以在室内外过渡的地方设置一些交流区,缓解室内封闭气氛的同时增强室内外老人之间的互动。(图2-34)

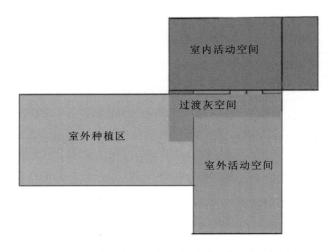

图 2-34　香积童心老年公寓活动区灰空间示意图

　　关中平原是以农耕为主的生产生活方式,在这种漫长的生产生活过程中形成了人与自然特殊的感情。在关中传统民居中,多利用木材、石材、黄土、石灰等原始材料装饰室内。因此我们在养老院公共空间室内陈设中,可以利用这些原始材料的原始质地及天然的纹理美感,保留一些传统民居的风格。

2.5　西安市养老院公共活动空间改造设计方案

2.5.1　方案概述

　　1.概况

　　西安颐安老年公寓成立 2019 年 3 月 4 日,位于高新区丈八六路锦业二路十字南 200 米,占地面积 30 余亩,设有床位 260 张,有豪华套房、豪华标间、单间、标间、三人间等,以及康复理疗室、营养膳食餐厅、多功能影视厅、书画阅览室、棋牌娱乐室、手工艺活动室以及户外休闲凉亭、养生长廊等。收自理型、介助型、介护型老人。

　　2.公共活动空间现状

　　颐安老年公寓位于高新区丈八六路,属中心密集混合居住区。该养老院附近分布有重工业工厂以及石油管工程技术研究院、航空工业西安航空计算技术研究所、技术产业园区等,是工业与高新技术产业混合型区域。该养老院主要收纳附近的老人,他们的活动类型主要以知识阅读型、锻炼型、生产型为主。养老院中原公共活动空间为室外凉亭、长廊以及锻炼区域。室内分自理型老人居住楼和介助介护老人居住楼,两楼之间相互分割,主要的室内公共活动区域分布在自理型老人居住楼,集中在每个楼层最西端的位置。而介助介护型老人居住楼的主要公共活动空间为走廊,娱乐活动设施较之匮乏。

本节的设计方案拟解决以下问题:

(1)合理化分布养老院内公共活动空间的位置,改善原公共活动空间的布局,使活动空间呈水平散布型方式呈现。

(2)完善公共活动空间的功能配置,其一是根据养老院中老人的喜好进行活动内容种类划分,并针对老人的不同身体状况合理分布其功能空间在养老院中的位置,其二是充分考虑老人的需求,为主要公共活动空间配置相应的辅助空间。

(3)打破静态化的区域分配,通过节点等区域改造设计改善院内交通流线,有效指引老人在养老院公共空间的行为发生轨迹,让老人更积极地参与活动,打造动态活动空间。

(4)从人文关怀的角度出发,以老人所熟悉的事物作为设计元素,一方面改善养老院给老人心理上带来的距离感,另一方面颐安养老院是连锁型旅居养老院,在其中融入关中特色可以为原住老人提供熟悉的文化环境,为旅游老人提供新鲜的旅居体验。

2.5.2 合理化空间布局

该养老院中的公共活动空间集中分布在自理型老人居住楼的最西端。其中,一层为餐厅,二层为书画阅览室,三层为会议室,四层为未使用区域(图2-35)。由于活动区域位置较偏不利于老人抵达,且活动空间的面积较小,不能满足于老人的日常需求,所以需要对养老院中公共活动空间进行合理化分配。

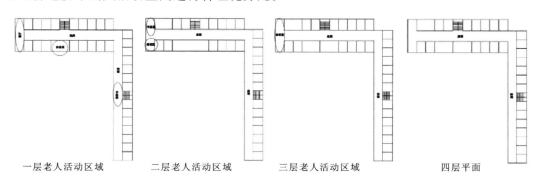

一层老人活动区域　　二层老人活动区域　　三层老人活动区域　　四层平面

图2-35　原始公共活动区域图

1.公共活动空间水平散布

为便于自理型及介助型老人抵达使用,将原本较为集中的公共空间进行保留,为平衡其公共空间分布不均衡和活动面积较小的情况,在楼梯处增设休闲聊天区,当老人一些偶发性碰面发生时可作为聊天场所。走廊内设有小型的娱乐区域,增加养老院内老人

的活动空间,使老人可在居住位置就近进行娱乐活动,增加老人参与公关活动频率。(图2－36)

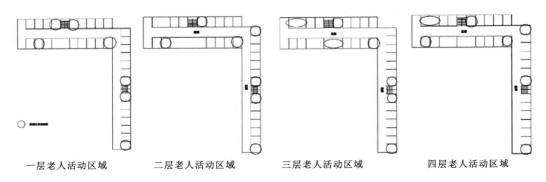

一层老人活动区域 　　　二层老人活动区域 　　　三层老人活动区域 　　　四层老人活动区域

图2－36　新增活动区域图

2.良好的空间关系

公共活动空间需要一定的开放性,同时也需要一些遮蔽,为老人提供心理上的安全感,因此良好的空间关系尤为重要。空间关系主要包括三方面:室内活动空间与室内各区域的联系、室内空间与通道的联系、室外空间向室内空间的渗透。为增加活动空间的联系,方便老人更换活动地点,将上下层活动空间增设楼梯,连通上下楼层,缩短老人行走路线。在走廊转角处设置活动空间,遮蔽的墙体使空间显得闭塞且单调,可将墙体去掉,利用地面铺装分割空间,保持走廊与活动空间的联系。室外空间向室内的渗透,一是可通过在门厅处设置活动区域,让老人在过渡空间与室内外有所互动。二是可将窗台高度降低至700mm,使窗户满足坐轮椅及佝偻的老人向窗外观望的行为需求。

3.静态与动态空间的合理划分

老人的活动类型需要有静态的知识阅读区、静坐区,半静态的休闲区,动态的游走区。这些活动区域之间需要进行合理的分割,其中动态空间与半静态空间的分割可采用半遮蔽的方式,使参与两类活动的老人之间可以有所互动。(图2－37)

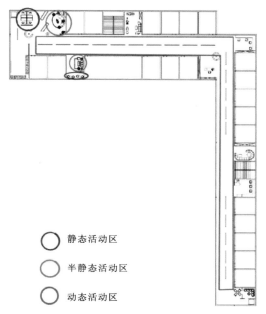

○　静态活动区

○　半静态活动区

○　动态活动区

图 2－37　静态、半静态、动态空间示意图

2.5.3 完善空间功能配置

　　该养老院内功能类型的公共空间及其辅助空间类型均较为欠缺,尤其是针对介护型老人的公共空间设计尤为缺乏。

　　1.适宜于介护型老人的公共空间

　　上节中提到介助介护型老人的主要活动方式为静坐观望,而针对这一部分老人的公共空间较少。在改造设计中,可在介助介护老人居住楼的走廊靠窗一侧设置轮椅的位置,这样可为老人的观望行为提供一个场所,方便老人与室外环境进行互动,同时也增加了在走廊中与其他人接触的机会。在设计中应区分出轮椅专用通道和老人正常行进通道,以免道路阻挡引发安全事故。(图 2－38)

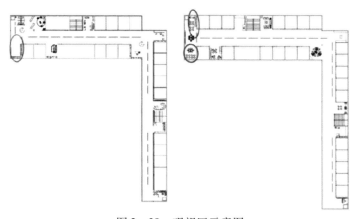

图 2－38　观望区示意图

2. 空间的多功能运用

养老院公共活动空间的面积有限,可观察老人每天固定时间进行的活动,将时间上不冲突的活动设置在同一个空间中,提高空间的使用率。如将早晨使用频率较高的康体空间与下午使用较多的视听空间设置在同一区域,将餐厅与聊天场所设置在同一空间,家具摆放时需注意老人长时间静坐情况下的舒适性。(图2-39)

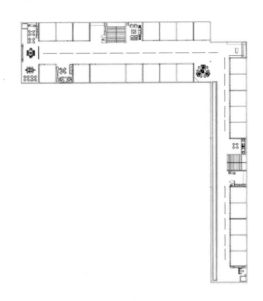

图2-39 共用区域示意图

3. 辅助空间的运用

一个主要的功能空间中不可避免地需要一些辅助空间。如知识阅读性空间需要书籍储存空间及老人饮水休息的空间。在位置相近的不同功能区域可划分一个共同使用的辅助空间,可通过家具摆放、绿植、铺装进行空间分割,考虑与主要功能空间的结合性。(图2-40)

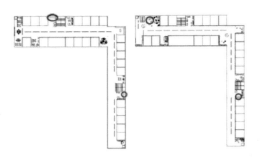

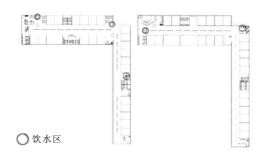

○ 饮水区

图 2 - 40　饮水区示意图

2.5.4 营造动态空间

　　游走是老人在养老院的常见行为,作为老人日常活动的一种方式,游走区域需要进行合理的设计,其一是为老人的安全性考虑,通过设计为老人预留出游走路径,避免一些遮挡物的出现,将走廊中游走路径与停留区域相互平衡又相互联系。其二需要在游走路线中增设一些有特色的节点空间,以便老人在走路过程中临时参与活动或停留休息。设置节点空间可以为老人提供记忆点,改善长廊带给老人心理的不适感。

　　1. 节点空间的使用

　　老人的游走路径需与节点空间相结合,游走路径可通过特殊的铺装来为老人指引活动方向,铺装的材质可采用塑胶等软性材质,减少意外伤害。由于走廊空间较为狭窄,该养老院的老人若在扶墙游走时停留休息会阻碍交通流线,所以需要将旁边居住区域向内收缩 600mm,每隔一段距离设置节点空间,除放置座椅外可根据老人的喜好设置小型开敞的休闲娱乐区域。这些小型娱乐区域种类多样,在装饰风格上可以通过颜色区分,增强区域的辨识度。

　　2. 外部空间的延展

　　门厅是养老院中老人常聚集且人流来往最多的地方,所以在设计中不仅需要考虑交通这一基本功能,还应与其他使用功能相结合,比如在门厅入口处增设静坐区域,可用绿植进行分割以呼应室外,同时改善老人停留时间较长而带来的相对拥挤感。

　　3. 看护点的增设

　　该养老院中的看护点只有门厅入口处的前台,看护人员不能实时关注老人的活动状况,不利于老人在活动中的安全性,需在楼梯口、公共活动空间等人流较为密集的位置增设看护点(图 2 - 41),服务台设置为 750mm 的高度便于坐轮椅的老人咨询,台面需采用不封闭的形式,方便看护人员在紧急情况下实施救助。

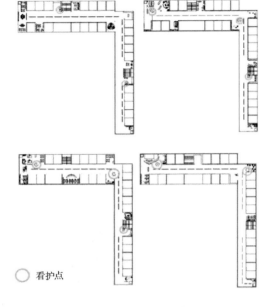

○ 看护点

图 2 – 41　看护点示意图

2.5.5 地域化改造

首先从地理位置考虑,该养老院位于高新区丈八六路,附近多科技产业园、研究所,周围工厂密布,地处知识密集区与工业密集区。院内收住老人多为附近居住老人,院内的公共活动空间需要更贴近此类老人的生活习惯。其次是从该养老院的经营模式来看,该养老院是一家旅居型养老院,其他城市同一旗下养老院的老人会旅居于此,将关中特色渗入养老院中可以为旅居老人带来新鲜的感受。

1. 老人生活习惯对设计改造的影响

工业密集区老人熟悉的是厂房、家属院等生活场景,设计改造主要从以下几点入手:一是对于生活习惯的延续。老人喜欢闲话家常,可在养老院中室内外过渡区设置可供聊天的区域,该区域位置的选择应满足在夏天可吹风纳凉、秋冬可晒太阳取暖的需求。因此廊檐宽度与太阳高度角的适度结合在该区域极为重要。该区域还可与其他娱乐空间相结合,如棋牌活动空间。二是根据老人的兴趣爱好,增设与手工制作相关的活动区域,该空间放在采光较充足且交通流线较为集中的区域,便于老人们相互交流。三是在室内风格定位上,可采用旧工业时代的一些元素进行装饰,增强空间给老人带来的亲切感和熟悉感。

根据知识密集区老人的生活习惯,设计改造从以下几个方面入手:一是根据老人的兴趣,在走廊节点处增设小型的知识型阅读空间及益智类游戏空间,并预留轮椅进出的空间。二是在较大面积阅读室的设计中,座椅与书架的排列关系是设计重点,需方便老人存取书籍。

2.关中文化在养老院中的运用

该设计中将自理型老人居住楼的四楼空间作为关中文化体验区,为在养老院居住的老人提供熟悉的文化娱乐内容,也为旅居的老人带来具有关中特色的文化体验。空间色彩是营造环境氛围的主要因素,不同色彩会带给人们不同的心理暗示,为体现关中特色将走廊的主色调设计为从石雕文化中提取的浅灰色,用马勺色彩中饱和度较高的色彩进行小面积点缀。在功能分区中,结合关中传统文娱活动进行区域划分,增设秦腔文化体验区和传统工艺制作区。

第3章 养老院室内陈设设计

　　本章基于西安地区的养老现状,通过分析整理相关的理论研究,对西安地区养老院进行实地调研,询问访谈老年人对于室内陈设的使用感受,比较各个养老院室内陈设现状,总结室内陈设中存在的问题,结合老年人的生理与心理需求,以文化养老为理念,以室内陈设设计为手段,结合陕西西安地区独特的地方文化,研究如何将文化养老的理念与空间室内陈设设计结合,对养老院提出设计改造策略。

　　通过分析老年群体的需求,针对不同特征的老年人进行分类研究,对室内陈设设计和文化养老相关理论、概念展开论述,总结出设计策略。通过对西安养老机构状况进行实地调研,切实感受老人内心的诉求。针对调查当中出现的问题,结合理论研究基础,对文化养老做出一系列改造设计策略。在进行设计的过程中,根据地方文化中老年人的生活方式优化陈设布局,方便和满足老年人日常生活需求,方便老年人接纳客人,尊重不同类型老年人对空间的使用需求。提取地方文化元素,融入陈设品中,来装饰和丰富空间,满足老年人的文化审美需求,提升个性化和趣味性,渲染空间氛围。根据地方文化中的民俗、生活方式、居民建筑等设计元素来丰富老年人的休闲活动,照顾老年人的文化生活,满足老年人的心理需求,将文化养老的理念应用到养老空间室内陈设设计中。从老年人起居空间、餐饮空间、养生健身空间、文化活动空间分别指出具体的优化方法,并且根据不同空间对不同种类的家具进行具体的改造设计。

　　本章以关中地方文化为背景,基于当下养老机构存在的室内环境问题,直面老年人的养老环境问题,旨在给老人构建一个实用、人性化、有文化内涵的养老生活空间,给予老人更多的人文关怀,提升他们的居住空间的文化内涵和生活品质,为老年人营造"老有所敬、老有所学、老有所用、老有所乐"的文化养老环境,逐步改善老年群体养老环境差的窘迫现状,丰富老年人的生活,让老年人能够幸福、快乐地度过晚年生活。

3.1　室内陈设概述及相关研究

3.1.1　室内陈设概述

室内陈设设计是利用合理的功能分区、适应环境风格的室内陈设品设计出符合居住者文化审美、舒适性高的环境,满足使用对象的不同需求,是改善居住环境最有效的手段。在养老空间中,室内陈设的划分方法有两种:其一是根据使用类别划分,由实用性陈设和装饰性陈设组成,代表室内空间中陈设在宏观上的体现。其二是根据材料和工艺划分,由家具、灯饰、布艺、陈设品组成,在造型、尺度、色彩、材料等方面结合老年群体的审美特征、身体特征以及心理需求,来为老年群体打造一个舒适、有品位、富有人文关怀的养老环境。

陈设设计是环境氛围营造的重要元素之一,好的陈设能满足老年群体的精神享受和审美。目前,很多养老机构的室内陈设是存在一些问题的,比如有的养老机构在起居空间的室内陈设设计中,布艺粗糙,整体色调和氛围都有待考究,冷冰冰的色调让人感觉不到温馨。所以会有很多老年人拒绝甚至抵触去养老机构生活。合理的室内陈设会给整体环境加分,会让人产生强烈的归属感,老年人才愿意入住。

3.1.2　文化养老及室内陈设相关研究

1. 有关文化养老方面的研究

在 20 世纪 80 年代,我国设立了全国老龄问题委员会,并明确了以中国特色为行动目标发展老龄事业,国内一些学者,开始从社会制度、医学、社会学、心理学、人体工程学等领域研究老年人问题,主要研究老年人的生活环境现状、生理和心理需求等。

在中国文化养老课题组编著的《中国文化养老》一书中,立足于中国的国情,首先说明文化养老的内涵及意义,然后分析文化养老与生活照料之间的关系,不同类型老年人群体的文化需求特征,借鉴国内与国外优秀的文化养老经验与做法,结合社会发展的需要,探究中国特色文化养老模式,对文化养老问题进行全方位的系统探讨,并提出了文化养老发展的重要性,为我国文化养老事业提供了理论基础。[20]

董红亚在《中国养老进入服务新时代》一书中,主要阐述了老年期的生活状态以及老年人退休后的休闲生活,我国养老即将进入服务新时代,新时代的养老服务是在基本生活和基本医疗问题都解决的前提下,提出高质量的服务需求,强化原居安养,扎实地根植于中国文化,推进我国文化养老的进程,对我国文化养老事业的发展具有重大意义。[21]

在中国老年学和老年医学学会编著的《健康老龄化:医疗模式和生活方式的转型》一书中,彭心美在《现代老年人文化养老初探》一文中,提出当今社会一些群众性很强的文化娱乐现象在中国的大街小巷兴起,如大妈大爷跳广场舞等,这背后折射出中国养老事业发展急需进一步改善,老年人更渴望精神生活,摆脱单调的退休生活。还说明今天的中国老年人,已经不仅仅满足于物质生活,他们有了高层次的精神文化需求,越来越喜欢这种新的养老生活方式——文化养老。[22]张政和朱爱华在《老年人生活方式与健康的思考及对策》一文中,提出生活方式对老年人的健康生活影响非常大,并对目前老年人生活方式中存在的问题,提出解决对策。[23]王国军在《怎样引导退居休人员建立健康生活方式》一文中,提出在养老服务中,应该积极为老年人开展丰富多彩的文化休闲活动,因地制宜建立各种形式的活动阵地,组建各种社团,培养活动带头人,利用现代设计方式来引导老年人建立健康的生活方式。[24]

陈小芬在《利用地域文化构建幸福养老课堂的探索》一文中,认为应该让老年人直观又深入地了解地方历史文化和地域特点,激发老年人热爱地方文化的情感,让老年人体会地方文化的魅力,并利用地方文化,为老年人开展具有地域特色的老年活动,引导老年人更多地参与文化交流,推进文化养老事业的发展。[25]代一凡和朱思瑶的《彰显扬州地域文化特色的养老景观设计研究——以扬州曜阳国际老年公寓为例》,陶瑞峰和薛颖的《泰州地域文化在养老社区环境的应用》,潘卉和焦自云的《地域文化在养老建筑中的体现——以拉萨城关福利院为例》,也都提出了养老机构应该将传统地域文化和现代养老设施功能相融合,发掘涵盖其艺术文化的魅力和顺应当地生活方式的设计方式,营造出迎合当地老年人生活和情感需求的养老环境。[26-28]

在《西安地区城市居民生活方式与住宅空间形态演变研究》一文中,郗茜系统地分析了西安地区的城市老年人生活方式,研究在不同类型的生活方式下,居民住宅空间形态如何运用,并把西安地区城市老年生活方式与住宅空间形态相结合,对西安养老空间空间形态的渐进演变过程进行综合研究。[29]

2. 养老空间室内陈设方面的研究

《养老设施建筑设计规范》《养老建筑的基本特征及设计》[22]等研究系统地将养老空间中的设计规范、设计元素、空间布局进行了理论梳理,比较全面地介绍了室内陈设在养老空间中的应用。[30,31]

王晨曦在《养老设施的室内公共活动空间设计研究》一文中,研究老年人的行为特点,总结出老年人在日常的生活行为中,对公共活动空间的使用需求,从装饰风格、造型、材质、色彩等设计元素,总结养老机构活动空间的室内环境设计策略。[19]

吴霞在《浅析养老院卧室陈设设计》一文中,以养老院中卧室的陈设设计需求为切入点,从不同的空间要素分析老年人的生理和精神需求,研究如何增强养老院卧室陈设设计的装饰性,丰富老年人的生活环境,使原本粗糙的卧室环境变得更加完善、有文化内涵。[32]龚忠玲和潘剑峰在《谈老年公寓室内陈设设计》一文中,研究如何通过陈设设计的方法,给养老空间增添艺术性、科技感、文化内涵、个性化等,来优化老年公寓的功能需求和审美特征,在老年公寓室内陈设设计中体现文化内涵和审美情趣,满足老年人的精神文化需求,让老年人能够幸福、快乐地度过晚年。[33]

3. 研究综述

我国在人口老龄化逐步加剧的社会背景下,社会经济在快速发展,养老体制在逐步健全,理论研究在逐步完善和丰富。在物质养老的需求得到基本的满足时,老年人对文化养老的需求越来越多,文化养老开始进入人们的视野,预示着我国养老事业的新变化和新进展。在理论研究上,物质养老方面的研究数不胜数,而文化养老方面的研究就相对较少,相关研究者秉承文化养老的设计理念,不断地从宗教信仰、风俗习惯、生活方式、文学艺术等方面,研究如何满足养老空间的精神需求,这为笔者研究基于文化养老的室内陈设设计提供了理论参考和依据。

3.2 西安市养老院室内陈设状况与问题

西安市不少养老机构的床位空置率高的问题十分严重,这不仅浪费了养老资源,也对养老事业的发展和完善增加压力。笔者调查西安市的养老机构,发现西安市各类养老服务机构的数量有 1 000 余个,目前累计养老床位约 63 000 张,但是这些养老服务机构的入住率不是很理想,整个西安市的养老院平均入住率还不足六成。(表 3 - 1)

表 3 - 1 西安市各类养老服务设施数量

类别	养老院	社区养老服务站	日间照料中心
数量	153	829	106

针对西安地区养老机构入住率低的问题,笔者走访调研发现,其中的原因是多方面的,如功能配套不完善、机构定位不准、人性化因素欠缺、居住环境较差等,其中室内陈设简陋、功能单一、缺乏特色、无法满足老年人日常生活行为、缺乏文化内涵等问题是西安市养老院室内陈设普遍存在的问题。相较居家的养老状况,养老机构老年人的生活环境并不尽如人意,室内陈述布置不够完善,老年人所处环境不具有开放性和人性化,老人每天生活单一,休闲活动、交流互动较少,易与社会脱节。这样的室内陈设环境不能给老年人在生活的细节上提供关怀与体贴,不能从老年人真正的需求去考虑。

很多养老机构室内陈设设计流于形式,不能从老年人的切身需求出发,老年人对室内空间的使用需求无法得到满足,加之居住环境差等问题,所以老年人抵触养老院,造成了机构入住率低,社会资源浪费的问题。在如此的养老环境下,直面老年人的养老环境问题,研究如何将文化养老的理念与空间室内陈设结合,为老年人设计一个有文化内涵、适于生活、尊重老年群体需求差异的室内陈设环境,改善老年群体养老环境差的窘迫现状,对于解决西安地区的养老问题具有重要意义。

因此我们结合西安老龄化特点及西安养老机构的发展现状,从西安市新老城区以雁塔区和高新区的养老机构中各选取了一家中等规模、能够反映室内陈设普遍问题的养老机构进行实地调研,分别是位于雁塔区的天合老年公寓和位于高新区的颐安老年公寓。然后分析养老机构室内陈设的整体状况,找出现有室内陈设设计中存在的问题;再对空间使用状况及老年人行为活动进行了分析,发现养老机构各个陈设空间布置的不合理性;接着对西安市不同行政区养老机构中的老年人进行问卷调研,通过问卷对老年人的陈设喜好、理想中的陈设、活动空间的使用率等进行数据分析,了解老年人在现有养老空间中的陈设体验和陈设需求。最后对西安市养老机构室内陈设的问题进行了总结,提出优化方向。

两家养老机构的建设背景和整体概况如下:

天合老年公寓,民营机构,成立于 2012 年 1 月,位于西安市雁塔区鱼化寨东晁村南200 米(西三环),处于郊区,离主要交通路线较远,周边没有高层建筑和喧闹地带,且人流量较少。养老院设有床位 500 张,员工人数 60 人,是一家传统形式的养老机构,建院时间较长,收住对象为自理、半护、全护、特护、专护老人。

颐安老年公寓,民营机构,成立于 2017 年 4 月,位于西安市高新区的丈八六路西段(锦业二路十字南),养老院远离主要交通路线,周围被住宅区环绕,但都是新建小区,暂时人流量较小,无嘈杂的声环境。院内床位 250 张,主要收住自理老人,部分收住失能、失智老人。

3.2.1 室内陈设的整体状况

1. 室内家具现状

1)卧室内家具

在家具的配置上,天合老年公寓虽然家具种类繁多,但是在数量上无法满足老年群体的使用需求。首先是桌椅,只有一把小椅子和一张小桌子,不能满足两位老人同时使用。其次是储物柜,是混合双开式,衣柜共用难免使老人在一定程度上放弃了个人隐私。(图 3-1)

颐安老年公寓的房间有套间和大开间两种房型。大开间有两张单人床,一个床头柜,两个双开门衣柜,一个非常大的电视置物柜,一个卫生间,基本满足了人的基本生活需要。整体设计更倾向于酒店化,卫生整洁,居住条件舒适,但是由于没有考虑到受众人体是老年群体,整个房间给人一种冷冰冰的感觉。

在家具的设计上,存在很多问题。比如老年群体的室内家具,衣柜、桌子、床沿的外露部分大多是直角设计,床沿、桌角、衣柜的边缘等棱角较多,直角设计容易使老人受伤。为避免受伤,老人在使用或者行走时,只能小心翼翼,影响生活舒适度。

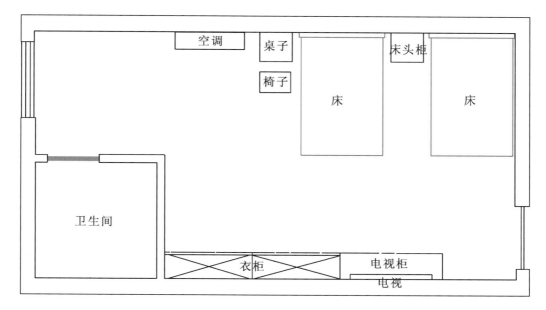

图 3－1　西安天合老年公寓双人间家具分布

在家具的色彩上,天合老年公寓卧室中现有的家具基本都是红褐色的(除有个别塑料椅子是白色的)。颐安老年公寓的家具主要以红褐色和米黄色两种色彩为主。两家机构,除主色调以外,都很少有其他的辅助色彩,陈设色彩较为单一,长此以往会使人产生审美疲劳。

在家具的材质上,座椅类家具使用了实木、复合板、不锈钢、PVC 塑料、铁等材质,其中运用较多的是复合板,质感较差,缺少木质家具的柔软和自然,且做工较为粗糙。在与老人的交谈中,他们反馈,有些家具特别是衣柜,经常会出现柜门、后挡板脱落以及家具表皮翘起等现象。在养老机构的储物间,不难发现许多柜门脱落或者已经废弃的衣柜。部分卧室里,PVC 材质的椅子取代木椅子,存在安全隐患。

在家具的尺寸上,很多家具的尺寸并不符合老年群体人体工程学,笔者针对老年群体上下床不便的问题,床的高度设计应该控制在老年群体膝盖弯曲处或者往下一点,一般高度在 435mm 内,而床的实际离地高度为 530mm。

2)公共区域家具

在家具的布置上,天合老年公寓的棋牌室和休闲室里的桌椅、娱乐工具等随意摆放,没有合理的设计布局,功能划分和交通流线不明确,给老人的行为活动带来不便,使其休闲娱乐体验较差,而且浪费空间;餐厅的桌椅摆放紧密,老人的活动空间不足,尤其是坐轮椅的老人在就餐时,行动会非常不便。

在家具的造型上,天合老年公寓公共区域的坐具沙发等两侧大都没有扶手,沙发的接触面纵深较长且柔软,老人起身时没有支撑,还容易使不上力,这样会给老年群体造成起身难的尴尬局面,甚至身体会受到伤害。

在家具的色彩上,两家老年公寓公共家具都使用了红褐色、棕色、红色、米黄色等多种颜色,例如浅棕色的地毯、红棕色的餐桌、红色的桌布、深灰色的餐厅座椅。虽然整体色彩是以红褐色为主,但有个别家具在颜色上与整体色调不搭。

在家具的材质上,天合养老公寓有较多金属材质的椅子,部分没有被包裹的部位,容易划伤老人,存在安全隐患。一些桌子上有没固定的玻璃板,可能会出现使用时滑落或紧急时缺少稳定握点而摔倒的情况,且玻璃材质的耐高温性不明,存在高温物品接触导致玻璃炸裂的安全隐患。

在家具的尺寸上,公共区域的座椅沙发,有许多皮质沙发,较为柔软,沙发的高度也较低,只有400mm,会给老人起身造成困难。还有一些座椅的背倾角和座倾角较小,老人坐在上面整体的舒适感较低,也会给老人起身造成一定的影响。

总之,两家老年公寓室内家具整体造型大都是"平板式",较为呆板,缺少内嵌、外镶、图案、雕刻等细节,不美观,没有特色,而且其棱角也存在伤害老人的风险,没有给老人带来舒适的体验;色彩较为单一,没有明显的差别,不能使老人清楚地区分家具类别和功能;材质还使用较多的金属类硬性材质,对老人的生活存在隐患。

2.室内灯饰现状

在室内灯饰数量上,两家老年公寓设置的灯除了卧室上方和厕所的吸顶灯外,其他局部照明的灯具较少。视力衰退是老年群体不可避免的问题,正因为如此,老年群体房间的灯光显得尤为重要。

在灯光色调上,天合老年公寓只采用了一种最普通的白炽灯,白炽灯的颜色会刺激老年人的视觉系统,给老年人带来不必要的紧张情绪,对老年人的身体健康产生负担,以至于出现休息不足的问题。

在灯具的配置上,颐安老年公寓卧室床头有一个壁灯,但只有一个亮度和颜色的灯光,没有考虑到老年群体在白天和晚上对于灯光的需求是不同的,老年人如果起夜,忽然开灯,灯光太亮容易引起短暂的失明与眩晕感。公共区域的灯开关只有一个,而且是一个开关控制整条走廊,虽然老人在晚上一般不外出,但是应考虑到一些特殊情况,可能会存在因为开关离自己太远,而需要走一段没有灯照明的路,加上老人视力本就不好,可能会出现意外情况。

3.室内布艺现状

在室内布艺上,天合老年公寓的老人卧室里,除了每个房间配备的一条浅灰色的窗帘外,基本上没有其他的布艺装饰。床品是老人自带的,床垫也根据老人自己的生活习惯配有硬床垫和软床垫,这种老人自带自己熟悉、常用的生活用品的方式有利于老人很快地融入老年公寓这个环境中。

颐安老年公寓的布艺设计较为单调,在以米黄色为主调的房间内,床品以白色床单,浅棕色被套为主,再加上浅灰色的窗帘;图案都较为简单,被套以条纹为主,窗帘则以暗色花纹装饰,整体色调恬静淡雅。以红褐色为主调的房间内床品以白色床单、蓝色被套为主,而窗帘则是浅棕色;大的不同在于,房间铺有绿色条纹的地毯,使其在布艺装饰上更为丰富,但整体色调不是很协调,舒适度也不高。

4. 室内陈设品现状

在室内陈设品上设计得较少,物品大多比较陈旧,墙上挂着几张装饰画,没有其他的摆件装饰,绿植也没有,这样就会在很大程度上给人一种冷冰冰、没有家的温暖的感觉。在我们自己家中,一般都会有很多老照片、花花草草的装饰,老人闲了可以浇浇花,可以看着老照片怀念一下过去的时光。因为周围的一切都跟自己没关系,在这样的环境里待久了,会使老年人产生孤独感。

公共区域的陈设品相对来说多了很多,但大多摆放得杂乱无章,随处可见乱堆乱放的桌椅板凳,原本可供老人休闲娱乐的空间成了摆放杂物的杂物间。走廊里虽然有很多绿植,但绿植统一放在角落里,花盆边落了一层厚厚的灰,失去了绿植净化空气、装饰空间的作用。走廊里也设置了一些宣传栏,以宣传一些医护知识、消防知识、每日食谱,以及养老院的宣传推广等,但这些陈设品没有装饰作用。

3.2.2 室内陈设的空间感受

1. 空间使用状况及老年人行为活动分析

(1)起居空间。天合老年公寓的起居室分布在两个区域,一部分是在前院,是二层的楼房,中央是个露天的公共空间,虽然设施较少,但是采光充足;另一部分是在后方的主体建筑中,一共6层,起居室在每层的中间区域,双向分布。两个区域的起居室室内功能性和装饰性陈设都较少,只能满足老年人的生理机能需求,且窗户面积小,室内光效较差,自然光和人工光不能满足老年人的照明需求。起居室入口处没有可以闲坐、休息的陈设,没有相应配套的会客陈设,老年人多是待在自己的房间里,很少与其他老人进行交谈,老人们之间的互动交流较少。

(2)餐饮空间。通过长时间观察发现,即便是中午晚上的用餐时间,两家老年公寓的老人也很少会在这里聚集,都是集中在吃饭时间来,迅速用完餐后离开,老年人在就餐过程中很少发生交流的行为。餐厅陈设简陋单调。餐厅里面也没有设置包房,没有为老年人与家人提供私密的就餐空间。食堂桌椅横向设置得较为密集,老人在里面行走很不方便。

(3)入口空间。两家机构的入口空间设置较为简单,周边缺乏生动陈设装置,没有休息会客的沙发桌椅,整体空间都处于闲置状态,没有很好地利用空间方便老人接待客人,与亲属及其他老人交谈等。

(4)休闲活动空间。天合老年公寓休闲活动空间的功能陈设较为单一,除在麻将室打麻将,老人无法进行其他文化休闲活动。且休息活动区的座椅沙发数量较少,不能满足老年人休息、交流和小规模的活动需求。所以老人经常在起居室门口狭窄的走道里待一会,有阳光的话就晒会儿太阳,看看窗外。

2. 不同类型老人的空间体验感

在走访调查中,接触了形形色色的老人。文化背景的不同,导致老年人的性格特点、兴趣爱好都有所不同,所以他们在相同的或者不同的空间生存会有不同的体验感。

第一类是热衷于各种娱乐活动的老人,他们喜欢跳广场舞、打麻将、唱歌,拥有积极的生活态度。他们喜欢交友,认为机构娱乐设施太少,非常单一化,很多活动都没有办法开展。在室内陈设上,他们建议多点民俗文化之类的装饰,也可以多设置一些娱乐设施,丰富他们的生活。

第二类是积极向上的求学型老人,他们喜欢学习各种新知识,但是机构没有提供相应的场所,他们对知识的渴望没有办法得到实现,所以会出现很多闲暇时间无所事事的状态,偶尔会陷入自我怀疑的状态中,渐渐变得悲观。他们认为机构可以增加相应的场所来满足他们的学习需求,在整个空间氛围的营造上应该更多元化一点,现在墙面的颜色都是白色,也没有多余的装饰物,他们会时常感到孤独,感觉自己没有社会价值。

第三类老人是比较热衷于宗教活动的,他们有一颗向善的心,想要帮助别人,所以每天都在自己的起居室里诵经祈福,但是时常会因为打扰到别人休息而感到苦恼。养老院生活让他们感到孤寂,而且整个养老机构没有提供相应的环境来实现他们的信仰,老人们想要拥有一个独立的佛堂,来体现对宗教的尊重。

第四类老人年轻时生活在音乐、舞蹈等艺术气息非常浓厚的环境,他们一生都在追求自己的价值,很爱表现自己,不管处于什么样的空间,他们总是能发现美,感受到美好。我们在走访考察的过程中与这一类老人进行交谈,从他们口中得知,他们对现在的生活很满意,在养老机构可以认识很多朋友,他们之间会分享很多趣事,在这里生活很幸福。对于空间的感受,他们认为休闲娱乐空间的设置单一,只有麻将房,虽然在这其中也能感受到乐趣,但是他们喜爱的音乐、歌剧、美术在这里却接触不到,一些老人经常会感到一身的技艺无处发挥,他们内心深处依然希望文化诉求能够得到满足。

第五类老人平时喜欢养生健身,闲暇时光会养养花、逗逗鸟,还会钻研菜谱,逛博物馆了解历史,精神生活非常丰富。通过与他们的交流得知,养老机构在布置上没有设置相应的空间,因为鸟类会发出声音,影响他人的休息,所以在入住老年公寓以后,他们就再也没有逗过鸟,平时的活动仅限于吃饭、睡觉以及与身边的人交流,他们希望能在养老机构接触到相应的文化知识,学习到更多的知识,来丰富自己的精神生活以及发挥自己的余热实现更多的自我价值。

还有一类老人,他们生活没有目标和方向,每天喜欢找人聊些家常来打发时光,通过走访,得知这类老人在这里生活得很阴郁,周围陌生的环境,让他们本就不开朗不自信的心理状态更加糟糕。他们觉得机构在室内陈设上毫无新意,也提不起兴趣去做其他事情,每天在起居室里无所事事,他们想念自己的孩子,想念自己熟悉的环境。这一类老人的心理状态极为糟糕,所以养老机构应该重点关注他们,可以通过丰富娱乐活动、增加相关的室内陈设来丰富他们的精神生活,激发他们积极的生活态度。

3.2.3　养老院室内陈设舒适度问卷调查分析

笔者采用问卷调查的方式,一共发放问卷 100 份,收回有效问卷 98 份,以下是对有效问卷的分析:

在男女比例上,男性占比 59.2%;女性占比 40.8%;

在受教育程度上,受访者文化程度普遍偏低。其中,66.8% 的老人文凭在高中以下;8.4% 的老人受教育程度颇高,拥有大专及以上学历。

在婚姻状况上,受访人群中,77.5% 的老年人拥有配偶,22.5% 的老人处于离异或丧偶状态。

在退休前的职业上,受访人群工作职位普遍较低,这与他们的受教育程度有关。其中,退休前身居政府部门、事业单位要职的占比为 5.3%;从事商业服务与个体的占比为 51.9%。

在陈设体验上,71.4% 的老人对陈设一般;没有老人对陈设体验比较满意。

在生活方式的改变上:86.7% 的老人觉得生活方式发生了变化,但是变化不大;10.2% 的老人觉得生活方式有较大改变,此类老人多是离退休前任职在事业单位中的老人。改变的方式主要是休息交流和休闲活动发生了改变。

在交往方式上,22.4% 的老人喜欢独自活动;40.8% 的老人喜欢两三人活动;25.5% 的老人喜欢多人活动;只有极少数的老人喜欢大型集体活动。30.6% 的老人在进入养老机构后交往聊天行为增加了;51% 的老人觉得交往减少了。

在地方文化上,基本上所有的老人都了解当地文化,96.9% 的老人喜欢地方文化和民俗文化;在所喜欢的文化上,71.4% 的老人喜欢饮食文化,80.6% 的老人喜欢艺术文化,61.2% 的老人喜欢民俗文化,15.3% 的老人喜欢传统建筑文化。

老人常去的室内公共空间有门厅、餐厅、棋牌室、乒乓球室以及其他体育活动室,老人想去的空间有音乐舞蹈室、阅览室、书画室、亲情接待室、手工室、宗教空间等。想去的原因有:设施先进、齐全,活动空间较大,人多、热闹气氛好,环境舒适。

在期待的陈设类型上,老人希望能完善居住空间的室内陈设,满足老年人的使用需求;希望能有一些促进老人交谈互动的陈设;想要空间里有好看一些的装饰性陈设。

针对这 98 份有效问卷,我们发现老年人对于文化养老、地方文化以及室内陈设的要求各有不同,但总体上:

(1)老年人对目前养老空间的室内陈设总体不是很满意,认为陈设的种类和数量不能满足老年人的日常生活需求,老年人期待有更多的娱乐活动,希望能有丰富的陈设来满足老年人的娱乐需求。

（2）一些喜欢安静独处的老年人,他们期望能有更好的独立空间,来满足自己一些特殊的爱好和活动需求,比如唱歌跳舞、读书看报、画画写字、诵经拜佛等,老年人的爱好丰富多彩。

（3）大部分老年人都有自己喜欢的地方文化,他们希望在日常生活中能一直接触这些文化,他们想要生活在自己熟悉的环境。

（4）老人们各自在生理和心理上的需求也有所不同,他们不喜欢所有的空间布置都一样,应该根据需求不同有所区分。

老年人的这些想法对于我们之后的陈设设计具有很大的参考意义,在设计中,我们也会充分考虑他们的喜好和需求。

3.2.4　养老院室内陈设问题分析

1.空间陈设缺乏地方文化审美特征

西安地区的文化氛围很浓厚,具有很多脍炙人口、深受大众喜爱的文化元素。相应地,大多老年人的文化生活也很丰富,平时喜欢写写毛笔字、唱唱戏、研究古董的老年人不在少数。所以我们在做养老空间的室内陈设时,要充分考虑到老年人的这种文化诉求,做出符合老年人文化审美的设计。

2.文化活动空间陈设单一

调研的两家养老机构中,都设置了西安老人喜欢的娱乐活动空间——棋牌室和麻将房,但麻将桌的数量较少,而且房间里面很拥挤,一些不会打麻将的老人也没地儿观看,会打麻将的老人因为位置不够少了很多乐趣。这一方面显示了我们现代人兴趣爱好的缺乏,另一方面也启发养老机构可以为老人们设计添加一些互动性强的娱乐项目,比如养鸟、跳舞等,增加老年人之间的交流,激发他们参与活动的积极性。

3.家具陈设忽略老年群体的行为需求

从造型上来讲,通过对两家养老机构的调研,我们发现它们存在一个通病,家具没有专门为老人去定制,老年群体因为身体各机能的下降,他们对于家具的要求跟我们年轻人是不同的,两家养老机构的床都是很普通的床,没有升降设计,床的两边也没有安装额外的扶手,这无意中给行动不便的老人带来了更多不便之处。直角设计是老人安全的隐患,老年群体腿脚本就不便利,平时走路难免会磕着碰着,更别说出现突发情况时,他们没有办法控制自己的身体,可能会增加意外的风险。

从尺寸上来讲,其一,有的机构单人床很窄,老人本身会存在翻身困难的情况,床很窄的话,不利于他们翻身,有可能会出现意外。其二,衣柜的高度也有很大的问题,两家机构的衣柜都是按正常年轻人的尺寸去做的,并没有考虑老年群体具体的身体状况,衣柜过高,他们在取放衣物时很不方便,还可能会出现拉伤胳膊、摔倒等一系列安全问题。还有走廊和卫生间的扶手,这样的辅助性设置很多都是随便安装到墙上,没有测算过放置到哪个位置适合什么样身高老人的受力点。

4. 陈设空间布局不合理

"酒店式"设计是大多养老机构室内设计的通病,他们只是想给老人提供一个可以吃饭睡觉的地方,设计缺乏新意、个性和趣味性。老人大多都会怀旧,怀念自己年轻时候的时光,或者缅怀以前那些年代的不易,但是在考察的这几个养老机构中,均未在室内设计的时候考虑到了老人的这些心理。

老年群体的记忆力和行动力都会衰退,在空间布局的时候要尽量以简洁为主,行动路线也应以直线为主,大部分养老机构都会把餐厅设计在顶楼,在吃饭时间人流量特别大的时候,很多老人因为挤不上电梯只能走楼梯去吃饭,为了方便老人,可以在每一层都设置一个餐厅。

根据每个类型的老人设置不同风格和布局的室内陈设,是我们在做设计时要考虑到的问题,而在考察过程中,我们发现很多养老机构的设计风格都很单一化,从入口空间到居住空间、餐厅、活动室,所有的空间都是一种风格,给人一种整齐划一的酒店式感觉,缺少趣味性。

3.3　老年人的陈设空间需求及优化设计

3.3.1　老年人对室内陈设的特殊需求

1. 基于老年人生理、心理安全的需要

随着年龄的增长,老年人身体各项器官功能都大不如从前,各种身体疾病的出现,如生理、代谢功能障碍,记忆力衰退,行动不便,高血压,糖尿病等,这些都会影响他们的生活生命安全。

在与老人们的交流中,相较于心理健康,他们更关注自己的身体健康。老人们熟知随着年龄的增大自己身体上的变化,他们想要得到的不仅仅是物质上的安全感,更多的是心理上的安全感。

老年人在退休后,一方面要适应自己身份的转变,另一方面又可能会面临爱人、朋友的逝去,加之自己身体衰老,可能会出现各种疾病,精神状况也每况愈下,这些都会影响他们的生活质量和心理健康,有些人甚至会出现自杀倾向。因此,想要满足老年群体心理安全的需要,室内陈设应营造老人熟悉的生活环境和健康活跃的氛围,同时还要满足老年人生理上的使用需求,尊重老年人的需求差异,给予老人更多的关心,让老年人保持情绪稳定。

2. 基于老年人情感和归属的需要

随着年龄的增长，老人们时常会感到孤独，更加渴望得到亲人的关心和照顾，这种情感需求与老人们的生活经历、受教育程度、文化背景、宗教信仰等都有一定的关系。通过对西安多个本地养老院的调研，发现那些结伴一起入住的老人，离家较近且子女经常来陪伴的老人，以及对周边环境比较熟悉的老人，相比其他老人，他们脸上的表情要更加轻松和闲适，生活态度也更乐观一些，幸福感也更高一些。这是因为熟悉的人与环境，使他们在情感上得到了满足，心灵得到了慰藉，有归属感。因此，我们在进行室内陈设设计时，首先要考虑如何让老人们参与社交。比如，可以在老人的起居室设立会客桌椅、茶具等陈设，方便老人串门交谈；可以在休闲活动空间设立能够满足老人娱乐互动的陈设，如乒乓球台、微型剧场舞台、手工艺品制作工具等，能够为老人们提供互动交流的场所和机会；可以在餐饮空间设立开放厨房、圆桌、双人雅座等陈设，促进老人在机构中快速地与他人相识，融入集体，提升老人的幸福感。其次要考虑如何为老人营造熟悉的环境。比如，在空间陈设布局上，可参考老人居家生活时的室内陈设布局，这样老人的生活行为习惯也不需要发生较大的改变；在具体的陈设设计上，可以在造型、色彩、图案等方面，添加西安地区文化元素，降低老人入住机构后的陌生感，让老人不那么拘谨，可以惬意轻松地生活。

3. 基于老年人尊重和认同的需要

因为身体机能的衰退，社会角色的转换，老年人容易产生自卑感，希望能得到他人的尊重与认同，加之老年群体的心理又更加敏感，在交流的过程中容易受到伤害，加重自卑感。在养老院中，有经常三两为伴聚在一起闲聊做事的老人，他们属于主动交流的老人，性格开朗且心理承受能力强，能够较快地获得被认同的满足感。但有一些老人不爱主动去交流，性格内向，作息单一，长久以往会形成一个恶性循环。养老院应该重点关注这一类老人，引导他们去交流互动，可以通过室内陈设的布置，来打造一个吸引老年人交流的空间环境，添加当地老年人喜爱的活动项目，促进他们彼此间的交流，为老年人获得尊重与认同感搭建平台，使老年人体验到自己活着的价值意义。

4. 基于老年人不同健康状况及生活习惯的需求

对老年群体不能仅采用年龄区间进行分类，作为专业设计者，应该关注不同老年群体的不同生活需求。

其一是根据老年人的身体健康情况和他们的自理能力，对于那些自理能力较强的健康老人，他们对活动空间和活动类型的要求较高，相应地，室内陈设环境应该丰富有内涵，满足这类老年群体的精神需求。那些日常起居需要依赖他人帮助的老年群体，他们对于活动空间的要求较低，但对室内陈设的实用性、人性化、舒适性要求较高，同时养老机构也不能忽视对这类老年群体的精神文明关怀，只是对这类老年群体的精神文明建设方面的投入要少于第一类老年群体。

其二是受城乡二元结构以及老年人社会地位、经济地位等各种因素的影响,老年人的层次有所区别,生活行为方式也有所不同,对室内陈设的需求也不一样。具体表现在:

(1)喜欢休闲娱乐的老人。一些老年人在离退休后,时间和金钱上相对"富裕",所以就想去做年轻时没有时间和精力做的事情。西安地区的养老机构,室内陈设的空间布局应满足老年人琴棋书画、读书写作、制作民俗手工艺、健身等生活需求。

(2)渴望社会交往的老人。一些老年人由于长期不与亲人朋友待在一起,会极度渴望得到身边人和家人的关注和关心。他们在养老院也想积极地融入集体,因此室内陈设应满足老年人从事集体活动、进行艺术文化活动等方面的需求,加强老年人彼此之间的交流,以抱团取暖的方式安度晚年。

(3)追求自我实现的老人。此类老人文化水平较高,具有较高的社会地位,经济条件较好,对精神文化的需求更高。[25]他们在进入养老院后,仍希望得到认同和尊重,想要在集体中产生影响,在学习上或者身体健康上实现自我满足,获得成就感。室内陈设应满足这类老年人自我学习提升、身体康复锻炼、在集体中展示自我等需求。

通过调研,我们发现不同健康状况及生活习惯的老年人对养老生活的理念也有所相同。有研究表明,小部分的老人表示不愿意离开他们从小生活的地方,不喜欢和其他人一起生活,害怕养老机构费用太高,他们无力承担。他们曾经经历过超负荷的精神压力,更加期望在精神世界获得安慰。他们积极参与各种社会群文活动,目的是寻找能让自己快乐的群体、宜居休闲养老的氛围、彼此心灵的归宿,这也正是现代老年人的普遍追求,是养老事业往文化养老发展的必要性。因此,在进行养老空间设计时,一定要将文化养老的理念带入室内陈设设计当中。

3.3.2　室内陈设优化原则

通过前期对西安地区养老机构室内陈设的调研考察和对老年人的问卷调研分析,结合老年人对室内陈设的需求,依据养老空间室内陈设的设计应有的设计元素和应注意的设计要点,总结养老空间室内陈设设计优化原则,从室内陈设的文化性、陈设元素的多样化、陈设设计的人性化三个方向,来丰富室内陈设文化内涵,优化陈设基础设施环境。

1. 陈设设计的文化性

伴随着养老事业的发展,当物质基础逐步完善,老年人不再为生活保障而顾虑时,重视养老事业的文化内涵,优化老年人的生活环境,加强文化养老的设计成为必然。

我们在进行养老空间室内陈设设计时,首先要了解文化养老的内涵与意义,了解文化养老的设计理念,了解文化养老对室内陈设设计的影响,然后在具体的陈设设计上,一是要将地方文化元素带入陈设设计当中,丰富室内陈设,解决养老机构中室内陈设设计风格单一的问题。利用地方文化元素自身附带的色彩美、艺术美和民俗美,不仅满足老年人的审美需求,而且地方民俗文化元素的熟悉感,会使老年人更快地接受和融入养老机构;二是室内陈设应考虑当地老年人的生活方式,了解当地老年人的"衣食住行",分析老年人的生活行为需求,为老年人设计舒适的室内陈设环境。三是应考虑不同文化需求的老年群体,在老年人这个大群体中,因受到生理、心理、职业、文化水平、生活方式等不同因素的影响,不同的老年人文化需求也有所不同,我们在进行室内陈设设计时,应满足不同老人的文化需求,这是文化养老研究的重点之一。

2. 陈设元素的多样化

优化室内陈设空间布局,使养老空间室内陈设元素多样化,用室内陈设来强化空间功能,满足老年人日常生活中不同的需求。不同活动空间中的室内陈设配置布局要合理,同样是家具、灯饰、布艺、绿植等陈设品,但在起居、餐饮、医养、休闲活动等不同的空间中,要根据老年人的需求去调整陈设的摆放数量,比如在老年人的休闲活动空间,他们对棋牌室的需求较多,那此空间就要增设麻将桌,还要给老人留有足够的活动空间方便走动;再比如一些老人喜欢在起居室读书,那么此空间就要有书桌、书架、书籍、台灯等。在空间布局优化的基础上,合理配置室内陈设的种类与数量,不仅能改善空间中陈设较少的问题,老人不会一进房间就感觉空荡荡。同时,合理的陈设布局,将空间的功能区域划分出来,特别是起居空间,方便老年人清楚且有条理地放置自己的物品,能较好缓解养老机构老年人卧室物品摆放乱、老人用物品时找不到的问题。

3. 陈设设计的人性化

养老室内陈设不同于普通的居家室内陈设,针对老年群体的特殊性,我们在进行室内陈设设计时,应该以人性化设计为设计理念,以满足老年人的生理和心理需求为设计要点,在细节上,一是要考虑陈设的尺寸、材质、色彩、造型等是否适应老年人,要给老年人的日常生活提供便利,而不是制造麻烦;二是要考虑陈设是否符合老年人的审美,陈设营造的室内氛围老年人是否喜欢,要使老年人即便是在机构入住,仍有在家庭居住的舒适感和熟悉感。

3.4 室内陈设设计策略

通过前期对养老机构室内陈设现状的调研分析,以文化养老为设计理念,通过分析地方文化特征,研究如何将地方文化元素融入养老机构室内陈设设计当中,来满足老年人的文化审美需求,适应老年人的生活方式,照顾老年人的群体差异,达到文化养老的目的。针对现有养老机构存在的主要问题提出了一系列解决方法,深入研究基于文化养老的养老机构室内陈设设计。

通过以文化养老的理念,把地方文化作为设计元素,融入养老机构室内陈设设计中,以此来达到解决前期调研发现的现有养老机构的问题,具体表现为:丰富老年人的生活环境,满足老年人的文化审美需求,增加个性化和趣味性;优化空间陈设布局,完善陈设的数量和种类,尊重和满足不同类型老年人的日常生活行为需求,满足老年人的生理和心理需求;丰富老年人的休闲活动,提高文化内涵,引导老年人养成健康的生活方式,满足老年人的生理和心理需求。

在进行设计的过程中,笔者运用以下几种方式来达到文化养老融入室内陈设设计的目的:提取地方文化元素,融入陈设品中,来装饰和丰富空间,满足老年人的文化审美需求,提升个性化和趣味性,渲染空间氛围;根据地方文化中老年人的生活方式优化陈设布局,方便和满足老年人日常行为需求,引导老年人养成健康的生活方式;照顾不同类型老年人的文化需求,尊重老年人的群体差异。

3.4.1　基于地方文化审美的室内陈设设计

地方文化指的是各地广为流传的、特有的风土人情,是各地人们文化生活的总称,其包含了历史文化、民俗文化、居民建筑、生活方式等多种文化元素,是从人们长期的生活方式和民风民俗中产生的,具有悠久的历史和个性鲜明的地方特色。在一片地域内,大多数人群的审美标准是类似的,这种审美标准我们可以理解为地域人群的"集体潜意识"以及地域性的"隐性文化"。

人的文化认知和欣赏水平,受到其生长地域文化环境和社会生活水平的影响,所以在进行老年人室内陈设设计时要结合不同的地方文化历史背景以及文化特征进行设计,满足老年人的文化审美需求。

1. 西安市地方文化特征

西安市历史文化底蕴深厚,我国多个朝代都在此定都,是我国重要的文化城市之一,反映出各个时期人们不同的生活方式,记录了人类演变的过程,经过了几千年的文化精髓积累,是过去和现在的文化缩影,老年人久居西安,地方文化早已融入他们生活的各个方面,室内陈设满足老年人对于养老环境的文化审美需求。

结合前文的文化养老在室内陈设中的设计要点,以及文化养老的意义与内涵,笔者提出将西安市地方文化作为设计元素,融入养老机构室内陈设当中,来满足老年人对文化养老的需求,以下是作者对西安市地方文化元素的分析。

民俗文化,是西安地方文化的重要组成部分,反映西安地区独特的生活方式、风俗习惯、艺术文化、休闲娱乐、宗教信仰,反映出西安人的愿望、理想和意志,展现了西安的市井生活。以当地人民为载体进行生生不息的传承,体现了具有本地特色的文化传统,具有一定的丰富性和独特性。

西安市在长达数千年的发展中,民间艺术、民间手工艺产品、风俗习惯三者又互相影响、互相渗透,朝多元化发展。时代在变迁,西安老年人还是延续着原有的生活模式,过节贴窗花、看皮影,平日里听秦腔戏、打麻将,他们在闲暇时间里用这样的方式消磨时光。

西安是多民族融合的城市,有佛教、道教、伊斯兰教、天主教、基督教等宗教的存在,西安的宗教受众也较多,而在这部分群体中,老年群体占比较大。

建筑是反映生活习惯最为明显的载体,是各个地方历史文化的体现,突出了每个地方的民俗特点。西安人世代以农耕为主,跟土地有着非常浓厚的感情。他们重视大自然的变化,逐渐形成了祈求安静、平稳、宽容与祥和的心态。

以钟鼓楼及城墙为代表的建筑群是西安市的标志性建筑,尤其是钟楼,它最能代表西安的建筑文化风貌,有着砖石结构的正方形基座,青砖砌成的表面,整体结构为木质的双层楼体,它向世人展示了恢宏大气、气势磅礴,展示了古代城市防御工程的伟大,从材质和结构上很好地体现了西安人民对于木质和石材的钟爱。西安的秦砖汉瓦博物馆向世人展示了古代劳动人民的智慧,蕴含了深厚的人文历史,向人们展示了曾经那段辉煌文明的历史。其中,秦砖以质地、颜色、制作、形制闻名,饰纹多彩多样。瓦当作为传统民居建筑的重要构件之一,既能保护房屋的飞檐,也以独特的造型美化屋面轮廓。

西安民俗文化元素有着多元化、丰富性、独特性的审美特征,它从各个方面体现西安地方的民俗文化特点。将西安的文化元素运用到现代室内陈设中,应该深入挖掘其本土文化中蕴含的精神内涵,巧妙地运用形式和内涵完美结合的文化符号。在室内陈设设计时,空间陈设布局和陈设陈品应满足西安市老年人的行为需求与审美需求,重视民俗文化对于老年人的影响,进而优化养老环境。

室内的挂饰,多以山川风雨、鸟语、书声等为内容,它们在室内空间中既是很好的陈设品同时也是情操的体现,体现了西安人对大自然的喜爱和敬仰之情。

拴马桩(图3-2)是在西安及西安周边乡村盛行的一种石雕艺术品,它最初是村民用来拴牲畜的石桩,后来在有些地方成了身份地位的象征,拴马桩的材质丰富,以青石为主,桩头是它最精彩的地方,也是最能体现匠人制作工艺的部分,石雕题材丰富,有莲瓣、博古、动物等图案。

西安地方居民建筑元素有着尊重自然、崇尚自然的审美特征,呈现出以木石结构为主体的建筑文化,因此在室内陈设设计上,应以自然美为设计理念,设计室内陈设的材质、色彩与造型。

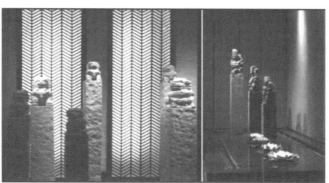

图 3 - 2　拴马桩

2.地方文化在室内陈设空间组织上的体现

1）室内陈设装饰风格富有地方传统文化特色

人们对传统文化的喜欢是渗入骨子里的,尤其是西安这样的文化古都,经历几千年的历史变迁,它有着丰富多彩的传统文化,所以西安人都深受这样的文化熏陶,尤其是老一辈的西安人,他们喜欢深厚有内涵的文化氛围。老年人在一生中看过的风景,经历过的事情,都是他们积攒的财富,他们很喜欢跟他人分享自己年轻时候的辉煌故事,所以他们更倾向于怀旧、复古、文化内涵丰富的室内陈设风格。因此在室内陈设的设计中,将老年人所喜欢的传统文化和他们以前用过的、喜欢的物品融入进去,将极大地提高他们对环境的亲近感。

随着全球化的发展,许多国外的东西从各种网络平台传入中国,冲击着我们现当代年轻人的审美。但是这些事物对老一辈的人影响不是很大,他们依然喜欢传统的、民俗的陈设装饰。比如现在很多中老年人都特别喜欢中式风格和新中式风格,他们喜欢传统家具,喜欢织锦缎装饰的布艺,喜欢青花瓷,喜欢用文化内涵丰厚的物品来丰富自己的精神生活。所以,在室内陈设设计时,加入传统的文化元素是最易被老人接受的,也是他们最为喜欢的。

2）室内陈设材质上崇尚自然

西安地处中国大陆腹地、黄河流域的关中盆地,北有黄土高原,南有秦岭,生存环境决定了西安地区人民的淳朴个性。他们崇尚自然,热爱自然,喜爱自然赋予的材质。从建筑中的各种元素来看,瓦当和砖石,木制窗户、门以及房屋的木质结构,历来深受人们喜爱,这在西安各大历史遗迹中都有所体现,最典型的代表是西安钟楼和城墙,西安的传统民居也广泛应用这些材料。

3）室内陈设色彩与地方城市色彩相结合

西安,这个代表中华文化最鼎盛时期的都城,它在上千年的历史中形成了自己的独特文化,而文化对于一个城市的影响最直观地体现在色彩上。通过观察与调研不难发现,西安这座城市的主色调以黄色、灰色、赭石色为主,辅之以白色、黑色。例如西安城墙是青灰色的,大小雁塔以黄色墙面入人眼帘,而大唐不夜城和钟鼓楼的建筑又以赭石色吸引人的目光。而根据西安城市规划局的意见,要求西安市应以黄色为主色调,建筑物都应与其相呼应,所以西安是一座融合古代与现代发展的文化古都,它的城市色彩也影响了一代人的审美标准。

以上几种颜色是西安城市规划中大量运用的颜色,也反映了广大群众的色彩审美,所以在室内陈设设计时要以这几种颜色为主要参考色,以此来引起老年群体的情感共鸣。

4)室内陈设造型上富有文化内涵

西安作为十三朝古都,文化沉淀深厚,为普通大众熟悉的如拴马桩、唐三彩里的动物造型,彩陶、银器这样的器皿造型,砖瓦、城墙这样的建筑造型,这些造型丰富的艺术品对现代人的审美影响是非常大的,而这些造型也为西安人民所喜爱,对现在设计影响深远,所以在养老空间室内陈设设计中也可被广泛应用。

以上分析是地方文化对于室内陈设造型的影响,这些造型代表了文化精髓,至今依然被人们应用在各种设计中,我们在进行室内陈设设计时,要将其中的元素提炼出来进行简化再设计,从而应用到相应的空间设计中。

3. 具有文化审美特征的陈设品创造及使用

地方文化元素运用到室内陈设设计中,不是单纯地将元素堆砌到空间中,而是将元素进行简化提炼,然后运用到室内陈设中。养老空间的地方文化元素的提炼要充分考虑老年人的喜好,针对他们喜欢的元素以及元素的特点进行提炼,运用到相应的陈设品及环境设计中,创造出具有地方气息的空间氛围。

在元素提炼的过程中,应根据空间使用的特点将其想表达的情感和文化的特点表达出来,引起老人的情感共鸣。在对文化元素进行提炼时,要将其地域性的特点表达出来,在提炼完进行设计时要结合老年人的行为习惯、生活方式及其文化诉求。这样不仅能将文化的地域性特点表达出来,更能照顾老年人的行为特点以及文化审美。在对文化元素进行提炼时,可以对其具有特点的形状、色彩以及材质进行解剖、分解重组,但是其最根本的文化特点一定要表现出来,将其他冗杂的元素摒弃、简化、提炼成单一化和符号化的形式,再将其应用到设计中。

经过前期的调研分析和理论梳理,确立了以地方文化元素为切入点,打造富有人文关怀的养老环境。西安市作为陕西民俗文化的集合体,有着种类繁多、个性鲜明的特点。如何合理地提取和使用西安地方文化,探究西安地方文化元素的提炼、转换和使用,是养老空间室内陈设设计的重要环节。

1)地方文化元素的提炼方法

每个地方都有其文化特点,地方文化元素可能也比较丰富,在提炼的时候应该取其精华、去其糟粕，从材质、造型、色彩、载体等着眼，提取适合养老空间的文化元素，把握其的实用性及时代性，切实结合当今社会的养老需求。比如一些民俗文化，倘若元素不符合养老空间的使用，那么带入元素虽然是文化的传承，也会显得格格不入，适得其反。（图3-3）

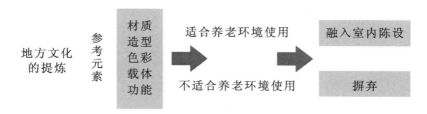

图 3 - 3　提炼地方文化

（1）朴实无华——把握元素实用性。在地方文化的选取上，可以考虑一些老年人的日常活动，直接在养老空间中展示出来，但可以通过载体，吸引老人参与互动，提高老年人日常体验的功能。比如秦腔和秧歌，可以在公共交流空间放置一些秦腔舞台上的常用道具，如扇子等，增设老年群体的活动项目，这样可以减少老年群体的抵触心理，提高参与的积极性，有助于老年人之间加强交流互动，保障老年群体的身心健康。

（2）与时俱进——把握元素的时代性。在养老空间的设计上，不仅要注意元素的实用性，更要关注元素的时代性，与时俱进的元素能在一定程度上让老年群体跟紧时代的发展。如今，原始信仰、宗教与民间游艺民俗高度发展，有节日文化、社火文化、庙会文化、饮食文化、口承文化、民间工艺美术文化等诸多民俗文化。我们在元素的提取上，应考虑元素本身载体能否与现代养老空间的陈设相结合，是否与室内环境相融洽，然后把需要的元素提取出来，与现代室内装饰相融合，为老年群体的室内氛围增加文化性。

2）地方文化元素的转换方法

将地方文化元素转换为室内陈设设计元素时，要了解文化元素本身形态、材质、功能等多方面的特点，使元素能与室内陈设融洽地结合，不能生搬硬套，避免破坏原有的室内氛围，适得其反。

注重立体与平面之间的转化。合理地运用不同维度，将一些有意义但无法直接放到空间内的元素，通过转换合理地体现在空间内，比如关中地区传统民居中，一些优美的砖花和墙雕艺术（图3-4），是人们日常生活中接触比较多的，但因为其材质是石头，如果直接放入室内空间中，不仅会与室内整体氛围不融洽，还容易伤害到老年群体。因此，可以先将这些元素转化为纹样（图3-5），如关中地区传统民居中常见的步步锦、风车纹、灯笼锦等，再将几何纹样体现在布艺陈设或者家具装饰上面（图3-6），以此来丰富和柔化空间。

图 3 - 4　关中居民花墙

图 3 - 5　花墙转换纹样

图 3 - 6　带有关中文化纹样的布艺装饰

注重元素本身服务性质的转换。在养老空间中,卧室、餐厅、卫生间、娱乐室等都有不同的服务性质,在进行元素的转化设计时,可以根据元素本身的性质,选择在与之服务性质相近的空间中使用,加强两者之间的联系,塑造融洽的氛围。比如在关中传统民居中卧室常使用的家具样式、颜色等,可以选取一部分运用到养老院软质装饰材料当中,体现地方文化特色。

3)地方文化元素的使用方法

注重元素比例。地方文化元素的使用,是营造室内氛围的设计核心,要把握元素使用的比例,深入了解需要使用元素的性质,同时抓住渲染室内空间的亮点陈设位置,不同性质空间的核心位置也不同,使用的方式和比例也应有所不同。如果在使用地方文化元素的过程中不注重空间的比例,很容易将养老空间设计成一个地方文化"大观园",反而会给老年群体带来视觉上的审美疲劳,适得其反。一定要遵循统一与变化、均衡与对称、节奏与韵律等原则,实现摆放有序、富有变化的陈设,恰如其分地展现各类陈设品的美和风格。

营造养老氛围。使用时地方文化元素时要注重室内整体大氛围的营造,地方文化元素和养老元素之间合理地搭配,让元素画龙点睛地服务于氛围的营造。针对不同空间,要适当做一些取舍,注意不同的空间要营造不一样的氛围。

结合现代技术。应用现代科技,将地方文化元素与室内的一些固有设施结合,将地方文化元素合理地融入养老室内陈设中,增添人性化设计。比如将一些传统家具与智能家具结合,在外观上使用传统的形式,丰富功能性,提高老年群体的生活质量。

3.4.2　基于文化养老的室内陈设设计

文化养老是养老事业发展的新趋势,是一种体现地方文化与人文关怀的新型养老方式。以满足老年人的精神需求为目标,引导老年人通过沟通交流、休闲活动等方式,来实现愉悦精神,满足精神慰藉,让老年群体能够悠闲惬意地度过晚年生活。

1. 文化养老的内涵与意义

我国的老龄化国情推动着养老事业的发展,而文化养老是养老事业下一步发展的风向标,是积极老龄化的有益尝试。为了让老年人尊严、体面地生活,我们要满足老年人的需求,为老年人营造舒适的养老环境。而目前养老院室内空间环境参差不齐,有些甚至都不能满足老年人最基本的物质需求,更不用谈满足老年人的精神需求。因此,了解地方文化特征,结合老年人的生活行为习惯,营造文化养老的生活环境,满足老年人的生理与心理需求,不与社会脱轨,有着非常重要的意义。

文化,在广义上是指物质财富和精神财富的综合,是人类在历史发展过程中积攒的财富;狭义上是指宗教信仰、风俗习惯、道德情操、学术思想、文学艺术、科学技术、行为规范、思维方式、价值观念等。一方面,我国的文化特征丰富且有内涵,在日益严峻的社会人口老龄化问题和养老压力下,传承下来的孝亲敬老文化,使得社会对老年群体表现出了包容、理解和支持,并为老年人的文化需求提供帮助,虚心聆听他们的意见。另一方面,我国各个地区的地方传统文化,更是为老年人的文化养老生活提供了无限的发展空间和内涵。

养老文化是指家庭、社会和国家为老年人提供物质帮助、精神慰藉等的思想道德观念、价值伦理规范以及社会制度规范,养老文化具备了人类的基本特征,是人类为了自身的生存与发展所做的选择。

现如今,随着社会经济的发展,物质水平的提高、科技文化的创新、地方特色文化的凸显,越来越多的老年人已经不再满足于过去那种单一的养老生活方式,他们不断地完善自己的兴趣爱好,充实自己的晚年生活,追求文化精神生活,使老年人的生活环境更为丰富多彩,老年人生活得更为惬意,更充满活力。文化养老不仅是在为老年人打造了一种健康的养老理念,更使他们能乐观地面对自己的晚年生活,是实现老有所为、老有所乐的基本途径。

2. 文化养老在室内陈设中的体现

文化养老是如何丰富老年人的精神生活,使老年人的生活具有意义和价值的大的文化概念。如何在养老空间室内陈设中体现文化养老,主要包含三个方面:

1)文化审美的空间渗透

"老有所乐、老有所学、老有所为"中一定要包涵必要的文化内容,包括群体、地区、宗教、风俗、艺术、生活行为等等。这些文化内容没有高低之分,要根据不同层次的老年人,选取适合老年人的文化内容,融入室内陈设当中去,辅助和引导老年人开展与之相适应的文化生活。

文化生活是追求精神文化生活的一种行为,是除生存条件之外老年人的主要活动,老年人因为退休或者身体原因,闲暇时间比较多,所以需要寻找自己喜爱的活动来打发这些时间,充实自己,在其中得到满足。

2)打造舒适的生活环境

舒适的生活环境包括物质层面的硬件设施与精神层面的软件装饰,就是个体在养老过程中所感受到的身边的一切。营造养老空间环境的因素有很多,包括空间、色彩、陈设、光影等等。但是文化养老的活动空间没有简单或者丰富之分,只有如意称心与否,好的空间环境要使老人有安全感,方便顺心,没有顾虑和担忧。

3)尊重文化需求差异

同样是身体素质处于下行趋势的老年人,他们个体之间也是存在差异的,所以在照顾和服务他们的时候,要充分考虑老年人的不同职业生涯、不同文化程度、不同生活行为习惯、不同性格爱好等等,提供满足不同老人需求的服务和方法,在室内陈设设计上,我们要尊重老人的个体差异,使老人在晚年生活也能有尊严。

3.4.3 基于老年人生活行为的室内陈设设计

老年人生活行为的概念,是指老年人在日常生活中"衣、食、住、行、乐",在不同领域和空间的基础生活、学习生活、休闲生活、精神文化生活、交流互动生活、宗教生活等。文化养老理念下的生活行为,指的是老年人通过一定的文化行为,满足自身生活需要时,提高精神文化照料,是一种健康的生活方式。

养老机构想通过室内陈设来引导老年人进行健康的生活行为,首先需要了解地方老年人的生活行为特征,基于老年人的生活行为特征,优化养老机构室内空间陈设布局,人性化地考虑老年人身体的各项条件和心理需求,应以便捷性作为设计的要点,满足老年人的生活行为需求。

1. 西安市老年人的生活行为特征

有研究表明,西安市居家老年人日常生活行为完成的场所主要集在家庭和临近社区,机构老年人日常生活行为完成的场所主要集中在养老机构内部,生活行为空间范围整体较小,老年人以走路的方式来往于各个活动空间,活动空间距离基本在 2 公里以内,有三点原因,其一是老年人身体机能的下降导致诸多自身活动受限;其二,养老机构配的陪护人员较少,不能时时陪护老年人,缺乏必要的保护,因此老年人外出时间受限;其三,随着社会经济的发展,无论是社区还是机构内,都或多或少地有休闲设施和休闲场所,老年人能够近距离地完成生活行为。

在生活作息的时间上,西安是典型的暖温带半湿润大陆性季风气候,夏季酷热,冬季严寒,四季气候分明,西安地区的老年人的生活作息也具有较为明显的季节差异,老人们偏爱在春、秋两季进行户外活动,整体活动时长相比较另外两个季节会更多一些。

在活动类别上,第一类是基础的益智类活动方式,按照西安市老年人的喜好程度由高到低排序为棋牌类活动、读书或者看报、看电子产品(电视、电影、听书)。第二类是养身康体类活动,由于身体机能受限,老年人普遍更喜欢散步。第三类是文化休闲类活动,西安市老年人普遍喜欢种花养草、旅游、养宠物,文化层次较高的老人会喜欢集邮、收藏、书画以及摄影。第四类是交流互动类活动,西安市老年人喜欢与人交谈,尤其喜欢与亲人聊天,也喜欢多人参与的休闲活动,凑热闹来解闷。整体上来讲,老年人休闲活动比较丰富,更钟爱传统的休闲活动方式。

2. 陈设布局引导健康的生活行为习惯

健康的生活方式是调整老年人心态的好办法,身体的健康能使老人变得自信,失落感、空虚感、孤独感减少,降低心理疾病的产生。因此在养老机构中,我们要了解不同类型老年人的生活习惯,各个活动空间应根据老年人的生活行为特征,在空间陈设布局上满足老年人的生理和心理需求。

1) 起居空间陈设布局研究

起居空间是室内空间中最私密的空间,最能反映一个人的生活行为特点,是最能表达自我的空间场所,也是一个人一天待的时间最长的空间,休息、会客等都在这里进行,没有其他活动的时候,老年人一般都会待在自己的起居室,所以要保证它的舒适性和私密性。一些机构老人喜欢看书,在卧室都有独立的书柜,摆放一些书籍;有些老人喜欢养花养鱼养鸟,卧室会摆放一些花卉盆栽,临近窗户口挂着自己喜欢的鸟笼,或者放着小型鱼缸;有些老人喜欢艺术,会在房间内摆放自己的艺术作品;有些老人甚至在卧室都有工作台。这些都是不同生活方式在陈设上的体现,同时也反映了不同生活方式老人之间的差异性。我们进行陈设设计时要把这些空间元素预留出来,以便在空间上能满足老人的需求。

起居室的流线设计一定要以简洁为主，老人经常在这里活动，所以要留给他们随意创造的空间。另外，老人对起居室的采光要求极高，舒适的阳光照射会给他们带来一天的好心情，所以应尽量采用较大窗户以便于采光，在空间陈设设计的细节上，应避免光照与其他镜面或者电视屏幕形成反光，影响老人的视力范围。还有，在家具的摆放上，要注意放在便于老人拿取东西的位置，方便他们的日常行为，比如看书或者看电视。

2）餐饮空间陈设布局研究

在养老机构里，一般意义上的"餐饮"空间包括较为独立的厨房和用餐空间。厨房的功能集备餐、洗涤、储藏、烹调为一体，围绕冰箱、洗涤盆、炉灶三角关系进行作业。厨房在橱柜厨具的设计选择上专业性较强，其面积在餐饮空间中的比重较小，而用餐区的面积则占比较大。现代社会，开放式厨房这种融合了餐厅功能的空间的出现，使得"餐饮"空间成为一种社交活动的新场所。在养老机构中，这种开放式的餐饮空间，受到很多老年人的喜爱。但从饮食方式的差异性来讲，以蒸、煮和凉拌方式为主导的西方国家选择开放式厨房设计的比例要高于习惯了煎、炸、烩、炒为主要烹饪方式的中国，而且机构里的老人很多都是需要照料的，不能直接参与食物的制作。所以，考虑到安全和环境因素，养老机构在餐饮空间的布置上，可以在保留原有独立厨房的功能的基础上，设立简易的开放式厨房，方便老人能处理、制作一些方便的食物。

另外，西安地区的老人是比较喜欢聚在一起吃饭闲谈的，因此在餐厅空间的家具陈设上应以老人的用餐习惯为中心，以实用、安全、美观、舒适的基本原则指导设计，在一定程度上满足西安地区老年人生活方式的特点。例如，喜欢西安地区饮食文化的老人，能在餐厅中看到类似的文化元素，老人就会心情愉悦；在餐厅除搭配一些可以供多人用餐的大餐桌之外，还可以放置一些单人或者双人的餐桌，来满足一些在用餐时喜欢安静的老人，一扇趣味盎然的屏风，两套奇思妙想的餐具，几束雅致的干花，几张舒适的椅子，或许就是个不错的选择，既重视了生活中的审美，也满足了生活的需求。

3）入口空间陈设布局研究

入口空间容纳功能较多，也是老年人喜欢停留的空间。入口空间的服务台应位于显眼位置，同时服务台宜采用 L 型，这样工作人员视线范围更广，能清楚地观察到整个入口空间的情况，及时察觉老年人所遇到的问题并且给予帮助，确保老年人的安全与舒适，而且醒目的位置也方便外来人员前来咨询、登记。

老年人容易感到疲惫，经常需要临时坐下休息，所以除了应在等候休息区设置沙发座椅供老人闲坐、交谈等，也应该在入口的室内外过渡区、入口门厅、服务台附近电梯厅等区域设置休息座椅。这样方便老年人感到疲劳的时候或者体力不支时能随时随地坐下休息，并且增加老年人交往的机会。

4）休闲活动空间陈设布局研究

休闲活动空间的设置目的是给老人提供休闲、交流、强身健体的场所，调动老年人的生活积极性，所以在空间氛围的营造上要以娱乐、欢快的氛围为主，且需要根据老年人的生活习惯以及兴趣爱好来设置。只有这样，才能更好地吸引老年人，提高他们的生活积极性，让他们保持一颗积极向上的乐观心态，更好地满足他们的心理需求以及文化需求。比如有些老人平时喜欢剪纸、绘画、制作陶艺等艺术活动，机构就可以设立相关陈设设施来满足老人的需求；有些老人喜欢打麻将，可以在一些空间放置麻将机等设施；有些老人喜欢读书，可以在一些空间放置书柜和座椅板凳；有些老人日常会进行宗教活动，可以在空间设立相关宗教设施，同时分割空间等等，利用独特的陈设设施来确定空间的使用功能，来烘托整个空间氛围。

3.4.4　基于老年人群体差异的室内陈设设计

老年人因其生活背景、家庭文化背景、受教育程度的不同，对于文化的需求也是不尽相同的，所以我们在进行室内陈设设计时要针对这种群体差异性进行分析设计，使老人们都能积极地参与到文化活动中，在养老的过程中发挥自己的价值，丰富他们的精神生活，满足他们的心理需求。

1. 不同类型老年人的文化需求特征

结合目前西安地区老年人群体文化需求的特点，将老年人群体划分为 5 种类型：娱乐型、学习型、养生型、作为型、闲散型。

1）娱乐型老人

该类型老年人的生活重心以娱乐为主，经常主动参加各种文化娱乐活动，有些还会不定期地外出旅行。这类老人的特点是基本没有生活负担，且一般受过较高的教育，拥有较开阔的视野。他们在心理层面觉得人生的黄昏将至，所以比较珍惜目前的生活，喜欢参加各种能寻找人生意义的活动。也恰恰是这些活动，使这类老人充满正能量，让老年人感觉越活越年轻。

2）学习型老人

该类型的老年人热衷于学习充电，在物质条件上与娱乐型老人不相上下，不同的地方在于他们更偏内秀，喜静不喜动。此类老人想通过学习拥有更高的人生境界，找到存在感和成就感，让自己变得强大。其中有一部分是为了圆梦，有些老人年轻时因为工作、家庭等不得不放下或者没精力去做的，如琴棋书画、工艺美术、理论研究等，如今能生活节奏慢了下来，他们有时间和精力去学习这些技能，完成自己的梦想。

3）养生型老人

该类型老年人热衷于养生，生活的重心在于养生。此类老年人通常生活羁绊较小，但是可能在身体或者心理方面有过一些经历,吃过相应的苦头,悟出养生的重要性。养生包括养身和养心,注重养身的老人,喜欢锻炼身体,或进行阶段性的康体运动,特别是一些受慢性病影响的老人,比较注重中医饮食养生,更是严格遵循着健康的生活规律;注重养心的老人,一部分会把精神寄托于宗教,他们会把现实世界中的不顺心依靠信仰转移痛苦,或是有较高的宗教文化追求,潜心修行;还有一部分注重养心的老人,会将精神寄托于物,如养花草树木、养鱼、养鸟等。

4)作为型老人

该类型老年人老有所为,对生活依然有灿烂的梦想和良好的愿景,而且身体力行,让生活在晚年重新闪光。这类老年人与一般的老年人不同,很多在年轻时都是自己领域的人中翘楚,他们学富五车、精力充沛、和蔼可亲,都有自己坚持的生活方式和原则,会活跃在自我的世界中,机构要做的就是了解他们的日常需求,提供帮助。

5)消极型老人

该类型老人晚年生活较为闲散,没有固定的模式,这类老人的特点是,精神状态比较颓废,对待事情往往会表现得麻木不仁,对未来的生活较悲观,不爱娱乐、不爱养生、不爱做事。一部分老人是进入养老阶段后,接受不了突然之间身份地位和生活方式的转变,变得极度苦闷,无法排解,这部分老人易患老年抑郁症及阿尔茨海默病;还有一部分老人是慢性病患者,由于身体原因,他们也没有能力和精力去参加多余的文化活动,就只能变成群体中的闲散人群,除了按时服药和去医院外,生活就只剩下了最基本的单调日常。

2. 室内陈设布置照顾老年人群体的文化需求差异

不同群体都有各自生活方式的特点和表现形式,具体融入陈设中也有不同的展现方式。我们在室内陈设的设计中应该考虑到不同老年人群的文化需求特点,研究文化需求差异在养老空间陈设中的体现。例如,社会经验丰富、学历学识较高的老年人,他们会被学术氛围浓烈的环境所吸引;喜欢跳广场舞、打麻将、下象棋的老年人,他们会被氛围活泼的环境所吸引;不喜欢社交、喜欢独处的老年人,他们会更容易接受相对安静、朴素的环境。

对于娱乐型老人,养老机构应为此类老年人提供相应的活动空间,满足老年人的文化娱乐需求。鉴于这一类老人热衷于各种娱乐活动,在室内陈设设计时要加入一些活泼的元素,并且在空间流线设计时,要减少他们距离活动室的距离,方便他们来往于卧室与活动室之间。在娱乐空间室内陈设设计上,要为老年人提供各种娱乐设施和活动的场所。常见的娱乐间有棋牌室、阅读室、放映室等。根据走访调研发现,西安市的老年人非常喜欢打麻将和下象棋这两种娱乐活动,这两种活动也是在老人聚集地最常见的活动。并且因为打麻将和下棋牌都是坐着进行的,所以对于很多腿脚不方便的老年人来说,这些活动能在丰富他们精神生活的同时减轻身体上带来的疲惫感。介护型老人也可以参与其中,所以在棋牌室的设置上,桌椅间的距离最好留出轮椅的放置空间。此外,棋牌室等娱乐空间是人流聚集最多的场所,噪音较大,所以要将其设置在离起居室较远的位置,以免影响其他老年人休息。

对于学习型老人,机构应为他们提供独立、安静、有学习氛围的室内环境,为老年人提供读书、看报、写字、画画进行文化学习的空间,满足老年人的使用需求。常见的学习空间有阅读室、书画室等。阅览室作为看书看报的区域,需要明亮的空间氛围,所以对灯光、光线的要求极高,笔者建议阅览室的窗地面积比应该尽量大于 1∶4,还要考虑坐轮椅老人的视线高度,窗台不宜高于 750mm。

对于养生型老人,在室内陈设设计时,机构应为他们提供特殊的室内环境,突出强调养生的重要性,配合老人完成生活行为。例如在房间增加按摩椅,泡脚盆之类的基础设施,可以多放点植物,在养生之余净化空气、点缀环境。老年人因为身体机能的下降,不适宜做高强度的剧烈运动,可以在养老机构设置健身房,但不宜单独设置,应与其他空间相结合。在健身房位置的选择上,应靠近服务空间,方便医护人员随时看护。在器械的选择上,也应选择一些相对温和的运动设施。

对于部分老人,像前文所分析的一样,他们自己坚持的生活方式和原则,活跃在自我的世界中,对自己的晚年生活有一定的规划。所以,在进行室内陈设设计时,应该了解他们的日常需求,针对性地进行陈设设计。比如此类老人多数比较喜欢茶室,可以在此聊天谈事,在品茶论茶的过程中陶冶情操,加深彼此之间的情感交流;还有手工艺工作室,适合动手能力较强的老人,他们很乐意在闲暇之余制作手工,展示自己的才艺。

对于闲散型老人,现阶段养老机构中的文化养老研究,这类老人是非常重要的研究对象,要用室内陈设作为媒介,引导此类老人找到自己的人生目标和生活方式,辅助他们完成日常的文化娱乐行为,让他们在心理和精神上得到愉悦和满足,体验文化养老的乐趣。比如可以为老年人设立宗教空间,比如小教堂、佛堂、临终关怀室等,引导老年人健康地生活,有事可做,不至于浑浑噩噩度日。但是由于世界多元化的发展,老人们接触到的宗教类型不尽相同,所以笔者建议,大型或者超大型养老院可以根据老年人不同的宗教信仰设置不同的宗教场所,这样尊重不同宗教信仰老人的同时也尊重了宗教差异。

3.5　西安市养老院室内陈设设计方案

前期对西安市养老机构的实地调研,笔者总结出养老机构现状中室内陈设存在的一些问题,通过养老和室内陈设相关的理论研究,提出了以文化养老为理念,以地方文化元素为手段的设计策略,将地方文化作为设计元素融入室内陈设设计当中,优化养老机构室内陈设布局,丰富室内陈设品,满足老年人的文化养老需求。

本节结合前文的理论基础,进行案例改造设计,通过前文对于文化养老的理论分析,做出相应的优化设计,具体从两个方面展开,首先,从老年人起居空间、餐饮空间、养生健身空间、文化活动空间陈设布局优化等方面具体论述优化方案,针对改造过程中发现的问题整理出设计要点并对功能组织提出建议;其次,从沙发休闲座椅、灯饰设计、布艺设计、陈设品造型设计等方面论述基于文化养老的室内陈设设计。从实际案例出发,进行设计说明与设计要点分析,就研究过程中出现的问题和难点进行梳理和总结,提出改进措施,以及对后期研究的展望做出说明。

3.5.1　室内陈设空间组织布局

前文根据西安地区老年人的生活方式和行为特征,分析不同类型老人的文化需求,针对这些文化需求,本节将以地方文化为设计元素,优化各个活动空间的室内陈设布局。

1. 老年人的起居空间陈设布局设计

起居空间是老年人休息和会客的空间,私密性较强,也是老年人待得最多的地方,所以需要营造温馨、安静的氛围,养老机构的起居空间主要具备休息的功能,但它同时兼备着老人之间交流、接待探视老人的亲属等功能,适度、合理的陈设品布局和造型美化,都能给老人带来小愉悦和舒适。

在起居室的设计上,除基本的生活起居家具陈设外,在房间内还应该多配置几张椅子和一张茶几,以接待来访的客人。在整个卧室家具的摆放上,我们统一把床放在了靠近卫生间的一侧,这样就把行走路线统一规划成一条直线。针对之前两个床之间放一个床头柜可能空间不够的情况,在改造中,床的左侧统一放置一个床头柜,每个柜子上都会放置一盆绿植和一张老照片。针对之前陈设品太少的情况,在床头的墙面上加了陕西的一些民俗画装饰,使得整个空间更有层次感。

整个房间的色调和谐统一,以红棕色的床、白色的床单加墨色的枕头和床笠点缀,搭配浅棕色的地板以及红色的装饰画,色彩调子构成了舒适、典雅的房间氛围。

在家具材质的选择上,应该尽可能地选那些环保的天然材质,比如以木材为主。老年人通常身体机能下降,行动不便,所以在行走过程中容易出现滑倒、摔倒等情况,如果使用铁质材料的家具,容易出现碰伤、刮伤等危险情况,而使用木质家具,因其材质不易伤人,所以可以有效降低对老年人的伤害。同时木材本色、天然质感和纹理,从心理上也可以给老年群体带来安全感。同时,在机构的各个角落安装一些呼叫铃。老人一旦受到危险或有不便之处,只需要按下呼叫铃就会有专人过来帮助他们。(图 3 - 7)

图 3 - 7　养老空间卧室的设计图

在床的材质的选择上,依然是以实木为主,进行无直角处理。在床垫的选择上,会根据老人具体的身体状况改变它的软硬程度。床是一天陪伴老人最多的地方,所以一定要舒适。在床的左侧还增加了可收缩的小桌板,对于行动不便的老人来说,他们可以在床上吃饭或者看书。

卧室的卫生间则以灰色调为主,如在卫生间与玄关的接触点进行了无断层处理,以防忽然的高低不平让老人摔倒,地面进行了干湿分离和防滑处理,墙面上安有三种不同高度的扶手,在淋浴区更是设置了可收缩的小凳子,方便老人久站歇息,淋浴物品放置在小凳子旁边,方便老人在坐着洗澡时伸手就能够到。马桶的两侧和洗漱盆的两侧都设有扶手,毛巾放置在洗漱盆的下方,方便拿取,随处可见的绿植更是让老人走到哪儿都能心旷神怡。(图 3 - 8)

图 3 - 8　卧室卫生间的设计图

2. 老年人的餐饮空间陈设布局设计

传统的餐饮空间是与公共空间分割开来的半封闭空间,陈设的种类较少,有餐桌椅、餐具柜、餐具等,主要是服务空间功能。现在养老空间中,重新整合了餐饮空间,将餐饮空间做成半开放式的空间,与公共空间结合,在空间内部添加了公用的开放式厨房、休闲座椅、阅读桌椅、书籍、新颖的装饰等陈设,这些陈设的增加不仅可以提高空间的使用率,而且极大地丰富老年人的精神活动,并且其他功能的加入,能有效增添空间的活力,避免空间的沉闷感,使餐饮空间成为养老设施核心的空间之一。

餐饮空间最主要的功能就是满足老人用餐,因为介护型老人行动不便,所以一般都是护理人员帮他们把餐食送到起居室,所以整个餐饮空间接纳的是自理型老人和介助型老人。所以在做餐饮空间的陈设设计时要考虑这两种老人的不同,介助型老人需要轮椅,有时甚至需要工作人员的帮助,他们对陈设设计有特殊的要求,所以需要将这两种老人的用餐区分区设定,介护型老人的用餐区需要考虑预留轮椅的尺寸,还要留陪护人员的席位。

老年人因其身体原因,无法步行太远,所以在就餐空间的设置上要有意识缩短就餐空间与老人起居室的距离,人数相对较多的养老机构应该分层设置小餐厅,方便各类老年人无须走动太多就能用餐。(图3-9)

(a)　　　　　　　　　　　　　　(b)

图3-9　分层设置小餐厅

通过对西安养老机构的调研发现,西安天合老年公寓主要提供的是集中就餐的服务,而这种集中就餐的空间设置会出现以下几种问题:首先,集中就餐空间需要一个很大的空间,大空间的陈设尺度没有很好把握,整个空间很大,很空荡,在就餐集中时间人会很多,所以老年人在就餐时就只是在吃饭,很难有与人交流的欲望。其次,空间大但功能太过单一,在室内陈设时最主要的陈设就是餐桌餐椅,分时间段使用难免会造成空间浪费,就餐空间设计时应该注意以下几方面。

第一,考虑到空间的格局,在平面布置时要将功能分区设置得更多元化,布置不同的用餐区以及水吧、休闲区等,避免单一的空间布置,增加空间的使用率,还能增加空间的活力;第二,可以对大的就餐空间进行功能分区,设置小包间、小餐厅这样的形式,小包间可以用来接待探望老人的家属,具有一定的私密性;第三,可以在空间内合理地置放一些西安市餐饮文化的装饰,如一些关中美食的挂画,或者一些传统美食的制作流程剪影等,这些装饰都能提起老人们的兴趣,勾起老人的回忆,提高老人们对空间的使用率,增加老人们之间的交流探讨,从而带来一系列的互动。

3.入口空间陈设布局设计

养老机构的入口空间陈设布局设计,要考虑空间整体的功能,了解每个功能空间的位置和老人的活动流线。老年人在进行各种活动时,因为生理机能的下降,常常会走几步就要休息一下,所以在进行室内设计时,应在每个活动空间的入口处布置可以方便老年人休息的沙发座椅,让老年人可以随时坐下休息,还能增加与其他老年人聊天交流的机会。

1)入口门厅陈设布置

养老机构的入口门厅陈设布置,一般南向布置,方便老人充分享受阳光,并且入口处的标识指引要醒目,具有辨识度。老年人记忆力衰退,会出现方向感错失等问题,标识醒目能有效降低他们走错方向找不到起居室的概率。入口门厅应采用较大尺寸的空间,这样老年人可以在这里进行早操、打拳等活动,也方便护理人员监督照顾他们。此外,在风格的选择上,应该尽量温馨舒适,避免给第一次到养老机构的老人带来害怕恐惧的消极情绪。

如图3-10所示,入口门厅的陈设布置上,多使用木质和布料,颜色风格清雅休闲,周围摆放有西安市地方的拴马桩装饰品,老年人可以在此处闲聊交谈、接待亲友。

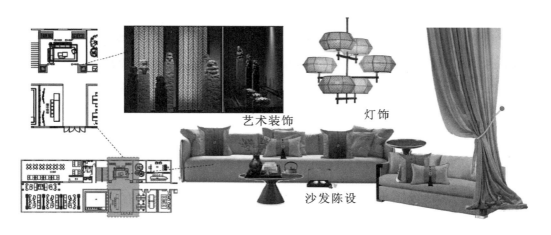

艺术装饰　　灯饰　　沙发陈设

图3-10 入口门厅陈设布置

2)走廊空间陈设布置

如图3-11所示,在走廊里种植一些绿色的植物,再摆放一些沙发,方便老年群体在走廊里交流沟通、晒晒太阳、赏赏花草,亲近自然可以让老年人心情舒畅。玻璃房顶使阳光洒进来,整个走廊都被暖暖的太阳包围着,加上米黄色的门、米黄色的实木护墙板,还有湖蓝色的沙发,对面镂空的木质装饰,地面的浅咖色花纹,整个走廊以暖色系的黄色为主要色调,这是老人们午后聊天小憩的好地方。另外,关中地区的老年人喜欢坐在墙边的树桩上聚着闲聊,因此可以在门前的空间摆放一些外形或者颜色类似树桩的老年休闲椅。

图 3 – 11　入口空间陈设布置

3）入口空间标识陈设布置

在养老空间中导向系统的设计尤为重要。目前,老人的起居室从外面看没有明显的标志,并不能很好地分辨主人是谁,有些刚入住的老人,会出现走错屋子的情况。因此可以在门口的墙面上设立一个门牌标识,内容可以是关中地区的美景,或者标志性建筑,抑或是将老年群体自己曾经的记忆装成挂画,然后再起一个有意思的名字,门上也可以悬挂印有地方特色纹样的门帘,这样可以加强空间的可识别性,方便老年人更快地找到自己的起居室。

4）公共服务区陈设布置

在公共服务区的陈设布置上,应该尽量缩短流线距离,例如,电梯间应设置在入口门厅的醒目处,在空间布置上,各个活动空间之间的距离不要超过 15 米,这个数值是刚好适应各类老年人的平均体力消耗,能保证老年人在活动时有比较高的舒适感,且增加老年人对各个空间的可视度,降低心理疲劳感。

在活动空间的设置上,如图 3 – 12、图 3 – 13 所示,应该注意活动区与休息区的过渡区域以及各个活动空间的交汇处,在这些流线节点上布置相应满足休息需求的陈设,这样方便老人在行动过程和运动后及时休息。休息区是相对私密的空间,所以一定要重视空间设置的私密性,不应太过开敞,可以适当增加一些隔断进行隐私保护,增加老年人在休息时的安全感。根据相关文献资料和走访调研发现,很多老人在早饭前和晚饭后喜欢进行一些强身健体的活动,例如做操、打拳、跳广场舞等。所以在活动场所的陈设布置时,可以考虑设置一些轻便易于搬动的休闲座椅,以方便老人进行活动时及时清理场地。

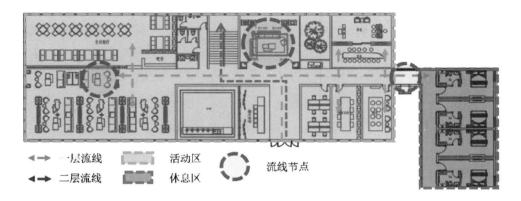

图 3 - 12　养老机构一层陈设布局结构分析

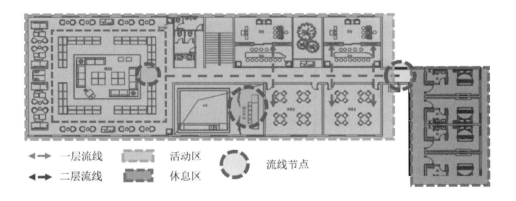

图 3 - 13　养老机构二层陈设布局结构分析

4. 老年人的休闲活动空间陈设布局设计

1）娱乐空间

根据问卷调查数据分析,老年人使用电视的频率较低,他们在没有其他娱乐活动的时候,一般会选择静坐或者跟别人聊天,但是很少在卧室打开电视,首先是因为有一部分老人不会操作电视,其次是因为他们视力和听力的下降,所以观看的时候很不方便,而且有些老年人的记忆力衰退,看电视总是看过后面忘前面,追剧的兴趣也就少了。

如图 3 - 14、图 3 - 15 所示,可以根据不同的空间功能配置电视、投影仪等设备,例如在休憩区、餐厅设置,三三两两的老人坐在一起闲聊时看电视会给他们增加一些话题。有一些娱乐型老人平时喜欢唱歌、跳舞,在相应的空间里配置投影设施,这样可以给他们带来更好的娱乐体验。

图 3 - 14　电视功能空间与娱乐空间结合　　　　图 3 - 15　娱乐空间多元化

2）宗教空间

西安及周边区县居民的宗教信仰种类较多，有佛教、道教、伊斯兰教、天主教、基督教等，西安的宗教受众也较多，而且老年群体占比较大。随着社会的发展，人们的物质水平与日俱增，精神层面的提升与追求成为许多人对自身的要求。因此，在进行养老空间室内陈设计上，可以选取一些空间，置放宗教画像或者宗教相关陈设，以此来抚慰老年群体的心灵。有部分社会学家通过大量的社会实验与研究发现：一定程度上，安静平和的宗教环境，有利于老年群体平静心灵，增强体质。

宗教空间的陈设布置，要注意陈设品的搭配，营造出庄严、静谧的空间氛围。如佛教空间可以设立念佛堂（图 3 - 16）或者参禅室，基督教空间可以设立祷告室。在陈设布置时，也可以在宗教空间里放置书柜等，让老人不仅可以参禅念经，也可以读书学习，让陈设使空间的功能更丰富多元化，提高空间的使用率。（图 3 - 17）

图 3 - 16　佛堂的设计图　　　　　　　　　图 3 - 17　佛堂的书柜

3）文化空间

文化空间的主要服务功能比较丰富和多元化，可以为老年人提供图书阅读、文艺创作、艺术活动学习等各类场所，如图书阅览室（图 3 - 18）、书画创作室（图 3 - 19）、舞蹈学习室、文艺工作室等。文化活动空间需要安静的环境，方便老年人静下心来好好学习，在装修材料的选择上应选用隔音的材料，地面上也可以铺设地毯，降低噪音的同时丰富空间元素。

图 3 – 18　阅览空间

图 3 – 19　书画室桌面宽大

在养老空间不仅可以设置阅览室,还可以设置书画室来丰富老年人的闲暇时光。书画室一般需要配备较大的书桌,方便摆放笔墨纸砚,同时还要有挂展画的空间,所以在书画室的设置上,需要一个较大的空间。同时因为一些行动不便的老人需要使用轮椅,所以桌面的高度最好可以上下调节,方便坐立。

在第四章的调研问卷分析中得出,西安市老年人对剪纸文化活动比较感兴趣,所以在养老机构中可以设置剪纸工作室,能很大程度地调动起老年群体的积极性,让他们坐在一起参与剪纸,讨论剪纸艺术,更好地形成互动。(图 3 – 20)

（a）　　　　　　　　　　　　　　　　　（b）

图 3 – 20　剪纸工作室的设计图

这间剪纸工作室的构造与佛堂的构造相同,在一进门的墙面上有一个黑板,方便老师更直观地给大家讲述剪纸艺术,墙面上做了一个富有关中特色的镂空装饰,正对着黑板的墙面是一个剪纸作品展示区,这里会放每周的一些优秀作品以供大家学习与借鉴。两侧墙面挂了很多其他的优秀剪纸艺术家的作品,还有一些与剪纸艺术遥相呼应的镂空木质装饰。

在家具陈设上,在房间的正中间放置了一个可供 8 人同时使用的大桌子,桌子表面设置了相应的扶手,以方便老人在起身时握住支撑,桌子的高度刚好够轮椅和老人的双腿同时放进去,桌子的宽度也方便两侧老人脚的放置,座椅的设计也是考虑了多方面的因素,共放置了三种类型。桌子的材质是实木,全部选用圆边处理。整个空间放置了很多绿植,因为剪纸艺术需要一直用眼,放置一些绿植,可以在剪纸的间隙缓解一下眼睛的疲劳感,同时可以净化空气,使人心旷神怡。

4)休闲交流空间

交流空间是老年人除吃饭、睡觉、娱乐以外进行交流会客的场所。养老空间的交流场所通常由入口门厅休息交流区、聊天室、亲情接待室等功能用房组成。

养老空间应该设置不同的交流空间,有层次性、针对不同类型的空间营造不同的氛围,例如对于私密独立的交流空间如聊天室、接待室等,应该营造一种温暖、舒适的空间氛围;对于休息区、交谈区这样的相对开放的空间,应该设置得相对分散,形成交流点。(图 3-21 和图 3-22)

图 3-21　温馨舒适的交流室　　　　　图 3-22　分散交流空间

如图 3-23 是养老机构中交流空间——茶室的陈设布置。茶室是促进老年人交流的最佳场所,他们在品茶论茶的过程中可以陶冶情操,加深彼此之间的情感交流。在茶室的设计上,也充分考虑到西安地方文化对室内陈设的影响,在丰富老年人活动的同时,满足了他们的文化审美需求。

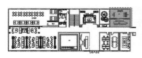

图 3-23　交流空间——茶室陈设布置

茶室的设计整体色调以灰色、原木色为主,辅之蓝色、米色调和丰富空间,在室内植物的选择上,以小盆栽装饰为主,主要选取了迎客松和石榴两种,净化空气、丰富空间的同时迎合了西安市民对于石榴树、松树的喜爱。在材质上大量采用木质,桌椅和墙面装饰统一用红褐色木制材料,凳子上采用蓝色的布艺装饰调和空间色调,并且考虑到硬板凳久坐的弊端,加之棉质坐垫,增加了座椅的舒适性。

茶室的设置,极大地丰富老年人的休闲活动,不论是学习型老人、作为型老人还是养生型老人,都喜欢这样的活动,他们可以在这里交流茶道、品茶论茶,增加彼此之间的话题和亲密度,丰富他们的精神生活,实现文化养老。

5)养护空间

养护空间是老人晚年生活的健康保障,结合老年人的生理、心理需求以及生活习惯,我们将养老机构中的养护空间大致分为两大类,一类是医疗护理,一类是养生健身。在养护空间中的医疗护理这一类,要保证相应的设施完善,满足老年人治疗、护理的基本需求。但是,治防并举才是积极的态度,才是健康长寿的明智选择,而且有研究表明,西安地区的老年人偏向于选择健身型的活动。因此,养老机构应设立功能丰富的养生健身区域,配置跑步机、康复设施、乒乓球桌等设施,来引导和协助老年人进行健康的活动来强壮体魄,增强自信心。

康复功能的设计要点与健身室相似,可与健身功能整合布置(图 3 - 24)。根据前期调查问卷数据统计得知,老年人在入住养老机构后,参与活动的机会比之前在家时增加很多,老年人常参与的体育活动有乒乓球、羽毛球等,但是一般机构都没有这种大场地供他们使用,大型或者超大型的养老机构可以考虑设置球场,但在设置时也应考虑老年人能接受的运动激烈程度,同时也要考虑光线问题,室内最好北面采光,采光面与运动器械台的长边平行(图 3 - 25)。

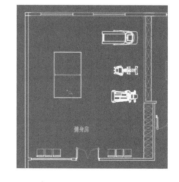

图 3 - 24 康复健身结合布置　　　　　　图 3 - 25 健身活动室北面大面积采光

3.5.2　室内陈设的细节表现

1.养老院室内家具设计

1)休闲座椅设计

经过调研分析得知,西安市养老机构的公共区域普遍缺乏供老人停留休憩、闲谈、交流的桌椅,有些机构虽在相应空间会放置一些座椅,但座椅造型不够吸引人,且以铁、塑料材质的桌椅较多,坐垫有的太过柔软,有的元素区分不够明显。因此我们结合西安地方文化元素,对公共区沙发休闲座椅造型、色彩、材质进行设计,满足老年人生活行为需求的同时,装饰生活空间,丰富室内环境,吸引老年人在此交流互动。

笔者设计的公区沙发休闲座椅如图 3 – 26 所示。桌子造型上的收口形式源于笔者在陕西历史博物馆中看到的一件文物——"顾文龙簠",其独特的造型和岁月的痕迹非常吸人眼球,像是两个方碗(图 3 – 27)。

图 3 – 26　公共区沙发休闲座椅设计　　　图 3 – 27　公共区沙发休闲座椅设计来源

在材质上,用藤条与木条编织,不尖锐,不会导致磕伤。茶几桌面套磨毛布垫,老人放茶杯等物件时可以防滑。坐垫使用短毛绒布料,舒适且防滑。

在色彩上,主体选用自然的木色,亲近自然。坐垫使用的是物件本色——青铜蓝色,端庄稳重,而且与淡雅的木色有颜色的碰撞,有利于老年人识别。

西安市及其周边的老年人喜欢蹲着,蹲在家门口,或者坐在木墩上吃饭,座椅使用木制材料,且形状也很像树墩,亲近自然的同时又贴合了老年人的生活方式,在公共区域放置,方便老人随时休息,增加空间的使用率。

2)老年人养老床设计

宋代陈直撰著的《养老奉亲书》中强调老年人的床铺要比通常的床低三分之一,便于老人起卧。因此,为老人房特别定制的床彰显了人性化的特点(图 3 – 46)。在造型上,可以根据老人的身高自动调节床的高度,床底的滑轮方便了床的移动,可升降的床板可根据老人的需要随时调整角度。

（a）左视图　　　　　　　　　　　　（b）顶视图

图 3 – 28　养老床陈设设计

在材质上,床头、床尾和脚蹬使用的是木质,柔化空间的同时,又能有效减小老年人发生磕碰时造成的伤害。床体使用的是不锈钢材料,方便上下调节床的高度。

在颜色上,使用深棕木色加白色,这两种颜色都是老年人喜爱的颜色,端庄大气又不失朴素,符合老年人的文化审美。

卧室的主要功能就是休息,这套养老床在材质上遵循了西安市民喜欢亲近自然的淳朴风格;在整个色调上,内涵大气,且能丰富空间的层次感;在功能上可以上下调节高度,非常具有人性化。

2. 养老院室内灯饰设计

1)灯饰设计

经过调研分析得知,西安市市养老机构中的室内灯饰造型普通且千篇一律,没有西安地方文化特色,造型不够吸引人,因此我们结合西安地方文化元素,对灯饰造型、色彩、材质进行设计,装饰和丰富生活室内环境。

笔者根据对西安地方文化的了解和认识,设计的公共区域灯饰设计如图3–29所示。创作灵感来源于关中传统民居建筑的一个建筑元素——瓦片(图3–30)。在造型上,作者将瓦片的单体造型提取出来,按照建筑屋檐的形状排列;在色彩上,运用木色,一是贴合西安地方文化的自然美,二是浅色不会让老年人产生视觉疲劳;在材质上,瓦片使用的是木纹,挂坠使用的金属丝。

图 3 – 29　灯饰造型

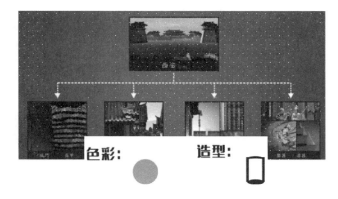

图 3 – 30　灯饰设计灵感来源

2）室内灯罩设计

除公共区域的大的造型灯之外，笔者还设计了有地方文化元素的灯罩，在造型上，采用传统民居中的窗户造型（图3-31），在原有元素的基础上进行了简化再设计，运用窗户木质条框的同时又进行符合灯罩造型的设计，总体来说丰富空间的同时又符合了老年人的文化审美。在色彩上，采用了深褐木色，跟整体空间恢宏大气的色调相呼应。在材质上，在西安地方文化元素的影响下使用老年人最喜爱的木材和布料，呈现的效果如图3-32所示。

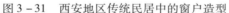

图3-31 西安地区传统民居中的窗户造型

图3-32 陈设灯罩

公共区域的主要功能是为老人提供一个会客、休息、交流的空间，此类灯罩的设计不仅能体现老人的文化审美，引起他们更深层次的文化思考，还能丰富空间的陈设元素，让老人在此空间里感受到不一样的体验感。

休闲水吧的功能是让老人们闲谈、交流，促进彼此之间的互动，而在水吧设置如图3-33所示的灯饰，能极大地丰富空间，增强水吧的文化氛围，从而提高水吧的使用率。西安地区传统民居的窗户造型，加上西安地区传统民居的瓦片元素的灯饰，老人一抬头，

图3-33 休闲空间——水吧陈设

好似又回到西安传统民居中生活,满足老年艺术审美的需求和对地方文化的需求。

3. 养老院室内陈设品设计

1) 室内装饰品设计

民俗文化是最受老年人喜爱的文化,所以在室内陈设中加入民俗文化的元素,能增强他们的归属感,加入不同民俗文化元素的陈设品更是能丰富整个空间的装饰,营造出一种浓厚的文化氛围,让老人们足不出户就能感受到西安文化的博大精深。

2) 指示标识设计

在养老空间中导向设计尤为重要,所以笔者在居住空间入口设计了指示标识(图3-34),方便老人找到自己的卧室。整个标志设计简约大方。在造型上,运用了画框的造型,简单的长方形画框上别出心裁地设置了房间号,突出了号码,方便老人快速识别。每个画框中的画是不同的,有的是西安的标志性建筑,如大雁塔、钟楼、鼓楼、城墙等,有的是西安的民俗文化,如西安鼓乐、剪纸、皮影等,有的是西安的植物,如槐树、石榴、银杏等。在材质和色彩上,统一使用原木色的边框,在与整体环境呼应的同时,又贴合了老年人热爱自然的特征。

图 3 - 34　指示标识设计

第4章　养老院公共辅助设施设计

　　衰老是每个人不得不面对的事实,可即使衰老渐渐让我们丧失了生活自理能力,改变了我们的心理情绪,老年生活仍然在继续。"老年人需要什么样的生活,老年人自己想过什么样的生活?"本章将围绕这一中心问题展开研究。在平衡养老院建设和养老需求增幅之间矛盾的同时,我们进行养老环境设计时应该注意到这在实践层面上的深化,这意味着设计建设的"精耕细作",即通过精细又人性化的设计来建设养老空间。作为空间细节的公共辅助设施,是老年人接触最多的环节,它能够让老年人有选择地完成生活行为。在设施安全能用的基础上,相对更为舒适,并提供更多的选择。有了更多设施的选择,便能够逐步跨向人性化的公共辅助设施的环境。公共辅助设施的设计能够加强和拓展老年人生活的自理能力。

　　公共辅助设施研究旨在通过设计保证辅助设施的安全性,并改善其使用舒适性,再经过一定的空间组织提升设施环境的人性化程度。本章在文献梳理、实地调研观察、分析论证的基础上,试图通过完善公共辅助设施设计,发展人性化的设施环境。首先,对西安养老院的公共辅助设施进行调研分析,对机构现有的公共辅助设施分类评估,并系统梳理设施现状。归纳分析其在设施空间组织、设施单体设计两个层面上共同存在的现状问题。其次,分析老年人生理基础和心理变化特征,总结出老年人的需求层次。最后,针对现状问题,探讨一种安全、舒适、人性化的公共辅助设施设计策略。

　　本章从设施的空间组织和单体优化设计两个层面出发,由整体至精微地论述设计策略。对不同空间中设施的组织方式以及单项设施的造型设计、材质设计、色彩设计等两大维度进行重点研究。前者侧重于对养老空间与公共辅助设施之间关系的分析,探讨空间功能对设施设计的影响。后者侧重于对老年人与公共辅助设施之间关系的分析,探讨老年人生活自理行为对设施设计的影响。以此为老年人提供更多的生活行为选择,并鼓励他们使用公共辅助设施,在一定程度上协助他们实现自己想要的晚年生活。

4.1　公共辅助设施概述及相关研究

4.1.1　公共辅助设施概念

公共辅助设施是室内养老空间当中的重要空间细节,也是老年人常常接触并使用的设备。公共辅助设施通过组合成不同的形式,来满足相应的功能需求,它既对应了空间整体的功能要求,又成为空间内部实在的细节。公共辅助设施系统首先是一个无障碍系统,即实现老年人行走、坐卧、厕浴等日常生活行为的无障碍化。在《无障碍设计概论》中提到,无论从理论上还是从实践上来讲,实际环境是空间的一种延续。无障碍设计意味着向用户提供一种可能,使其能够不受约束地持续使用空间。[34] 功能完善的辅助设施系统,让老年人在室内环境中无障碍地自主生活,能够实现更大程度上的生活自理。辅助设施系统越完善,同样身体能力的老年人,其生活自理程度越高,所需要的护理工作量越低。

公共辅助设施设计的目的,是鼓励老年人使用工具设备来延续日常生活自理能力,具有协助老年人日常生活行为的作用。公共辅助设施让老年人在行为便利的基础上,用他们所想要的方式度过老年生活。"不是硬性规定老年人'要这样那样生活'或规定'什么样的生活方式更好',而是希望老年人能继续保持他'想过的日子'",保持老人的尊严感和价值感。让老人自主而有尊严地生活,是人性关怀的目标和出发点,也是更深层次的无障碍。[35]

公共辅助设施涉及空间设计研究和设施设计研究的交叉融合。在室内养老空间设计研究中,以空间为主体,设施是重要的空间细节;而在公共辅助设施设计研究中,以设施为主体,室内空间是其重要的应用场景。因此,空间设计和设施设计在公共辅助设施研究当中具有互为条件的特点。

4.1.2　公共辅助设施的空间结构类型

公共辅助设施空间结构类型实际上反映了老年人日常生活行为。在日常生活中老年人需要完成的行为主要有基本生活行为和空间功能行为两类。基本生活行为是老年人维持生命活动所必需的生活实践活动,包括老年人的行走、坐卧、卫浴、餐厨四种。空间功能行为包括交通空间行为、公共空间行为和私密空间行为三种。在同一个空间中反复发生的基本生活行为定义了这个场所,使得场所具有了相应的功能。在这样的场所中所反复发生的行为也可以称之为对应空间功能的行为。基本生活行为和空间功能行为两种老年人日常生活行为类型,实际上是对同一事物的两种分类逻辑,前者以行为本身为中心,后者以空间中行为的集中程度为中心。

1.依据使用行为划分的设施类型

老年人日常生活自理能力中的吃饭、穿衣、上下床、如厕、洗澡、大小便控制六项基本动作实际上对应了老年人在移动、坐卧、卫浴、餐厨四个方面的基本生活行为,后者是前者的动作组合。基本生活行为反映了辅助设施协助老年人完成什么样的身体动作,也就决定了辅助设施具体的功能性质。我国辅具的生产制造正在形成体系,以适应老年人的基本生活行为,在辅具制造的基础上对设施类型的研究和分析是必要的。设施造型适宜、材质温和、色彩自然的三种心理辅助需求贯穿了这一类型系统的四种设施,而其中的生理辅助需求则根据动作组合的不同而有所不同。

其一辅助移动设施,对应了行走行为。这一行为有两种形式,一是水平方向上的行走移动,二是垂直方向上的行走移动。完成这一行为需要抬腿、迈步、前腿落地后腿跟上、以一条腿为重心转体以及必要时的手掌抓握和手臂支撑等几个动作。在行为的发生过程中,老年人在生理上具有助力支撑、感知、接触、精细操作四种辅助需求。所以辅助移动设施有辅助水平方向移动设施和辅助垂直方向移动设施两类。辅助水平方向移动设施有扶手、轮椅扶手、移动吊轨、地面导视等设备;辅助垂直方向移动设施有楼梯、坡道、楼梯升降装置、起降机、电梯等设备。

其二辅助坐卧设施,对应了坐卧行为。这一行为有坐起和坐卧两种形式。一是坐起形式,由屈膝降低重心、必要的抓握、手臂向后拉伸几个动作组成。二是坐卧形式,由从坐起行为出发进一步放低重心、必要的抓握和手臂支撑几个动作组成。在行为的发生过程中,老年人在生理上具有助力支撑、感知、接触三种辅助需求。所以辅助坐卧设施有辅助坐起设施和辅助坐卧设施两类。辅助坐起设施有带扶手的座椅、坐起抓杆、坐式浴缸等设备;辅助坐卧设施有带扶手的睡床、浴床、护理床、躺卧式浴缸等设备。

其三辅助卫浴设施,对应了卫浴行为。这一行为有如厕、入浴、盥洗三种形式。一是如厕形式,在站立和坐起两种行为形式的动作基础上,涉及部分躯体转体动作。二是入浴形式,有站浴、坐浴、躺浴三种不同的动作选择,在站立、坐起、躺卧三种行为形式的动作基础上,涉及弯腰屈体、部分躯体转体、四肢转动动作。三是盥洗形式,在站立或者坐起行为形式的基础上,涉及俯身屈体、手臂支撑和抓握动作。在行为的发生过程中,老年人在生理上具有助力支撑、感知、接触、精细操作四种辅助需求。所以辅助卫浴设施有辅助如厕设施、辅助入浴设施、辅助盥洗设施三类。辅助如厕设施有助力马桶、如厕抓杆、便椅、便凳等设备;辅助入浴设施有花洒、坐式浴缸、卧式浴缸、浴凳、浴床、入浴抓杆等设备;辅助盥洗设施有洗手台面、台盆、龙头、盥洗抓杆等设备。

其四辅助餐厨设施,对应了餐厨行为。这一行为有进餐和烹饪两种复合形式,两者都是由一系列动作选择构成。一是进餐形式,由餐前移动、进食、餐后移动三个阶段构成,涉及端取食物、行走移动动作组合,坐起或坐卧动作组合,对筷子汤匙一类餐具的抓握拿捏动作。二是烹饪形式,由烹饪准备、烹饪过程、烹饪清理三个阶段构成,涉及行走移动动作组合、盥洗动作组合、烹饪工具和餐具的抓握拿捏动作。在行为的发生过程中,老年人在生理上具有助力支撑、感知、接触、精细操作四种辅助需求。所以辅助餐厨设施有辅助餐食设施、辅助烹饪设施两类。辅助餐食设施有餐桌、座椅、餐台、搁架等设备;辅助烹饪设施有水池、厨房台面、灶具、冰箱等设备。

2.依据使用空间划分的设施类型

结合《中国绿色养老住区联合评估认定体系》中对建筑室内空间的分类,梳理总结出依据使用空间来划分的设施类型,其对应了老年人在交通空间、公共空间、私密空间当中的空间功能行为。[36]空间功能行为,实际上是围绕同一功能目的不同基本生活行为的集合。依据使用行为划分的设施类型对应不同的基本生活行为,而依据使用空间划分的设施类型实际上是围绕同一功能目的,是对前者不同组合的分类。空间功能行为不仅对应了空间的功能性也对应功能空间内的设施组合类型。这一设施类型的划分方式反映了老年人对人性化环境的心理需求。

其一交通空间辅助设施,对应了交通空间行为,它由行走行为和坐卧行为中的坐起形式构成。由于行走的基本生活行为分为水平方向移动和垂直方向移动,所以交通空间的功能行为也具有水平交通功能行为和垂直交通功能行为两种。相对应的交通空间辅助设施即是水平交通空间辅助设施和垂直交通空间辅助设施两种,水平交通空间辅助设施有走廊设施空间组织和大厅设施空间组织两种形式,垂直交通空间辅助设施有楼梯设施空间组织、坡道设施空间组织、电梯起重设施空间组织三种形式。

其二公共空间辅助设施,对应了公共空间行为,它由行走、餐厨两种行为和坐卧行为中的坐起形式构成。老年人在公共空间中集中、高频率发生上述三种行为促成了交往、餐饮两种大型活动的发生。依据起居活动和餐饮活动两种主要的公共活动,公共空间辅助设施有起居活动辅助设施和餐饮活动辅助设施两种,其中起居活动辅助设施有公共客厅设施空间组织和活动中心设施空间组织两种形式,餐饮活动辅助设施有公共餐厅设施空间组织和自助烹饪设施空间组织两种形式。

其三私密空间辅助设施,对应了私密空间行为,它由行走、坐卧、卫浴三种行为构成。老年人在私密空间中高频率发生上述三种行为,用于进行休息和清洁身体的活动,使得空间更为安静私密。依据这两种主要的私密活动,私密空间有卧室空间和卫浴空间两种功能。所以私密空间辅助设施有卧室空间辅助设施和卫浴空间辅助设施两种,其中卧室空间辅助设施有睡眠区域设施空间组织、休憩区域设施空间组织、储物区域设施空间组织三种形式,卫浴空间辅助设施有卫生间设施空间组织和浴室设施空间组织两种形式。

其四过渡空间辅助设施,与上述三类空间行为有所交集,它由行走、坐卧行为构成。

老年人在过渡空间中高频率发生这两种行为,用于行走移动和休憩的活动。由于过渡空间介于室内和室外之间的性质,它的辅助设施空间组织形式是交通空间、公共空间、私密空间当中具有过渡性质部分的设施空间组织。其主要用于辅助老年人在跨越空间边界时的行进和休憩需要。

4.1.3　国内外养老院公共辅助设施相关研究

在讨论公共辅助设施设计之前,有必要对目前国内外的养老院公共辅助设施理论与实践研究状况进行梳理分析。理清过去和现在的状况,是为了更好地创造未来。设施设计不仅仅只是对过往设计的延续,也是寻求更多的设计选择和可能性的过程。探讨设施设计并不能告诉我们应该如何抉择,但至少提供了更多的选项。

1. 国内研究现状

我国具有深厚的孝老传统,先秦以来孝老思想逐渐发展成为社会文化的重要组成部分。甲骨文中"孝"字的字形表示了子代奉养挂杖老人的画面,汉代许慎的《说文解字》中以"善事父母者。从老省,从子,子承老也"解释孝字。由此可见孝顺老人的社会习俗最晚在商代已经形成。此后孝老思想通过儒学著作的反复论证成为一种受到提倡的道德,构成儒学伦理思想的基础,如《论语·为政》中"子游问孝,子曰:'今之孝者,是谓能养。至于犬马,皆能有养;不敬,何以别乎?'"和《孝经》中的"夫孝,始于事亲,中于事君,终于立身。"我国不同时代都对孝老传统有着各自的继承和发展。我国最早的孝老养生专著《养老奉亲书》,成书于北宋。直至清代《围炉夜话》总结出"百善孝为先,万恶淫为源。常存仁孝心,则天下凡不可为者,皆不忍为。"将孝老上升到判断善恶的价值观层面。同时在自然经济的影响下孝老思想和养老实际相结合,发展出了我国家庭、社会注重物质帮助和精神慰藉的养老文化传统。

受到养老文化的影响,我国历史上不同时期都有对孤寡老人提供救济的社会福利机构。南北朝时期的孤独园是第一个官办养老院,其主要功能是收养孤儿和孤寡老人。此后相继出现唐代的悲田园,宋代的福田院、居养院、养济院,清代的普济堂。今天养老院等名称,则是由民国的安老院、孤老院演变而来的。[37]历史上养老院的空间设计及其设施设计状况还有待历史学和考古学专家学者进一步深入探讨。

在现代养老院的空间设计领域,我国的研究起步相对较晚。自20世纪80年代以来越来越多的学者关注这一领域,初步形成了养老空间设计的理论研究体系。目前我国学位论文与主要期刊论文的关注点集中在不同现实条件下养老空间的设计分类与精细设计上,涉及建筑设计、户外景观、无障碍设计、家具设计方面。对于公共辅助设施的研究,除了适老化家具的设计研究,多数内容包含在无障碍设计研究中的设施部分和养老空间设计研究中的细节部分内,可供直接参考的资料相对较少。通过梳理养老模式、养老建筑设施类型与发展方面的文献资料,对养老建筑空间形成了相对宏观而全面的认识。对西安老龄化与养老院现状的文献梳理后,对西安市的老龄化状态、现有养老院的建设及运营状态有了一定程度的了解和把握。老年人生理基础和心理变化特征、养老院空间构成、无障碍功能与家具设计方面的文献资料对适老化设施的研究有着直接的指导意义,提供了设计原则和参考依据。

1)西安地区养老院现状研究方面

白宁、吴苏、庄洁琼在《西安城市老旧社区居家养老服务设施现状及更新》中指出街区型老旧社区缺乏医疗保健、日间照料功能空间和室外活动场地的问题。[38]老旧单位型社区存在过于封闭所导致的资源共享缺乏、资源重复浪费问题。张倩、王芳、范新涛等在《西安市老旧住区养老设施设计研究》中指出老旧住区服务可及性差、功能与实际需求不匹配、养老需求紧迫等现状问题,并提出多功能复合型养老设施和多元化适老居住空间的设计建议。[39]李甜、孔敬在《西安市养老院建设布局现状及智慧优化策略研究》中指出,西安市老龄化特征表现为人口快速老龄化、老年人口高龄化、老年家庭空巢化、群体结构多元化。通过对机构分布状况和床位使用率的分析,总结出城市中心区域饱和、边缘区域空床率高的布局现状。[40]

2)老年人生理、心理与行为特征及其相应的设计研究

尹德挺博士在《老年人日常生活自理能力的多层次研究》一书中对高龄老人自理能力的个体特征和区域差异进行了实证分析,从人口学领域论证了高龄老人自理能力存在显著的个体差异和地区差异,并提出了个体维护与宏观资源配置的策略。[41]赵慧敏主编的《老年心理学》一书从心理学领域对老龄期个体的心理特征和变化规律进行研究,论证了老年人人格特征、情绪特点以及面对死亡的心理态度,阐明老年人保持心理健康的重要性。[42]钟琳、张玉龙、周燕珉在《养老设施中公共浴室类型和设计研究》中指出我国养老院浴室设备简陋、安全性和私密性不足的问题,并提出参照国外经验以护理级别为标准,结合老年人洗浴行为特征的浴室精细化设计策略。[43]

陈饶益的硕士论文《基于老年人心理行为分析的南京养老设计研究》对老年人生理、心理的特征进行归纳分析,论证了养老院环境中老年人对声、光、热、嗅、运动等知觉环境的需求并给出了设计建议。[44]赵俊燕的硕士论文《基于老龄群体行为特征下的养老院景观设计研究》对老年人的交往、娱乐活动行为进行分析总结,在行为特征的基础上针对养老院景观空间的尺度、布局和设计方法进行论证,其在设计方法中讨论了养老院户外家具分析和设计建议。[45]郑琳的硕士论文《养老设施公共卫浴空间使用行为与设计研究》对老年人如厕入浴行为进行了分析研究,针对老年人对卫浴空间和辅助设施的需求,从空间组织、物理环境布局、辅助设施设置、材质色彩上给出了设计建议。[46]

3）无障碍设计方面

刘建新、蒋宁山主编的《无障碍设计概论》一书对无障碍设计及其对应的环境条件、障碍者分类进行了定义，详细论证了无障碍建筑设计、无障碍设施设计的具体尺度要求。[34]胡飞、张曦在《为老龄化而设计：1945年以来涉及老年人的设计理念之生发与流变》中从史论方面阐释了从无障碍设计开始，发展而出的通用设计、跨代设计、可及性设计、包容性设计、老年福祉设计、全民设计、老龄服务设计等设计理念的来源、侧重及衍生关系。[47]赵超的《老龄化设计：包容性立场与批判性态度》在理论层面上总结了通用设计和包容性设计两种设计理念，提出基于人本哲学范式的老龄化设计理论的构想，指出在文化语境下，设计研究要回归以老年人为中心的出发点，既要有包容性的立场又要辩证批判地看待问题。[48]王颖在《浅谈大型养老院无障碍设施与构造设计》中通过案例分析对通行等行为辅助方面无障碍设施的结构、尺寸、材质进行了总结。[49]舒平、田甜在《循证设计方法下的养老院无障碍设施的适老性调查与思考——以天津市养老院为例》中对无障碍设施的安全性、可交往性、易达性、易识别性四个条件进行分析论证，指出我国无障碍设施的针对性不足，我们对无障碍的认识还处于基础的需求层次。[50]

田甜的硕士论文《基于"循证设计"的天津地区养老院外部环境无障碍设计研究》详细论述了循证设计的定义，即结合最佳证据、专业知识和使用者需求进行的设计手段，是对无障碍设计理念的发展，并在园林设施部分对循证方法进行了实证研究。[51]崔永梅的硕士论文《环境景观的无障碍设计研究》将无障碍设计原则总结为可及性、安全性、适用性、系统性、经济性五项，针对京津地区的环境景观状况给出了设计对策。其中环境设施部分对设施设计的形式和尺度关系进行了探讨。[52]

4）养老空间设计方面

周燕珉等在《住宅精细化设计》一书的老年住宅专题章节对老年人生活习惯共性归纳总结，在此基础上论述了扶手、坡道、楼梯等部分公共辅助设施的尺度与具体构造要求。[53]周燕珉、程晓青、林菊英等在《老年住宅》一书中谈到在住宅中不仅要注重适老化，还需切合各类人群的需求做到通用设计。在通行无障碍、厨卫空间、走道过厅等章节强调了辅助设施对老年人行为辅助的重要作用。[1]周燕珉等在《养老设施建筑设计详解1－2》一书中将公共辅助设施放在空间细节中论述，作为空间构成设计研究的组成部分，并给出了公共辅助设施的适用形式和范围。[54]

马丽在《消解"长廊式"空间结构——国内养老公寓空间设计的问题及对策》中归纳总结了在养老院设计中从酒店设计移植而来的"长廊式"空间结构问题，在对策中提出了用座椅等公共辅助设施建立"柔性边界"的建议。[4]张嵩、赵雅《城市小型社区嵌入式养老设施设计研究》论述了人性化的设计价值和避免过度医疗化的理念，阐明公共辅助设施提供连续支撑物的重要作用，给出隐形入墙式扶手、考虑保洁维护需求和工作量的设计建议。[55]

5）老年人家具设计方面

方时和朱婕在《论养老院家具的情感设计原则》一文中对设计原则进行了论述,其中宽容误操作原则对公共辅助设施研究具有一定的参考意义[56];在《养老院社交区域的家具设计研究》一文中分析了符合老年人需求的家具尺度与支撑辅助的位置,以及材质、色彩关系对老年人的影响、对公共辅助设施的研究具有参考作用[57]。刘俊岚在《探究老年家具的适老化设计要点》一文中总结了符合人机尺寸、优化储物空间、注重照明和助行助起四个家具适老化设计要点,并对衣柜和床的适老化设计进行了实证研究。[58]易梦梦的硕士论文《养老院户外家具设计》详细论述了户外家具的材质特性,并分析总结出设计原则。[59]

关于我国现代养老空间设计的研究已经形成体系,在养老院建设布局、老年人生理基础和心理变化特征、无障碍设计、养老空间设计、老年人家具设计五个方面已有广泛研究,现对当前的研究现状作出总结:

其一,养老院建设布局方面主要梳理了与西安地区养老院的布局现状相关的研究,这方面的既有研究关注养老院作为城市养老资源的一种,注重其分布状况和服务半径,但都过于宏观,多停留于数据表面。其结论多是规划层面的政策建议和一些设计概念的提出。

其二,老年人生理基础和心理变化特征方面的研究提供了设计对象的研究基础,在此基础上的既有设计研究以老年人的行为需求为中心,探讨设计对需求的满足。但在注重回归使用者为中心来探讨设计问题的同时,又使得具体的空间细节、陈设设施的研究比重过于平均,而设施的设计、分布又恰好和需求的满足直接相关。

其三,无障碍设计方面的相关研究在范围上有狭义和广义两种。在狭义上的仅涉及对残疾人群,老人、儿童等具有知觉障碍人群的无障碍设计;在广义上无障碍设计的含义包括了从通用设计到老年服务设计的各种理念。侧重前者的文章更关注具体的设施尺度等实证研究,侧重后者的文章更关注对设计理念的理论研究。近年来的无障碍设计研究有将两者相结合的趋势。设施设计的作用、尺度关系是这方面研究的重点。

其四,养老空间设计方面的研究多注重分析空间场地适老化的设计方法,虽然认识到公共辅助设施是其中的重要细节,却很少有对设施的集中阐述,多是分散在文中的各个部分且点到即止。

其五,老年人家具设计方面的研究多从单体家具的视角出发讨论其在造型、材质、色彩方面对老年使用者的适应性设计,缺乏多件家具组合和家具与室内固定构件组合对老年人行为产生辅助作用的探讨,以及对家具陈设和所处空间关系的探讨。

从研究现状中可知,在养老院的公共辅助设施方面目前还没有出现相对整体的、系统性的研究。在老年人生理基础及其心理变化特征、无障碍设计等理念的基础上深入探讨养老空间中公共辅助设施的设计与组合是有必要的。

2. 国外研究现状

国外综述主要选择欧美国家和日本。欧美国家较早进入老龄化社会,对老龄问题关注较早,相关的理论研究也较为成熟。其中北欧地区在福祉关怀和公共设施方面有着较为突出的研究。日本是亚洲地区最早进入老龄化的国家,和我国有着相似的文化背景,具有相当的参考意义。

1)欧美国家

美国自1935年起实行社会保障制度,在20世纪60年代进入老龄化社会。于1954年实施《机构养老的老年人标准》,提供了全美养老院的设计建设标准规范。在美国的养老院设计当中更加注重于居家氛围和促进交流的设计。80年代Keren Brown Wlison等学者探讨了"辅助生活"的意义,Joel在"Assisted Living:Another Frontier"一文中讨论了老年人通过设备和护理实现生活自主的意义。[60] Sharts - Hopko在"Opportunities in Assisted Living"一文中用辅助生活的案例说明了其对老年生活质量的改善。[61]

全心在《美国养老社区及老年公寓设计新趋势》中对美国养老社区居住模式进行了介绍,并结合案例分析了当时在美国出现的注重公共辅助设施对老年人生活影响的设计趋势。[62]王哲、蔡慧在《中美养老院的环境设计和产业竞争力对比研究》中对比分析了中美两国的政策和养老院产业,结合案例说明养老环境因素对竞争力的影响,总结了美国养老院设计更注重家居共享空间和公共辅助设施的特点。[63] Pelizäus在Motives of the Elderly for the Use of Technology in their Daily Lives一文中分析了老年人使用技术设备的动机并论证了技术对老年生活的影响。[64] Turner - Lee在"Can Emerging Technologies Buffer the Cost of In - Home Care in Rural America?"一文中介绍了美国在乡村老年人的养老生活中运用人工智能和物联网的状况,认为这可以加强老年人同照顾者之间的联系。[65]

北欧地区主要指以瑞典、丹麦、芬兰、挪威、冰岛五国为主的斯堪的纳维亚地区,以"高福利"著称。北欧国家的养老体系建立在税收模式之上,通过老年住房政策和社区服务制度保障老年人生活质量。瑞典在1890年进入老龄社会,1972年进入高龄社会,在公共辅助设施应用方面有长久的经验。丹麦在2006年制定了"哥本哈根原则",该原则强调促进安全、自尊、独立。

2)日本

20世纪70年代开始日本进入老龄化社会。1985年起日本强调"老年居家福祉",陆续推出了《老年人保健福祉计划》《介护保险法》《小规模多功能型居住介护制度》《护理保险法》。日本在设计中强调归属感、舒适度、老年人个人强化、尊严维持等理念。在公共辅助设施中具有如吊轨、边进式入浴、斗式坐浴等对应不同身体能力的设施选择。

川崎直宏、金艺丽在《日本介护型居住养老设施的变迁与发展动向》一文中分析了日本从 20 世纪 60 年代以来养老院空间设计随着介护方式的变化而变化的过程,指出空间设计从集体处理开始到尊重个体再到近年来突出小规模多功能的特点,这一特点也反映了公共辅助设施的多功能化。[66]汪中求在《透过细节看日本养老产业》一文中以日本老年住宅强调注重老年人生理特征的厨卫辅助设施设计作为论据,说明了日本养老产业对细节的注重。[67]

欧美国家和日本较早进入老龄化社会,它们养老模式和养老空间设计体系的发展过程实际上展示了其解决老龄化问题的思路和做法,现对国外当前的研究现状作出总结:

其一,美国的养老体系建立在国家标准和养老评估体系上,注重具有居家氛围的公共辅助设施设计。北欧地区的养老体系以税收模式为基础,突出公共辅助设施的灵活性,用设施的多种位置变化满足老年人多样化的需求。

其二,日本的养老体系建立在国家立法的基础上,注重公共辅助设施的多功能化。在公共辅助设施应用方面,日本和北欧地区的研究具有重要的参考价值。

通过文献梳理发现,目前国外的研究越来越趋向于对老年人个体的关注,而国内研究更偏重于在建筑空间构成方面。值得注意的是日本和北欧地区的公共辅助设施极其注重细节和尺度,其在公共辅助设施的发展中呈现出以拓展老年人自理能力为中心、更为灵活和更注重人性化的特点。

4.2　公共辅助设施的现状与问题分析

正如任何时代的思想和技术脱离不开当时的社会现实一样,设计也是如此。设计策略的发展,是对当下时代的社会、建设问题的回应,在空间环境设计领域尤为明显。当我们谈到公共辅助设施设计的时候,背后暗含着的是在寻求当下设施设计所面对问题的解决之道。因此对目前西安市养老院公共辅助设施现状的分析和问题的总结,是有必要的。

4.2.1　西安市养老院公共辅助设施现状

依据西安市民政局 2018 年和 2019 年发布的《西安市养老院运营奖励资金汇总表》进行不完全统计,目前西安市范围内共有 119 家养老院。这当中以社区级小型养老院数量最多,老年公寓级中型养老院次之,医养结合级大型养老院数量最少。这与西安市于2018 年发布的《西安市养老服务设施布局规划(2018—2030 年)》的现状陈述相符合,反映了目前西安市养老院的建设状况。

因此在养老院的公共辅助设施现状调研中,在中、小规模的养老院里各选取了一家能够反映共同问题的典型机构进行调查研究。这两家养老院分别是位于高新区的中颐颐安养老院和位于莲湖区的寿星乐园。两家养老院的建设背景和整体概况如下：

中颐颐安老年公寓成立于 2017 年 4 月。中颐集团收购添翼老年公寓并改造成立了颐安老年公寓。位于西安市雁塔区丈八六路西段（锦业二路十字南），占地两百多亩，主要交通为丈八六路和锦业二路。地处南三环外侧，周围多为新建住区，人流量较小。场地远离主要街道，隔离了嘈杂的声环境。院内床位 250 张，主要收住自理老人，部分收住失能、失智老人。服务群体定位为以工薪阶层退休老人为主的中型养老院。（图 4 - 1）

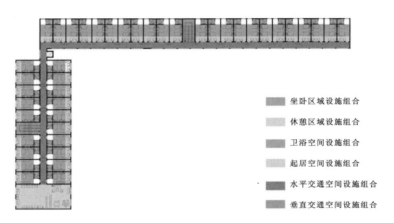

图 4 - 1 中颐颐安老年公寓设施分布平面示意图

寿星乐园成立于 1989 年 6 月，由莲湖区民政局创办属于国营小型养老院。位于西安市莲湖区回坊庙后街 169 号的民政局院落内，主要交通为洒金桥街和庙后街。周围多为老旧住区，回坊又是旅游热点区域，人流量较大。场地处于莲湖区民政局后院，隔离了嘈杂的声环境。院内床位 50 张，主要收住自理老人。全院仅收住了一名介助老人。院内老年人年龄均是 80 岁以上，属于高龄老人。（图 4 - 2 和图 4 - 3）

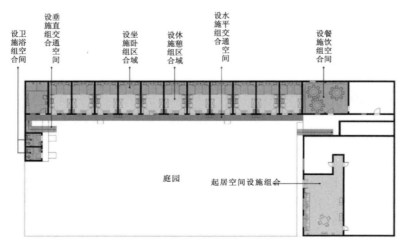

图 4 - 2 寿星乐园一层设施分布平面示意图

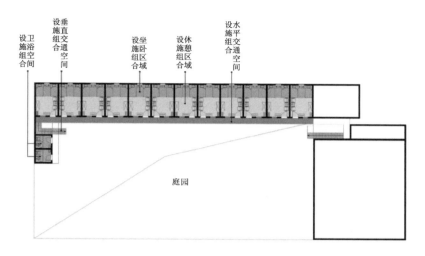

图 4-3　寿星乐园二层设施分布平面示意图

从辅助设施空间组织、辅助设施单体设计两个维度对上述两家养老院展开了调研，涵盖在设施的空间组织、造型设计、材质选择、色彩设计四个方面西安养老院公共辅助设施现状存在的共同问题。

1. 辅助设施空间组织现状

在辅助设施的空间组织上人性化程度不足，主要表现在两方面：一是设施单一，这导致设施对老年人相应的行为辅助程度不够。二是设施空间组织简单，由于对老年人生理上的行为特征考虑不够深入，只是简单组织了常见设施，辅助设施适老化程度不足。

1）设施单一

这一问题在颐安老年公寓走廊和卫生间的设施空间组织中比较突出。颐安老年公寓的走廊两侧仅有外附式单层扶手，在功能上没有考虑到坐轮椅的老人的移动需要。其下侧装设的有机大理石扣板过于生硬，老年人倚靠扶手时腿部并不舒适。（图 4-4）

颐安老年公寓的卫生间仅在位置上进行了干湿分区，入浴区域缺乏浴凳和防滑地垫等设施，老年人有滑倒的风险，将 L 形抓杆倒装不便于老年人的使用。（图 4-5）如厕区域仅装设单侧落地式抓杆，导

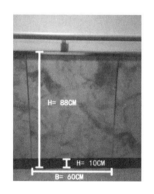

图 4-4　大理石扣板

致如厕时身体重心偏向一侧，不便于老年人维持身体平衡。对于部分上肢力量较缺乏的老人来说完成从坐在马桶上到站起来这个动作实属不易。盥洗区域的洗手池下部装设柜子，无法容纳膝盖，不便于老年人的使用，尤其是坐轮椅的老人。（图 4-6）

图4-5　装反的L形抓杆　　　　图4-6　无法容纳膝盖的洗手池下部空间

这一问题在寿星乐园走廊和食堂的设施空间组织中比较突出。走廊的单层扶手无法满足轮椅老人的通行辅助需要,一层地面不规则的混凝土台阶在高差上造成了老年人通行障碍,二层钢架廊道与地面100mm的高差也造成了老年人通行障碍(图4-7)。梯步踢面高度和踏面宽度未考虑到老年人抬腿低需要长进深支撑的生理需求。同时楼梯对于轮椅老人的垂直移动缺乏考虑,未对楼梯栏杆的间隙遮挡处理(图4-8)。

图4-7　寿星乐园二层钢架廊道高差细节　　　图4-8　寿星乐园楼梯

食堂辅助设施适老化程度极低,既没有轮椅通行的空间,也没有轮椅老人用餐的设施。活动室未装设辅助移动设施,仅提供麻将桌、硬木沙发和电视,所涉及的活动过于单一,缺乏多样性。

2)设施空间组织简单

这一问题在颐安老年公寓活动空间和卧室的设施空间组织中比较突出。颐安老年公寓的食堂、阅览室、活动室三类空间中存在共同的设施问题,缺乏对老年人行为动作的考量,只是用相应功能的常见设施进行简单组合。例如不同年龄的人使用同样无扶手的座椅,其起坐困难程度是不同的,对于老年人来说往往需要花费不少力气来完成这个动作。(图4-9)

颐安老年公寓的卧室床头柜上装设报警器和全屋的灯光开关,看似方便了开关控制的行为,实际上过多的按钮反而造成了精准识别上的困难。在平时老年人容易错误操作按钮,而在紧急时刻又因识别困难而延误报警时机。(图4－10)

图4－9　颐安老年公寓食堂设施　　　图4－10　颐安老年公寓卧室设施

　　这一问题在寿星乐园公共卫生间的设施空间组织中比较突出。公共卫生间为了排水考虑抬高了如厕区域的地面,100mm 的地面高差容易绊倒老人。边长 400mm 的洗手池过小导致老年人在盥洗时无法有效支撑身体,对介助老人来说尤为困难。

　　2.辅助设施单体设计现状

　　在辅助设施的单体设计现状上,总体表现为安全性不足、舒适性欠佳两个方面。其中安全性不足主要体现在设施的造型设计上,主要表现在:一是忽略老年人生理特征;二是欠缺部分设施或设施装设错误;三是设施造型统一程度不够,如设施造型与空间不协调、同类设施中多种造型等。

　　舒适性欠佳主要体现在设施的材质设计和色彩设计上。在设施的材质选择上,存在着过于追求稳固性而忽视了老年人接触设施的舒适性问题,这导致了设施表面材质缺乏温润的触感,不够亲和舒适。在设施的色彩设计上舒适性同样不足,主要表现在:一是整体设施色彩过于深沉,大量设施在空间中占有大面积的视觉比例,过于深沉的设施色彩对空间的明亮程度有着直接影响;二是部分设施色彩的纯度较高,在设施种类较少时会显得过于突兀。这一问题在设施种类较多时会引发色彩混乱,造成老年人识别上的困难。

　　1)设施造型设计缺乏安全性

　　首先是忽略老年人生理特征,只考虑到设施功能要求而没有让设施造型适合老年人的生理特征。如颐安老年公寓公共楼梯没有用挡台对栏杆的间隙进行处理,其对于轮椅老人的垂直移动也缺乏考虑。

　　其次是设施欠缺或者安装错误。如颐安老年公寓卫生间中如厕区域仅装设单侧落地式抓杆,入浴区域 L 形抓杆倒装。

　　最后是设施造型统一程度不够。如颐安老年公寓大厅中的硬木沙发茶几,其座面两侧装有支撑扶手。它虽然在功能上满足了老年人坐起行为的需求,但在形态上过于方硬缺乏舒适感,而且繁复的装饰又与整体环境相脱节。又如寿星乐园走廊的休憩座椅为曲线型和方形,造型形式上并不统一,带有拼凑感。

2)设施材质选择舒适性缺失

其一,部分设施过于追求稳固性而忽视了老年人接触设施的舒适性,如颐安养老院楼梯扶手和楼梯栏杆运用的不锈钢金属材料,将设施的骨架材料外露在老年人抓握的杆件上未做表面材质覆盖。而寿星乐园有超过半数种类的公共辅助设施在表面材质用到了金属材料,其导热性高、耐蚀性好的材质特性和冰冷的触觉感受降低了设施的舒适性。其二,部分设施选材忽略后期的使用变化和维护难度,如公共楼梯采用水泥材质铺装,长期使用既易损坏又会让踏面逐渐光滑,对设施维护程度要求较高。其三,部分设施选材片面追求装饰效果导致舒适性降低,如走廊扶手下侧的有机大理石扣板过于生硬,老年人倚靠扶手休憩时腿部倚靠大理石面并不舒适。其四,部分设施选材忽略老年人使用设施时的行为动作和心理顾虑,如公共楼梯采用瓷砖铺装,导致踏面过于光滑,老年人行走时有滑倒风险。

3)设施色彩设计舒适性缺失

其一,两家养老院超过半数的设施运用低明度低纯度的深色,这导致整体设施色彩过于深沉。老年人具有色敏性下降、看到的色彩更灰暗的视觉生理特点,过于深沉的设施色彩会影响空间色彩的明亮程度。其二,部分设施所使用的浅色纯度过高,使得其在空间中显得过于突兀,如颐安老年公寓卫生间的盥洗区域中,浅粉色洗手池底柜比提供盥洗功能的白色洗手池更加突出。其三,白色的设施色彩纯度过高,虽然突出了设施但容易造成识别困难,如颐安老年公寓走廊扶手的白色、卫浴空间中抓杆的白色和墙面的白色相接近,过于接近的色彩容易造成老年人识别困难。其四,部分设施所运用的高明度高纯度的浅色加之设施分布的邻近和集中,引发了色彩混乱问题,甚至在部分空间中因为设施的杂乱使得空间中同时存在四五种色彩,如在走廊休憩区域,两种公共座椅混合放置引发了空间色彩整体上的混乱。

4.2.2 西安市养老院公共辅助设施问题成因

1.设施空间组织维度问题成因

养老院公共辅助设施的空间组织,需要设计人员掌握空间功能和老年人自身特征两方面的信息。在空间组织中注重对同一生活行为的多种辅助,要考虑到老年人的具体使用情况是否符合其自身特征;在某一辅助设施损坏或者不便使用时是否有可替代的设施供其选择。

辅助设施空间组织上主要存在两方面问题,即设施单一和空间组织简单,可看出部分设计人员并没有较为全面地掌握上述信息。其中设施单一问题,可看出设计人员对老年人的生理特征和生活情况把握不足,使得辅助设施并没有得到合理的组织,从而影响了整体的适老化程度。而空间组织简单问题,可看出部分设计人员为了节省精力和时间,在没有仔细考察空间实际状况和功能预期的情况下,照搬其他养老院或者同类空间(如医院、酒店)的设施设计方案,使得辅助设施设计的实用性大大降低。

2. 设施单体设计维度问题成因

公共辅助设施的单体设计,由造型、材质和色彩三方面构成。它需要设计人员在对老年人生理、心理特征有着全面认知的基础上进行设计工作,要考虑到设施造型与老年人实际状况、养老空间实际是否相符;设施材质与老年人触觉特征、功能要求是否相符;设施色彩与老年人视觉特征、养老空间实际是否相符。

在调研的辅助设施单体设计上存在的三个方面(造型、材质、色彩)多个问题,反映出部分设计人员对老年人生理、心理特征掌握不足,未能把握所设计的设施对老年人生活、心理作用的影响。由此导致了设施单体设计不合理,致使成型的设施要么不便使用,要么存在固有缺陷。

设施造型、材质、色彩三方面的设计相辅相成,以造型为基础、材质为骨架、色彩为肌肤。在设施单体设计中任一方面的问题都将使得设施单体出现使用不便或者固有缺陷的情况。因此对老年人生理、心理特征的把握,是设计人员进行设施设计工作的基础,也是重中之重。

对公共辅助设施现状问题及其成因的把握,是进行设施优化设计研究的前提。设施优化立足于现状调研所发现和总结的共同问题,在此基础上进行设计策略的研究,以求能够改善西安养老院的公共辅助设施状况,提高老年人的生活质量。

4.3 基于老年人行为特征的设施需求

老年人做出某种日常生活行为的背后暗含了其生理和心理上的需求,行为实际上是通过行动满足需求的过程。老年人所做出的日常生活行为又建立在个体的生理基础和心理变化特征的基础上。每一地域都有每一地域独特的风俗习惯,这些风俗习惯是长期的生活经验总结。陕西关中地区独特的地域文化产生了其自身的风俗习惯,这造就了关中地区老年人的一些共同活动习惯特征。例如在开敞空间观望他人聚集闲聊的习惯、就近落座或者蹲下的习惯、饮食上偏爱用大碗的习惯等等。公共辅助设施设计的核心是用设施服务于老年人的生活节奏和活动习惯。这些地域性的活动习惯特征一定程度上决定了公共辅助设施所在的位置和形式,同时也决定了公共辅助设施对老年人生活辅助的有效程度。

4.3.1 老年人生理、心理行为特征分析

老年期是人生中的一个重要阶段,步入老年期常被人们视为生命中的最后阶段,也

是面对死亡的开始。这一时期在生理上人体的衰老变化明显，很多身体活动愈发力不从心。在社会生活中，老年人逐渐从社会工作中退休，面临着社会角色转变、生活方式改变、经济收入缩水、社交范围缩减等一系列重大变化，同时伴随年龄的增加还有死亡迫近的威胁。这些变化使得老年人容易受到不良情绪的影响。如果不能及时疏导，心理上不良情绪的长期积累又将导致生理健康的损害，从而陷入恶性循环。因此在探讨公共辅助设施的设计之前，对老年人生理、心理行为特征的分析是有必要的。

1. 老年人生理特征分析

公共辅助设施的研究和老年人在身体系统层面的机能相关度较高，而在身体各个系统当中，老年人的运动系统和感知觉系统的变化愈发明显。其对老年人的日常生活自理能力的影响较为直接。

1）运动系统

伴随年龄增长，老年人骨骼系统和肌肉系统退化，身体活动能力下降。老年人脊柱和下肢骨骼的变化，直观呈现为其身高和体重的缩减。老年人在 70 岁时，身高会比最高身高降低 2.5% ~ 3%，女性的身高缩短较为明显，有时可达 6%。骨骼的变化也带来了钙质的流失，使得部分老年人受到骨质疏松的困扰。与骨骼系统同时发生退行性变化的是肌肉系统。人在 40 岁左右肌肉系统进入衰退期，其质量和身体力量随着年龄增加而下降，至 80 岁时肌肉较成年期减少了 25% ~ 50%。肌肉系统的衰退使得老年人的身体协调能力和上下肢力量下降，磕碰、跌倒的风险增加。经历过一次跌倒后，老年人对跌倒容易产生恐惧心理，从而进一步影响老年人的活动范围和频率。老年人运动系统的变化主要表现为反应能力、平衡协调能力和自我恢复能力的衰退。运动系统身体能力的衰退使得大部分老人难以承受高强度的运动锻炼，倾向于选择运动强度相对较低、安全系数相对较高的活动，如散步、太极拳、广场舞等。

2）感知觉系统

感知觉系统是人接收外界信息的主要生理机能，由视觉、听觉、味觉、嗅觉、皮肤躯体感觉构成，这一生理机能在进入老年期之前已经开始了衰退过程。进入老年期后感知觉系统的退行性变化从生理弱化逐步转变为功能和信息传递的明显减弱过程。随着感知觉的衰退，老年人需要辅助设施作为信息判断的提醒和参照。感知觉中视觉、皮肤躯体感觉两个方面对老年人日常生活自理能力的影响较为直接。

其一，视知觉特征。人类通过视觉获取约 83% 的信息，是主要的感知机能。随着年龄的增长，视器官组织逐步衰老退化，在进入老年期后尤其明显。其主要的变化在于视力减退，视敏度、对光的感受性减弱，视觉信息处理时间延长。人至 60 岁时视网膜接收到的光线量，仅为成年期的三分之一。视力减退表现为由近距离视力到远距离视力的逐渐衰退，无法有效地调节视物远近的焦距，即通常所谓的"老花眼"。同时老年人是青光眼、白内障等眼部疾病的高发人群，视力异常比率较高。

其二,皮肤躯体感觉特征。老年期皮肤中的感受小体逐渐消失,老人对温觉和冷觉的感受变得迟钝,难以察觉并且难以适应温度的骤然变化,从而引发心脏病突发、热射病等意外伤害。在感受小体消失的同时,其传递信号的感觉神经和皮肤的触觉点数也在减少。触觉的减退导致老人对触压反应迟钝,触觉定位误差增大容易碰伤。进入老年期后,老年人的躯体深感觉也在发生退行性变化,其对肌肉、关节的位置和运动所引发的感觉反应愈发迟钝。躯体深感觉衰退最直观的呈现是对自身的平衡协调感受迟钝,在行走中跌跌撞撞缺乏稳定性。这一感觉的变化对老年人生活自理能力影响极大,它和发音、握拳、转动关节、拿捏物体等需要一定的准确性的精细动作有关,将使得日常生活中的一些需要精细操作的行为变得异常困难。

2. 老年人心理特征分析

公共辅助设施的研究实际上是养老环境研究的一部分,也是影响老年人心理健康重要的环境要素之一。所以在公共辅助设施的研究中对老年人心理变化特征进行考量是有必要的。情绪是人的正常心理反应,老年心理学将其定义为人们对客观事物是否符合其主观需要所产生的态度体验。情绪能够对心理状态进行调控,从而激励或者瓦解个体对环境的适应。心理学相关研究表明长期的情绪状态会影响生理机能,从而对生理健康产生影响。情绪变化是一种短期高频率的心理变化。老年人情绪的特征包括负性情绪逐渐增多,情绪体验比较深刻持久,情绪表达方式较为含蓄。[42]

其一,负性情绪逐渐增多。进入老年期后,生理衰老直至死亡和社会生活的各种变化是老年人不得不面对的两个事实。在接受这两个事实的过程中,老年人的主导情绪是消极的。随着生理机能的下降,老年人容易受到疾病的困扰,尤其是慢性病伤的困扰,这让其时刻感受到对死亡的恐惧。加之在老年期社会角色改变,从工作中退休后集体活动减少,经济能力减弱,子女陪伴缺失,这些都使老年人容易产生无用感、孤独感、失落感等一系列负性情绪。

其二,情绪体验比较深刻持久。受到长期经验积累的影响,老年人对自身情绪的控制力较强。这产生了一体两面的结果,一方面其情绪会有一定程度的长期稳定,情绪活动的起伏较小;另一方面老年人一旦陷入某种情绪中就会有更持久、更强烈的情绪体验。

其三,情绪表达方式较为含蓄。受到人生经验的影响,老年人会更多地控制自己情绪的流露,呈现出一种含蓄的情绪表达。长此以往,逐渐推动老年人性格从外向到内向转化。

4.3.2　公共活动空间辅助设施需求

养老院的公共空间由大厅出入口、走廊、楼梯间等交通空间,食堂、开放厨房等餐饮空间和提供休闲、阅读、娱乐活动的活动空间三部分构成。老年人在其中高频进行行走、驻留、坐起、进餐这四类生活行为,而生活行为的构成是一系列的生理动作,生理动作的发生正是基于老年人的生理特征。从运动系统的生理机能特征来看，反映出老年人在行走坐立等运动过程中对助力支撑的辅助需求；从感知觉系统的生理特征来看，反映出老年人对事物感知、接触两方面的辅助需求。

老年人运动系统的生理机能退化主要表现为肢体力量减弱、平衡感降低、骨质疏松易折，这一生理能力的演变趋势为从能力减弱到能力丧失。因此其所对应的需求主要是对行为动作的助力支撑方面。在老年人行走、坐下、起身等行为过程中由于肢体力量不足、平衡感降低，其难以完成行为或者难以维持身体平衡，过于猛烈的身体运动幅度难以避免撞击磕碰。老年人骨质疏松易折的特点又会导致骨折等更为严重的后果。此时老年人对助力支撑辅助的需求是必要的，它保证了老年人在上述行为过程中的基本安全。

在老年人感知物体处于空间何处位置时，视知觉减弱致使其对物体形状、边界、色彩的感知产生偏差。当偏差在正常容错范围内时，对老年人日常生活影响不大；当偏差严重到一定程度后，不仅对老年人日常生活产生重大影响，也具有一定的安全隐患。此时老年人对色彩辅助的需求是必要的，它保证了老年人在感知物体时的准确性。这反映出老年人对色彩对比较为直观的辅助需求。

4.3.3 私密空间辅助设施需求

养老院的私密空间由卧室休憩空间、卫浴空间和私人餐饮空间三部分构成。老年人在其中高频进行行走、站立、坐起、坐卧、进餐等生活行为，这些生活行为同样由一系列的生理动作构成，因此其也是基于老年人的生理特征，而且由于空间的功能要求更为私密化，在上述行为发生时也会对老年人心理方面产生更多的影响。

除了上文谈及的老年人运动系统衰退带来的辅助需求外，其一在老年人接触物体时，由于皮肤感觉的迟钝致使其对温度和力度的感知产生偏差，容易在自身触觉未能察觉时受到伤害。此时老年人对物体表面材质的性能需求是必要的。这反映出老年人对材质低导热性高比热性的辅助需求。其二在老年人进行用手指抓握、拿捏物体这类精细操作时，由于躯体感觉的减弱显得愈发力不从心，直至完全失去精细控制的能力。此时老年人对适合其抓握的形状、较小力度操控的需求是必要的。这反映出老年人对物体适宜造型的辅助需求。

不可否认的是私密空间的舒适程度对老年人心理健康是有影响的。空间环境的舒适程度又较大地取决于公共辅助设施的舒适程度。所以老年人的心理健康，有着对舒适性的需求。此处所指的舒适性不是片面地对豪华造型和奢侈材料的追求，而是在适应老年人生理基础之上，既考虑到功能的适宜又考虑到老年人使用时心理感受上的舒服合适。舒适性实际上是一种温和适宜的体验，它是心理上温和的不引起强烈排斥的感受，又是适宜到恰如其分，而不过分突兀的感受。这种舒适性反映出老年人对设施适宜造型、温和材质、自然色彩的辅助需求。

4.4　公共辅助设施的地方适应性设计策略

设施优化需要在地域化背景下立足于对现状问题的考量,并结合关中地区老年人地域性的活动习惯特征在设计模式上进行理论研究,以此改善西安市养老院的公共辅助设施状况,提高老年人的生活质量,延续老年人的生活自理能力。对西安市养老院公共辅助设施进行现状调研后,总结出了辅助设施空间组织、辅助设施单体设计两个维度上共同存在的现状问题。基于这些共同存在的现状问题,进行设计优化研究。接下来将探讨在公共辅助设施空间组织和公共辅助设施单体设计(包含造型、材质、色彩三个方面)两个维度的优化更新,并列举设施的优化设计案例辅助论证。

4.4.1　公共辅助设施空间组织设计

通过调研发现,西安市养老院公共辅助设施空间组织主要存在以下两方面的问题:一是设施单一、缺乏合理组合所导致的设施对老年人行为辅助程度不够;二是对老年人生理和心理上的行为特征考虑不够深入,只是简单组合了常见设施所导致的辅助设施适老化程度不足。所以在辅助设施空间组织的优化中需要注意以下两点:

其一,注重多种设施协同辅助老年人行为。辅助设施的空间组织对应不同的室内空间,应具有与其空间功能相符的组合模式,并保证老年人能够运用正确安装的多种设施来辅助自己的生活,尽可能地让同一行为动作有两种及以上的设施协同辅助。协同辅助实质上是一种在满足同一行为需求时的设施多样性,老年人可以根据自己身体的具体状况进行选择,如保证卫生间如厕区域马桶的左右两侧都有抓杆或可支撑物等。

其二,深入考量老年人生理行为特征避免不经选择、简单组织设施。这一点对于公共空间的辅助设施空间组织尤为重要,因为公共空间具有聚集性质,往往容易忽略设施所提供的身体支撑物、支撑面是否适合老年人的生理特点、行为特征和设施是否满足不同身体能力老年人的行为需要两方面的内容。典型的例子是寿星乐园活动室硬木沙发向后方低陷造成老人起坐困难障碍、颐安养老院食堂有轮椅通行空间却无轮椅老人适合的用餐设施等。不经选择、简单组织设施会导致设施空间组织的适老化程度不足,甚至由此影响相应空间的人性化程度。

把握公共辅助设施空间组织的现状,在理论层面上梳理出了辅助设施空间组织的两个重点,这有助于现状问题的解决和设施空间组织方式的改善。不可忽略的是面对不同空间具体的设计抉择时,如何让设施空间组织在满足设计重点的同时,又符合相应的空间功能需求。这就需要在实践层面上对交通空间、公共空间、私密空间三个类型功能空间以及串联其中的过渡空间的设施空间组织进行分析总结,以此论证设计方法。

1. 交通空间设施组织

交通空间中的辅助设施空间组织以沟通各个功能空间形成穿行交通的辅助为主要功能。其空间组织形态大体上有两种，一是辅助老年人水平方向移动的空间组织，如走廊中扶手和休憩座椅的组合等。这一类组合中老年人的行进距离和休憩位置是重点，需要避免过长的扶手和不合理的座椅布置。二是辅助老年人垂直方向移动的空间组织，如电梯内扶手、按钮、座椅的组合等。这一类组合中清晰的设施边界和用于维持平衡的扶手布置是重点，需要避免难以识别高差的楼梯、布置位置或者设施形态材质不合理的平衡扶手。

交通空间辅助设施空间组织应该适应老年人对视觉引导、行进和休憩调整的实际需求。其一交通空间里辅助移动和辅助坐起的两类设施在材质和色彩上要有一定的关联，让老年人能够明确感知到这些设施的存在并领会其用途。其二在走廊、大厅等水平方向移动的空间中，每20米应该设置一处休憩座椅以方便老年人调整自身的状态（图4-11）。同时，对于存在高差的地面需采用砂浆填补缝隙或者装设坡道设施来克服空间障碍。其三在楼梯、坡道等垂直方向移动的空间中注重有效组合挡台、栏杆扶手、滑轨装置等设施，尽可能地辅助不同身体能力的老年人完成跨越高差的移动（图4-12）。

 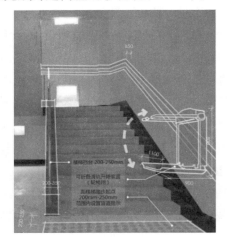

图4-11　水平方向交通空间：　　　　图4-12　垂直方向交通空间：
　　　走廊设施的空间组织示意图　　　　　　楼梯设施的空间组织示意图

2. 公共空间设施组织

公共空间中辅助设施空间组织以辅助活动和餐饮两种公共活动为主要功能。其空间组织形态大体上有两种，一是辅助起居活动的空间组织，如公共客厅中的沙发座椅和桌几组合等。这一类组合中尤其需要注意不同身体能力的老人所需要的辅助支撑不同、相适应的设施高度不同。二是辅助餐饮活动的空间组织，如公共餐厅中的餐桌、餐椅、窗口搁板组合等。这一类组合中需要注意老年人的生理特征，需要避免虽然达到了功能要求却忽略了老年人的身高臂长,让老年人通过伏身等较僵直的姿势来进餐。

公共空间辅助设施空间组织具有身体能力过渡和包容性两个方面的功能特征。其一是身体能力的过渡,建立在无障碍功能的基础上,组合多种公共辅助设施形成相应的设施系统,让不同身体能力的老年人以适应自身身体能力的方式进行活动。尤其需要对沙发座椅、餐桌、餐椅等设施的身体支撑物、支撑面是否适合老年人的生理特点、行为特征的考虑,避免不经选择、简单组合设施。同时,在活动当中让老年人能够通过设施来间歇性地休憩来调整自己的状态。空间组织的设施对身体能力过渡的支持,有助于老年人自理程度的提高,并建立与之相应的身体效能感。其二是具有包容性的设施背景。包容性指空间组织的辅助设施可以让不同身体能力的老人使用,并通过其参与到公共活动当中,促进相遇和交往。(图 4 – 13、图 4 – 14)

图 4 – 13　公共空间设施:公共活动空间设施的空间组织示意图

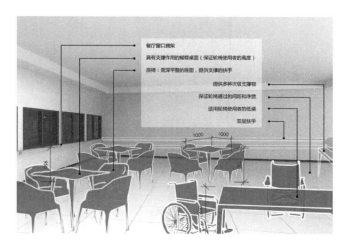

图 4 – 14　公共空间设施:餐厅设施的空间组织示意图

3. 私密空间设施组织

私密空间中辅助设施空间组织以辅助睡眠、卫浴等私密活动为主要功能。其空间组织形态大体上有两种，一是辅助卧室里的睡眠和休憩活动的空间组织，如睡床、座椅、衣柜、起夜灯的空间组织等。这种组合中老年人的个人习惯占主要地位，尽可能提供更多的组合方式让老年人选择。二是辅助如厕、入浴活动的空间组织，如如厕区域的马桶、辅助抓杆的组合等。这是功能性最强的一类设施组合，安全稳固的功能性要求强于任何装饰变化。

在以上两种空间组织形态当中，灯具的空间组织沟通了两者。依据老年人视物、阅读等所需要的不同光照条件，灯光起到了指示设施位置、空间边界和暗示老年人行为动作两方面的作用，如桌面灯或床头灯对阅读和精细操作行为的暗示，起夜灯对夜间行走行为的暗示，盥洗灯对洗漱行为的暗示等。因此在睡眠和休憩活动的空间组织、辅助如厕、入浴活动的空间组织两者中有效搭配组合灯光，对行为具有暗示、促进的作用。

私密空间辅助设施空间组织是为了适应老年人自身行为节奏的实际需求，使用设施是为老年人的行为提供辅助支撑而非规定老年人的生活行为。如进入卧室换鞋、更衣、从床上起身等行为，每个老人都有自己的行为习惯和行为节奏。空间组织的设施需要提供完成行为更加省力的辅助，具有协助老年人用自身节奏来生活的重要意义。（图4 - 15）在私密的卫浴空间中，合理的位置设计和设施设计可以让老年人更为轻松地适应环境，并减少在移位换洗过程中的时间和护理工作量，降低老人伤寒着凉以及滑倒的风险。（图4 - 16）

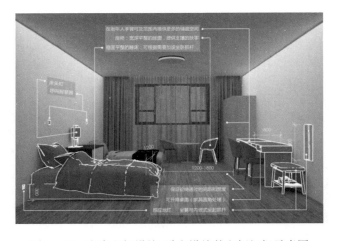

图4 - 15　私密空间设施:卧室设施的空间组织示意图

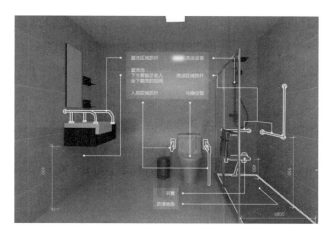

图 4 - 16　私密空间设施：卫浴空间设施的空间组织示意图

在私密空间辅助设施的空间组织中还应注意到适应老年人身体衰老发展的"可持续设计"。这里的可持续设计指适应老年人身体变化的设计，即为老年人的衰老和生活自理能力的下降留下可更改替换的余量的设计。在私密空间中，需关注可以随老年人需求而加入的公共辅助设施。例如可拆卸的坐卧、坐起扶手，吊轨移位设施等。

4.过渡空间设施组织

在交通空间、公共空间、私密空间中的部分位置都具有一种过渡空间的辅助设施空间组织。如果说空间是由顶面、地面、立面所构成的六个面围合而成，过渡空间则只涉及部分的围合，拥有介于室内和室外之间、开敞和封闭之间的过渡性质。在养老院中，过渡空间涉及交通空间的公共门厅、半室外廊道、部分机构的楼梯间或电梯厅部分；公共空间和私密空间的内外阳台部分。过渡空间中辅助设施空间组织以辅助适应空间转换、辅助休憩观望活动为主要功能。其空间组织形态大体上由两部分组成，一是在老年人跨越两个不同类型空间时的辅助移动、间歇休憩的空间组织，类似于交通空间中的扶手和休憩座椅的组合。有所不同的是，此处在行进距离和休憩位置的基础上更加注重老年人的休憩调整。由于个体差异性，老年人对环境温度、湿度、明暗的适应时间也有差异。二是在靠近室外环境的边缘侧用于休憩、倚靠的设施空间组织。老年人在此处不仅是进行单纯的休憩活动，而是以此为环境背景进行停留、观望、休憩等基本行为，并有一定概率促进寒暄、交谈等社交活动的发生。此时应该更多地考虑到扶手栏杆、次级倚靠物、座椅和次级座椅的设施组合。（图 4 - 17）

图 4 – 17　过渡空间设施:门厅入口设施的空间组织示意图

5.形态整体化设计方法

在功能性质的基础上,辅助设施空间组织还具有圆润亲和的整体形态性质,注重设施形态的整体化,避免过于方硬和过于繁复。过于方硬会在视觉印象中产生坚硬易磕碰和不舒适的感觉,过于繁复会让老年人视觉感知接收到过多的信息,加重视觉和感知负担。形态的整体化设计方法可通过设施统一的造型、统一的材质或统一的色彩来构成。在造型中注重圆润、厚实的形式,突出设施的亲和感;在材质中注重自然柔和的纹理,突出设施的舒适感;在色彩中注重雅致轻松的灰色,突出设施的柔和感。用不同的色彩区分设施类型,通过色彩的统一加强老年人对设施的识别理解,尤其是患有认知障碍的老年人。

在形态整体化设计中,应注重主从关系、均衡关系、对比关系的协调统一。首先要注意到主从关系的协调,主次分明才能突出重点。它是影响辅助设施空间组织最重要的因素,"唯独主从差异于整体的统一性影响最大"。公共辅助设施是客观空间环境中的主要内容和重点,却是人为空间中的次要内容和次级重点。这一矛盾需要协调整合设施形态与空间形态,让其成为人为空间中和谐的背景,突显老年人的主体地位。在公共辅助设施空间组织之中,也要注意到辅助主要功能行为设施和辅助次要行为动作设施之间的协调。其次要注意到形态审美上的均衡关系,不仅是静态情形下设施稳定平衡的两种均衡形式——对称均衡和非对称均衡,还应该注意到老年人在行为过程中所感受到的运动均衡。最后是对比关系,公共辅助设施在造型、材质和色彩中既要与空间协调又要有微小的对比差别。在设施空间组织中也是如此,设施系统要与空间产生对比关系,让老年人易于识别其存在。同时也要与空间相统一,使其成为空间背景的一部分,而非主体。

总而言之,公共辅助设施空间组织以使用空间为着眼点,研究各类辅助设施在功能空间中的有效组织,使设施既满足空间的功能要求又具有整合统一的整体形态。以空间功能作为空间组织的基础,围绕不同的空间功能对四类行为辅助设施进行整合。这种整合在整体上兼顾了自理型老年人和具有肢体障碍、认知障碍等生理障碍的介助型老年人,一定程度上促进了老年人的行为活动,为他们用自己的生活节奏去生活、社交给予了设施层面的支持。同时,在设施的使用上没有任何设计规定"某个设施必须用作某个固定的目的",例如扶手抓杆既能抓握也能倚靠,座椅既能坐下休憩也能为行走提供次级支撑物等等。这为辅助设施的使用情况提供了更多的可能性,也鼓励老年人用不同的方式使用设施。

4.4.2　公共辅助设施单体优化设计

公共辅助设施单体设计包括造型、材质、色彩三个层面。它作为室内养老空间设计中功能性较强的细节,在造型上既要侧重功能性又要考虑形态上的舒适亲和,在材质与色彩上应选择适合老年人生理和心理特征的材质色彩。其一在造型方面,对不同设施的功能和相应的形态特征进行研究。其二在材质方面,从设计材料的类型着手对适宜的材料进行论述。其三在色彩方面,基于老年人视知觉共性特征,对适应老年人生理特点的色彩特性和色彩关系展开研究。

辅助设施单体设计涉及辅助移动设施、辅助坐起设施、辅助坐卧设施、辅助餐厨设施五种类型的多种设施,限于篇幅原因无法一一详述。在此仅就其中几类辅助设施从造型、材质、色彩三个层面展开优化设计相关论述。

1. 公共辅助设施造型优化

通过对西安市养老院公共辅助设施造型设计的现状进行调研发现,其中主要存在以下三方面的问题:只考虑到设施功能要求而没有让设施造型适合老年人的生理特征;欠缺部分设施或设施装设错误;设施造型统一程度不够。公共辅助设施的造型设计由功能和形态两部分构成,在无障碍功能的基础上拟以相适应的设施形态。设施造型设计应以老年人的生理特征和行为动作作为设计的基础。设施的造型维度,实质上是功能和形态的相适应相统一,是材质维度和色彩维度所附着的基本形态。对设施造型维度的把握是研究单项设施优化设计的基础。

解决现状问题需要对辅助设施进行造型优化,包含以下两个设计重点:其一辅助设施功能优化,要明确老年人的身体骨骼系统和肌肉系统的退化使得身体协调性、平衡感、肢体力量等身体活动能力下降的生理特征。这意味着老年人在日常生活中需要更多地借助设施来维持身体平衡,用相对成年人更小的力量来完成日常的行为,如开门、转动水龙头等。设施的功能要相对简单,能够包容老年人力量不足所带来的误操作,如按错灯光按钮、反复抓握抓杆寻求适合自身平衡的位置等。辅助设施要在实现功能的基础上更适合老年人的生理特征,这体现在具体的设施设计中就是扶手半径大小、餐桌内凹程度、座椅可调节倚靠倾斜度等具体问题。还应该注意到自理、介助、介护三种不同类型的老年人完成行为时的动作是不同的。这是由他们自身生理机能的现实状况决定的,所以在考虑造型的功能时需要尽可能地兼顾不同类型老年人的使用动作和生理特征。

其二辅助设施形态优化,要把握老年人生活中的具体行为,将其拆解为每个动作具体的力量使用状况。通过对每个动作所需要的空间大小和尺度关系的了解,设计出与之相符的设施形态。如座椅设计中老年人固然有对较宽、较深座面的需求,但座面向后方低陷并不会让坐下休憩变得方便,反而产生了起身困难的障碍。辅助设施的初衷是让设施适应老年人的动作,而非让老年人去适应设施。

形态是传递设施所表达的信息的关键要素,形态能够将设施的结构、功能等本质含义可视化,并且通过视觉引发人生理、心理上的共鸣和判断。公共辅助设施的形态设计,在符合动作需要的基础上,应强调设施的功能外形,减少影响老年人判断功能用途的形态表达,使得设施形态能够明确反映其用途,并暗示使用方式。同时,设施形态既要避免过于机械感的方硬、冰冷造型,也要避免类似医疗化设施的造型,应用更具亲切感的形态融入老年人的生活。以此降低设施形态对老年人产生的年老体衰的心理暗示。通过形态的生活感、亲近感来区别老年人对医院场所的体验经历,避免因形态上的相似性降低老年人的接受程度。

由于生理状况的不同,老年人在磕碰、抓握不稳、跌倒等意外状况发生时,受到伤害的程度和保护身体的能力也是不同的。这就使得辅助设施在形态设计上更注重圆润、亲和、厚重的形态美感,在形态造型上多运用倒角处理、曲线造型。柔和的设施形态不仅表达对老年人的亲近柔和,暗示使用时的舒适耐用,而且能够在突发意外发生时尽可能地降低老年人受到的伤害程度。当然这不止和设施形态有关,也和后文讨论的设施材质相关。

在公共辅助设施造型设计现状问题的基础上,从理论层面上梳理出了辅助设施造型优化的两个设计重点,这有助于现状问题的解决和设施造型设计的改善。在设计实践层面上,同样需要对辅助移动设施、辅助坐卧设施、辅助卫浴设施、辅助餐厨设施四大类设施不同的造型进行分析。

1)辅助移动设施

辅助老年人移动是这类设施的主要功能。主要包括:一是辅助不同身体能力老年人水平方向移动的设施,如扶手和移动吊轨。扶手有内嵌式扶手(嵌入墙体)和外附式扶手两种形态,移动吊轨有轨道隐藏式和轨道露明式两种形态。无论哪种形态都需要突出柔和圆润、厚实的造型特征,一方面让老年人感觉舒适,并暗示其使用设施,另一方面又通过厚实的造型传达坚固耐用、安全可靠的印象。

二是辅助老年人垂直方向移动的设施，其目的是协助老年人跨越高差，如楼梯、坡道、电梯。其中楼梯有三种形态：①为适应老年人抬腿较低的生理特征，梯面高 100 ～ 120mm，两侧需要挡台；②在必要时要在踏步起点 250 ～ 300mm 范围内铺设盲道提示以便利视觉障碍的老人；③加设便于轮椅老人升降的滑轨装置形态。三种形态可组合使用。坡道有固定和临时两种形态。固定形态的坡道尽量采用直角转折，便于轮椅回转，并设置扶手栏杆。临时形态的坡道则是使用时取出，将其搭在具有高差的台阶边缘。电梯则有简易升降平台和固定电梯两种形态，临时升降平台类似适应轮椅起降的小型起重机（图 4 – 18），固定电梯则以 1.6m×1.4m 的中型轿厢为主，便于轮椅在电梯轿厢内的回转（图 4 – 19）。

图 4 – 18　Trus – T – Lift 750 美国 ARM 公司 T 型桁架垂直升降平台

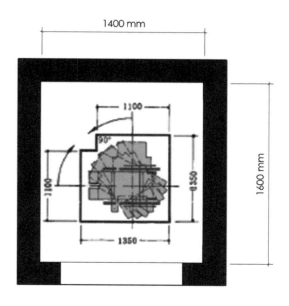

图 4 – 19　中型电梯轿厢轮椅回转空间

2）辅助坐卧设施

辅助老年人坐起−站立动作和坐起−躺卧动作是这类设施的主要功能。首先是辅助老年人坐起−站立动作的设施，共有辅助站立、辅助坐下休憩两种。其中，辅助站立的设施如坐起抓杆，其常见形态是竖向垂直外附于墙面或家具表面的杆状设施；辅助坐下休憩的设施如沙发座椅和坐凳，其形态要求在高度为450～550mm的位置提供浅而宽的座面，必要时在两侧提供高于座面300mm的座椅扶手辅助老年人站立。这类设施在造型美感中注重坐具的轻便易于移动，以及柔和又舒适的心理印象。

其次是辅助老年人坐起−躺卧动作的设施。主要以床的形态出现，依据功能的不同而有不同的形态，如睡床、护理床。其中，睡床是为自理和介助老人提供躺卧休憩的设施，其躺卧面高度应为450～550mm，便于老年人直接坐下，过高和过低的躺卧面都将造成坐起−躺卧姿势的困难；护理床是为介护老人提供护理和休憩的设施，其在睡床两侧加装350mm的护栏，同时上身和下身的两块床板都可以在45°范围内升降倾斜。护栏上可以横置400mm宽的搁板，便于介护老人的进餐护理。这类设施在造型美感中尤其注重卧具的坚实厚重，传达出坚固、安全、舒适的观感。（图4−20）

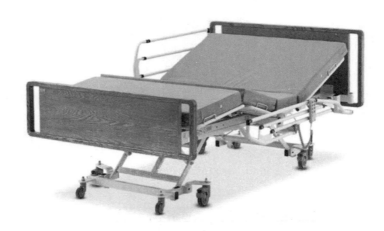

图4−20　英国世道护理床

3）辅助卫浴设施

这一类设施主要运用在卫浴空间，其主要功能是辅助老年人完成解衣脱裤、调整身体重心、维持身体平衡、洗浴时的转体动作，所以以特定的基本生活行为命名为辅助卫浴设施。主要包括：一是辅助老年人完成如厕、入浴、盥洗行为的功能设备，其形态有蹲便器、坐便器、厕椅、浴凳、花洒、浴床和洗手池。其中厕椅、浴凳在坐凳高度设置便圈或者可漏水的座面，辅助老年人保持身体平衡和必要的重心调整，有折叠式和独立式两种形态。（图4−21）浴床则是为介护老人提供洗浴护理的设施，是在睡床的基础上，结合护理床的可倾斜床板，运用防水材料构成，通常四脚装有滚轮方便移动。二是辅助老年人在如厕、入浴、盥洗的过程中保持身体平衡的设施,其主要形态是外附式和独立式的两类抓杆。抓杆的形态应为坚固可靠的造型,老年人抓握部分要尽可能地厚实舒适。(图 4 - 22)

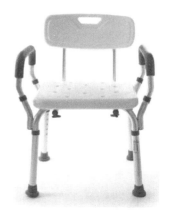

图 4 - 21　韩国 Gmarket 公司折叠浴椅

图4 - 22　家具調トイレセレクトRコンパクト日本安寿公司 R 紧凑型独立式厕椅

外附式扶手抓杆（邻墙侧）			独立式扶手抓杆（悬空侧）	
L 型	竖向型	斜向型	U 型	落地型

图 4 - 23　五类卫浴扶手抓杆形态示意图

4) 辅助餐厨设施

辅助老年人自行料理饮食是这类设施的主要功能。主要包括：一是辅助进餐的设施，如餐桌、餐椅，其主要形态是无扶手的高靠背座椅、方形或圆形的桌子。辅助进餐设施进行圆角处理，一方面在功能上保护老年人，降低磕碰带来的伤害。另一方面又在形态上更具有圆润感，给人柔和的视觉感受。二是临时放置碗碟的窗口搁架，其形态是装置在距地 750~900mm 的高度，宽 200mm 的沿墙板架。三是辅助老年人自己进行烹饪的料理台，其主要形态是 I 形、L 形、U 形的厨房台面，在其下方要留出 300mm 进深作为可容纳膝盖的空间方便老年人操作。（图 4-24）

图 4-24　料理台下方留出容纳膝盖空间剖面示意图

2. 公共辅助设施材质优化

辅助设施的材质优化是为了让老年人在进行抓握、坐卧等动作时能够接触到相对柔和的材质，通过材质的柔和来适应相对应的空间环境。西安市养老院公共辅助设施材质设计的现状中存在过于追求稳固性而忽视了老年人接触设施的舒适性问题。舒适性涉及设施表面材料的类型及其特性。辅助设施材质设计需要在符合功能要求的前提下，注重材质的触觉感受。良好的触觉感受能够带给老年人温柔亲和的使用体验，用舒适的心理感受影响老年人心理活动。

设施的材质优化有材质与设施功能相符、表面材质的触觉要温和舒适两个设计要点。其一从设施功能的视角来看，材质耐水性能、表面处理等与设施的功能密切相关，要根据功能要求选择合适的材质。如卫浴空间中实木材质的抓杆能够适应如厕和盥洗行为，却难以适应入浴行为。其二从设施使用的视角来看，设施是老年人日常触摸的事物，其表面材质柔和的感觉特性能够降低对老年人皮肤感觉的刺激。这当中导热性适中的竹木材料、塑料是较适合的材质，尽量避免将导热性较高的金属材料用作表面材质。如扶手的材质选择中实木优于塑料的原因,在于天然材料的亲和性和温润触感。塑料优于金属的原因,则在于适中的导热性、其相对粗糙的表面更容易抓握。同时,突发意外时,更柔和的表面材质也能在一定程度上降低老年人所受到的伤害。

当然,同一种类的材质要先进行材质性能的衡量再考虑使用,如竹木材料中榉木、橡木的密度较大、硬度较高、加工难度适中,较为适合用作家具和扶手等设施,而椴木等密度较低、硬度适中的木材则更适合用作手柄边框等设施。

上文在理论层面上梳理出了辅助设施材质优化的两个设计重点,在实践层面上则需要对不同种类设施所需的表面材质进行分析。从设计实践来看,表面材质选择的前提是空间功能的要求。所以从材质设计的视角来看,有两种类型的表面材质选择,一种是注重材质舒适性,另一种是注重材质的功能性。

1)注重材质舒适

注重材质舒适性的类型,从使用空间来看包括交通空间、大部分公共空间和大部分私密空间的辅助设施,从使用行为来看包括辅助移动设施、辅助坐卧设施。

(1)辅助移动设施,有辅助老年人水平方向移动和辅助老年人垂直方向移动两种。辅助不同身体能力老年人水平方向移动的设施,由扶手、地面导视系统构成。在扶手的表面材质选择上竹木材料优于塑料,塑料优于金属材料。因为竹木材料和塑料具有质轻、可塑性较高、导热性适中的材料特性,能够减少设施表面对老年人皮肤感觉的温度刺激。竹木材料由天然材料加工而成,在触觉感受上没有塑料易产生的粘腻感,所以材质设计时应优先选择竹木材料。在地面导视系统的表面材质选择上塑料地贴优于陶瓷铺装,陶瓷铺装优于金属铺装。此处主要考虑到地面的防滑性能、耐磨性能和耐腐蚀性能,虽然后两者都有强于塑料的耐磨性能和耐腐蚀性能,然而其光滑的表面不利于老年人在行走移动时降低摔倒风险的需要。同时塑料材质也更加便于清洁和维护。辅助老年人跨越高差、在垂直方向移动的设施,由楼梯、坡道、电梯构成。在楼梯和坡道的表面材质选择上楼梯栏杆扶手和上文所谈的扶手表面材质相同,优先选择竹木材料。在楼梯地面材质上,防滑地坪漆优于防滑瓷砖。因为地坪漆涂膜的防滑性能较优于具有吸湿性的瓷砖。同时树脂成分又使得地面较为柔软,在摔倒情况发生时降低对老年人的碰撞伤害。值得注意的是,利用不同种类材质或同种材质不同色彩区分楼梯和坡道设施的空间边界,达到指示位置、辅助空间感知的功能目的也是必要的。在电梯的材质选择上,由于对电梯的机械功能要求较多,此处不作讨论。

(2)辅助坐卧设施,有辅助老年人坐起-站立动作和坐起-躺卧动作两种设施。辅助老年人坐起-站立动作的设施,由坐起抓杆、座椅、桌子构成。在其表面材质选择上竹木材料优于塑料,塑料优于金属材料。其中坐起抓杆同扶手一样,对老年人皮肤感觉的温度刺激要求较高。座椅和桌子则是老年人身体接触面较多的设施,更注重接触时的舒适性。尤其是座椅,在表面材质上还需加设皮革或纤维纺织品,以获得柔软的休憩感受。

竹木材料所具有的质轻、可塑性较高、花纹优美并易于加工的材料特性,使得它既可以用于这类设施的骨架材质,也可以用作表面材质。相比于塑料材质,竹木材质具有更亲和的触觉特性和更长的使用寿命。而塑料质量轻、强度高、导热性适中的材料特性又带来了优于金属材料的触觉感受。在竹木材料中榉木、橡木、椴木、榆木、竹制板材都是适宜的表面材质,其密度适中,较为耐磨。辅助老年人坐起－躺卧动作的设施。这类设施随着老年人身体机能的逐渐衰退,呈现出从单纯的睡床到加装起卧抓杆,再到演变为护理床的变化。在睡床中主要表面材料是木材,和座椅、桌子的材质选择相同,木材强重比高、一定的吸湿性和亲和的触感更适合老年人的躺卧休息。睡床加装的起卧抓杆骨材为不锈钢或铝制金属,在表面材质的选择竹木材料优于塑料。竹木材料亲和的触觉感受,提高了抓握的舒适性。聚氨酯塑料适中的弹性和柔软的触感,虽然有利于老年人的稳定抓握,但是较之于竹木材料其触感更为黏腻。护理床则是由多种材料复合构成,其骨材为不锈钢金属,结构强度和稳定性较高;床板为木材,突出导热性适中、质轻、强重比高的材质特征;起卧护栏由质量较轻的铝制金属构成其骨材,由耐磨性和自润滑性较好的聚氯乙烯塑料构成其表面材料。

舒适性不仅和材质本身的性能相关,也和其纹理美感相关。它是在性能的触觉感受和纹理的视觉感受综合作用下产生的。竹木材料通常带有天然纹理,其具有细腻柔和的视觉感受。塑料因为其种类上的丰富性和性能上的可塑性,具有光滑润泽的视觉感受。金属材料的延展性能使其得以被塑造,其丰富程度和塑造程度不及塑料,表面通常做抛光处理,具有光滑冰冷的视觉感受。注重材质舒适性的类型中,尽可能选择表面材质温和的材料,综合考虑老年人的触觉和视觉感受,提升舒适程度。

2)注重材质功能性

注重材质功能性的类型,从使用空间来看包括部分公共空间和部分私密空间的辅助设施,从使用行为来看包括辅助卫浴设施、辅助餐厨设施。

(1)辅助卫浴设施,由盥洗、如厕、入浴三个区域的设施组成。除了蹲便器、坐便器、洗手池设施所必要的陶瓷材质和花洒所必要的不锈钢材质外,盥洗和如厕区域的辅助抓杆和厕凳对防水要求较高,在保证功能性的前提下,可适当提升材质的舒适性。如辅助抓杆可在抓握部分运用触感亲和但防水性能适中的竹木材料,厕凳便圈表面可采用触感柔软的皮革或聚氨酯塑料等。而在入浴区域的辅助抓杆、浴凳、防滑垫的材质中,保证老年人身体平衡不易滑倒是功能要求的重点。这类设施的材质选择中,金属材料表面处理过于光滑,木材的吸湿性又影响使用寿命,只有塑料材质最为适合。塑料具有的质量轻、强度高、化学稳定性和耐水性较好的材料特征,使得其既防滑又能有较长的使用寿命。

(2)辅助餐厨设施,由餐桌、餐椅、窗口搁架、自助料理台构成。其中餐桌、餐椅的材质与座椅、桌子类似,可结合舒适性进行考虑,优先选择竹木材料。在窗口搁架的材质表面材质选择上塑料优于金属材料,金属材料优于竹木材料。此时着重考虑材质的耐腐蚀特性和触感。因为窗口搁架实际上也承担了次级扶手或抓杆的作用,在老年人摔倒时可临时替代扶手和抓杆提供抓握支撑的辅助。虽然不锈钢金属、铝制金属等金属材料耐腐蚀性高于塑料,但是塑料温和的触觉感受优于冰冷的金属。塑料可以耐受大多数酸碱、耐水的材质特性也使得它可以承受不小心洒落的食物汁液对搁架材料的长期腐蚀。在自助料理台的表面材质选择上不锈钢金属材料优于石质材料,石质材料优于塑料。这和不锈钢金属材料所具有的较好耐水性、耐腐蚀性、强度和硬度相对较高的材质特性密切相关。同时不锈钢金属不易被碗碟等刮蹭出痕迹,易于清洁维护。石质材料以花岗岩和水磨石两种石材最为常见,长期使用时其缝隙易受浸染藏污纳垢。塑料对高温的耐受性弱于前两者,也具有易老化、摩擦带电、易产生刮痕的缺陷。所以自助料理台表面材质最优选择为不锈钢金属。

（3）在注重材质功能性的类型中,一方面要突出设施的功能特点,另一方面也要注重老年人的触觉和视觉感受,不应过于冰冷。功能主义本身也是一种美的风格,材质和功能相适应正是一种功能主义的美,一种朴素的材质美感。正是李砚祖先生所谓的"饰极返素"的装饰美。[68]

除了功能性和舒适性这两种针对现有材质的优化之外,还应该注意到新的绿色环保材质。绿色可降解的环保材料是由天然有机物通过压制合成等方式制成的块材、板材、管材等常见的形态,搭配上抛光、销接等合理的材质处理工艺后,也是经济适用、触感温和的材质选择。例如玉米秆等天然废料合成的塑料,回收一次性木质材料重新压制而成的胶合板等等。同时,还应该注意到设施用材设计当中的可拆卸、可回收、再利用。

3. 公共辅助设施色彩优化

随着年龄的增长,老年人色彩辨识能力和色彩感知能力随之下降,使得对比越强烈的色彩越清晰可见,对比越微弱的色彩越难以分辨。在标准色相环中,邻近色在老人的视野里易于混淆,而对比色和互补色则较为清晰。互补色是色彩之间最强的对比,通过两种色彩的相互强调,对人体视知觉产生强烈刺激,在视野中十分醒目。生活中常用互补色作为警示色彩,最突出的例子即是红绿灯。虽然互补色是最容易被老年人感知到的色彩,但是对视知觉过于强烈的刺激会引起心理上的紧张感,同时使得公共辅助设施成为空间的主角而非背景。对比色则是介于邻近色和互补色之间的一种色相关系,两种不相似的色彩能够产生明确的对比,又不至于引发强烈的视觉刺激。设施色彩的功能目的是强化设施的易识别性而非强烈的警示性,因此作为常用工具的公共辅助设施,其所适合的色彩是能和环境产生对比色关系的色彩。

在设施色彩和空间色彩的关系中,先要明确设施色彩是空间色彩中的一部分。空间是人的活动发生的场所,空间的色彩更多地是作为人的色彩的一种衬托背景。张军和张慧娜的实验研究表明老年人感知到舒适的色彩具有共性,中性偏暖的色彩是多数老年人感到视觉舒适的色彩。所谓中性的色彩,是指纯度和明度适中的色彩。[69]越是接近自然的色彩其纯度越适中，纯度适中的色彩与空间背景的关系也更为融合。设施色彩所引起的视觉刺激，除了生理影响外，同样会影响老年人的心理情绪。更接近自然色彩的中度灰色，既不会刺激感官心理，又不会因为过于晦暗而造成难以识别的困难。它相对柔和的色彩对比关系，为老年人提供了舒适的色彩体验，间接影响到老年人的心理情绪。

所以公共辅助设施作为空间的细节是空间中的一部分，设施色彩也应该是明度和纯度适中的色彩（常称为高级灰或莫兰迪色）。在西安市养老院公共辅助设施的现状中，色彩设计整体上呈现为舒适性不足。具体表现为整体设施色彩过于深沉、部分设施色彩的纯度较高两方面。辅助设施色彩优化的重点是设施色彩与空间色彩之间既要有对比色关系的区分，又要有适中纯度的统一。基于老年人的视知觉特点，郑琦凡和申亚杰的研究认为老年人对暖色具有共同的偏好，对高纯度和高明度色彩极不适应。[70,71]应该降低色彩设施的纯度，采用中纯度中明度的色彩以适应老年人的生理特点。设施色彩应该选择适合老年人视觉特征的中度暖色，在空间中突出辅助设施又避免形成强烈的视觉刺激，让老年人利用对设施位置的感知来强化对相应空间位置的感知。在设施的色彩设计中要避免两个误区，一是过度追求设施色彩和空间色彩之间的对比，产生互补色关系或者过于深沉的色彩，都会让设施突兀于空间当中。二是过度追求设施色彩和空间色彩之间的统一会产生视觉识别上的障碍。设施色彩应醒目而不突兀，既能让老年人易于感知识别又能和空间色彩统一协调。

设施的色彩设计侧重于老年人的视觉对设施的感知识别，它需要既符合老年人的视觉舒适性，又能和相应的空间色彩产生对比色关系，这种易识别性是色彩设计的基础。在具体的设计实践上有体系和局部两个层面，设施空间的空间组织需要相应的色彩体系，设施的单体设计需要注重局部色彩的处理。

首先在色彩体系层面上，同一空间类型或者同一行为类型的设施需要统一的色彩，起到标志色彩的作用。标志色彩更便于老年人感知和理解设施在对应的空间中的功能作用，并暗示了使用行为。尤其对于存在视觉障碍和记忆障碍的老年人来说，设施色彩体系中不同的统一色彩有利于他们的感知和使用。在设计过程中要充分考虑到空间功能、行为类型、老年人密度和空间氛围，通过对几种不同类型的设施进行统一色彩的处理，建立合理适用的色彩体系。例如交通空间的辅助设施，具有明确的引导性和指引性，这时无论是扶手、座椅还是指示标志都需要统一的色彩；而公共空间的辅助设施，实际上是活动和交通两种功能的结合，此时在交通设施标志色彩的基础上还需要对桌椅等活动的辅助设施用另一种标志色彩加以区别对比（图4－25）。

图 4 - 25　活动厅设施的整体色彩体系示意图

其次在色彩局部层面上,具有引导空间位置、暗示使用行为两个作用。色彩的这两个作用和单体设施在色彩设计时对局部色彩的易识别性、在空间当中的适用程度考量密不可分。其一扶手、楼梯梯面、楼梯边界、地面导视系统等辅助移动设施宜采用和空间色彩相和谐的中灰色,既醒目标示边界又不刺激老年人视觉,如银灰色、浅棕色、浅木色、橘灰色等(图 4 - 26、图 4 - 27)。其二坐起抓杆、坐卧抓杆、卫浴辅助抓杆等辅助相应具体行为的设施在老年人抓握部分采用中灰色来暗示行为,如雾霾蓝、浅灰色、燕麦色等。

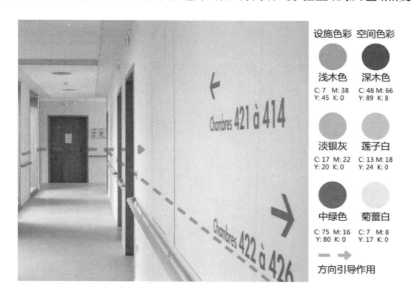

图 4 - 26　交通空间设施色彩的引导作用示意图

图 4 - 27　设施色彩的暗示边界作用示意图

色彩局部层面除了上述两个作用之外,在私密空间和公共空间中的部分辅助设施还存在点亮空间的作用,这和设施的功能、装设位置相关。座椅、餐椅、睡床等辅助坐卧行为的设施,在其座面、躺卧面等处宜采用亮灰色点亮空间,如豆沙红、豆沙绿、藕荷色、奶茶粉等。同时,色彩局部层面的设计不止和设施本身的色彩相关,其和空间色彩之间的对比关系也具有很大的相关性。中度灰色能够较好地和空间色彩对比统一,呈现出柔和对比关系。它既满足了设施色彩的功能目的,又带来了相对舒适的视觉感受。(图 4 - 28)

图 4 - 28　设施局部色彩的点亮空间作用示意图

4.5　西安市养老院公共辅助设施设计方案

上文针对西安市养老院公共辅助设施单体设计共同存在的现状问题,在理论层面梳理出了设施造型优化、材质优化、色彩优化三个方面的五个设计重点。接下来将对辅助设施单体设计在实践层面上的运用进行说明,以扶手、坐起抓杆、坐卧抓杆这三种典型设施的优化为例。

4.5.1　扶手的设计优化

在做扶手设施的优化设计之前,需要对老年人行走的具体动作进行分析。以此作为造型设计的基础,并辅以适合的材质和色彩完成扶手设施的优化。首先是跨越—行走的动作特征分析。随着年龄的增长,老年人在行走过程中腿部腕关节逐渐僵硬,蹬地力量逐渐减弱,小腿抬起变得不充分,直接过渡到下一步时具有挪蹭感。下肢从屈曲向伸展的蹬伸运动过程将变得越来越困难,骨骼关节所构成的身体杠杆的省力作用也逐渐减弱。[72]此时微小的高差和软质地面容易使老年人摔倒。老年人肌肉系统的衰退导致身体平衡能力的下降,在运动状态时容易出现失去平衡的状态,所以需要扶手提供支撑辅助身体平衡。在握住扶手的过程中手完成前推、抓住、弯曲手指三个动作,手的力量也只剩下三分之一,此时还需要在握的动作基础上撑住身体进行行走站立等复杂行为。老年人迈步时身体重心前倾蹬地,小幅度抬腿然后落脚完成动作。当老年人丧失行走能力时,需要在距地650~700mm处设置辅助乘坐轮椅的老年人移动的低层扶手。

1.可滑动的上翻横杆

维持老年人在行走过程中的身体平衡是扶手设施的功能,常见的扶手为老年人提供单手的支撑物来辅助其身体协调平衡。此时若将单手支撑转换为双手支撑,手臂支撑的转换让保持身体平衡的受力点由一点转变为两点,增加了躯体稳定性,重心从身体纵轴向水平轴(与地平面平行且在水平面上左右贯穿人体的轴线)转移,提高了身体平衡性,将有效改善老年人在行走动作中的重心稳定和身体平衡问题。让老年人抓握横向的杆件维持平衡,通过推动杆件辅助行走前进,到达目的地后再将其向上翻动,挂置于墙面。在行进过程中,手臂向前推动伸展来带动身体向前进,较单手持握扶手另一侧手臂摆动前进的动作来说更为节省身体力量。考虑到老年人有在行进中途停下暂时歇息的需要,横向杆件可以提供一定的助力支撑,辅助老年人休憩。下面将从设施的造型、材质、色彩、空间组织四个方面进行设计分析。

(1)在造型上,把握功能优化和形态优化两方面的设计重点。以辅助移动为功能,建立在老年人行走行为所具有的生理特征的基础上,进一步贴合老年人维持身体平衡和稳定性的需要。横杆直径为40mm,这一尺寸便于老年人抓握用力。杆件长度为660mm,一端有直径为 60mm 的圆弧形构件,利用圆弧构件挂载在扶手上进行滑动和上翻操作。构件内置金属弹簧卡扣,水平推动时解锁,静置和垂直受力时锁死。在形态上横杆尽端打磨至圆头,避免过于生硬的边缘给老年人带来不必要的伤害。

（2）在材质上,把握符合设施功能需求且触感舒适的设计重点。骨材选择不锈钢金属确保杆件的稳定性和安全性,表面选择木质厚重、纹理明显、耐久性好的橡木作为设施材质,具有舒适的手感和耐磨的特性。可滑动的上翻横杆复合运用不锈钢金属和橡木材质达到最佳性能效果。橡木作为表面材质使得横杆既符合辅助稳定移动的功能需求又有着良好的触觉感受。

（3）在色彩上,把握设施色彩既不深沉也不使其明度和纯度过高两方面的设计重点。对橡木饰以清漆,选择中明度中纯度的浅木色,设施色彩既不深沉也不过于突出,达到醒目而不突兀的色彩效果。让横杆色彩在易于老年人识别的同时又和空间色彩相统一。

（4）在空间组织上,可滑动的上翻横杆丰富了辅助水平方向移动设施的多样性,注重多种设施的协同辅助,有效地和扶手设施相结合,让老年人在移动前进时有更多的选择。在合理组合设施方面,可滑动的上翻横杆仅能适应走廊设施组合、楼梯设施组合和坡道设施组合,在其他空间中适用程度不足。

通过对造型、材质、色彩三个设施基本要素的优化,在适宜的尺度、柔和舒适的材质色彩基础上,让老年人在行进过程中既能推动横杆前进又能倚靠休憩。在空间组织上的优化是部分交通空间设施组合中的一部分,在其他空间中使用并不合理,适用范围有限。（图 4 - 29）

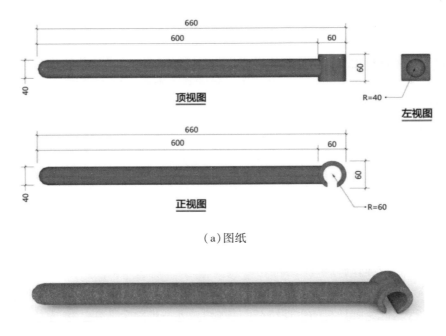

（a）图纸

（b）使用示意图

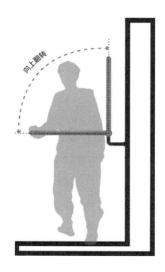

（c）透视效果图

图4-29　可滑动上翻横杆

2. 置入感应灯光扶手

光照能够起到引导作用,在扶手设施设计中将感应光照合理融入其中,能够增强老年人与扶手之间的互动性,增强老年人对于特定扶手设施的感知。通过对光的感知来指引相应的使用行为,不失为一种有趣又柔和的设计。建立在老年人对光色感知的生理特征上,通过在造型中置入灯光的方式强化老年人对设施位置、前进方向、空间边界的感知,从而辅助视野缩小、视敏度下降、感光度下降的老年人在移动行进和助力支撑时,能够更为准确地感知到设施和空间方向的客观位置。依据不同的功能空间为扶手选择不同的感应光照方式,也可以设置不同的光照颜色强化老年人的空间感知。在扶手设施中置入LED感应光带,随着老年人的行进依次亮起,既指示扶手设施位置又指引前进方向。下面将从设施的造型、材质、色彩、空间组织四个方面进行设计分析。

（1）在造型上,把握功能优化和形态优化两方面的设计重点。以引导移动为功能,主要构件为截面长80mm宽40mm的U型杆件,便于老年人抓握。其下侧两短边向内卷曲20mm,在悬空侧的截面下侧卷曲内装设LED感应灯带。通过漫反射的灯光形式对老年人行为动作进行暗示,既不对老年人的视觉造成眩光刺激,又相对柔和地指示了设施位置,暗示使用行为。其骨材为T形卷曲钢架,让坚硬的钢材隐藏在表面材料之下。在扶手下侧装设短距离微波感应器对老年人位置进行感应,点亮感应部分前后扶手的LED灯光,对前进方向进行指引。在形态上扶手截面的U形杆件进行圆角处理,避免生硬边缘所带来的意外伤害,同时也带来相对圆润柔和的观感。

（2）在材质上,把握符合设施功能需求且触感舒适的设计重点。骨材选择不锈钢金属以确保结构构件的稳定性和安全性。表面材质运用质量重、强度较高、纹理均匀的榉木材质,运用榉木内嵌透明亚克力塑料的方式既发挥了灯光引导的功能又保障了扶手表面材质的舒适触感。

（3）在色彩上,把握设施色彩既不深沉也不使其明度和纯度过高两方面的设计重点。通过榉木中明度中纯度的浅棕色既和空间色彩形成对比又有协调统一,从而达到心理上的适宜,营造舒适性感受。

（4）在空间组织上,置入感应灯光的扶手通过与感应灯光的结合,同时完成行为动作辅助和感知觉辅助功能。在合理组合设施方面,其能适应交通空间、公共空间和私密空间的多种设施组织。

通过对造型、材质、色彩三个设施基本要素的优化,在合理造型的基础上结合感应灯光功能,辅以触感舒适的材质和视觉和谐的色彩,让老年人在使用扶手的助力支撑时,能够得到灯光的指示减少误差率。在空间组织上置入感应灯光的扶手能与多种空间类型的设施组织在一起,适用范围较广泛。（图4－30）

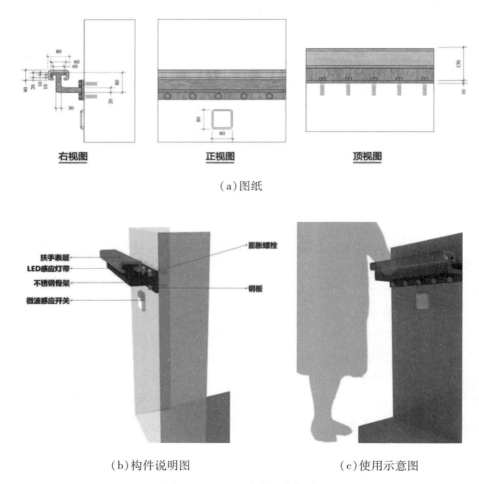

图4－30　置入感应灯光扶手

4.5.2　嵌入式的坐起抓杆

嵌入式的坐起抓杆优化设计,则是通过将设施整合在家具立面或墙面的方式完成的。抓杆设施在造型上消隐于所在的立面,实现最大程度上的融合,使其既不妨碍老年人自身的行为习惯又能对老年人的坐起—站立动作产生辅助。

在坐起—站立的行为中,老年人借助手部的抓握,使手臂向后用力拉动的动作来带动身体前倾实现从坐起—站立的行为。这一动作特征是坐起抓杆优化设计的基础。根据《中国成年人人体尺寸 GB1000 – 88》中的数据,60 岁的男性普遍坐高为 973mm,普遍坐姿肩高为 657mm,55 岁的女性普遍坐高为 915mm,普遍坐姿肩高为 608mm。由此可知辅助坐起—站立动作的竖向抓杆应设置在距地 550 ~ 600mm 处,竖向设置长 600mm 以上,抓握的杆状半径在 20 ~ 30mm。在座面上可同时设置高 500 ~ 100mm 的支撑物为站立动作提供支撑。

坐起抓杆通常装设在墙面和家具立面上辅助老人换鞋等日常行为。嵌入式的坐起抓杆既满足了老年人坐起 – 站立所需要的行为辅助又融合于对应的立面,达到一种存在而不突兀的效果,用更柔和的方式辅助老年人。下面将从设施的造型、材质、色彩、空间组织四个方面进行设计分析。

(1)在造型上,把握功能优化和形态优化两方面的设计重点。这类抓杆以辅助站立和坐下为功能,在形态上更适合内嵌在墙体和家具中的形态处理,其内嵌深度为 200mm。这样的形态既避免意外磕碰又融入生活空间不显突兀。

(2)在材质上,把握符合设施功能需求且触感舒适的设计重点。内嵌部分的材质应选择椴木等质地较软的木材或者 PVC 塑料,在符合抓杆辅助坐起动作功能要求的同时,又利用其舒适又光滑度适中的表面提升稳定抓握所需要的摩擦力。

(3)在色彩上,把握设施色彩既不深沉也不使其明度和纯度过高两方面的设计重点。根据抓杆嵌入的墙体或家具的色彩,与嵌入的立面形成色彩对比突出抓杆位置,避免使用深沉的色彩和明度纯度过高的色彩。同时内嵌式抓杆中可置入触碰即亮的感应灯光,显示抓杆设施位置并暗示设施的使用。

(4)在空间组织上,嵌入式的坐起抓杆通过将自身弱化的方式,整合进其他设施或者墙体立面里,最大程度上配合其他设施构成多种设施的协同辅助。在合理组织设施方面,其能适应交通空间、公共空间和私密空间的多种设施组织。

通过对造型、材质、色彩三个设施基本要素的优化,在造型整合的基础上,注重材质触感和色彩视觉的舒适性,让老年人在使用抓杆助力支撑时能够有更柔和舒适的心理感受。在空间组织上嵌入式的坐起抓杆能与多种空间类型的设施组织在一起,适用范围较广泛。(图 4 – 31)

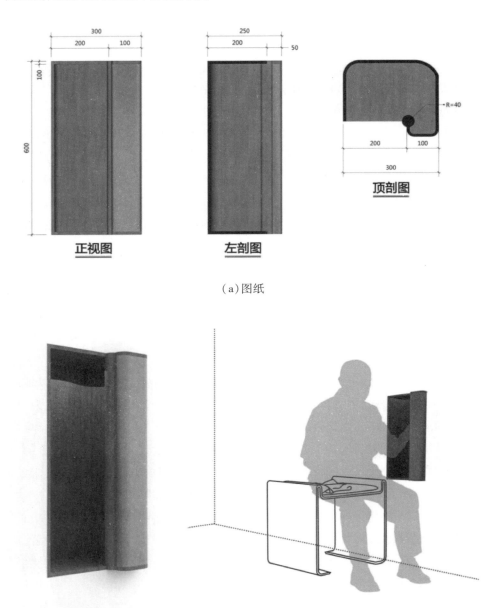

（a）图纸

（b）使用示意图

图 4 - 31　嵌入式坐起抓杆

4.5.3　坐卧助起架

助起架在使用方式上对坐卧抓杆设施进行了优化设计,建立在老年人肌肉系统衰退基础上,通过简化坐卧抓杆造型要素,改善设施材质要素和色彩要素,使其更为柔和地辅助老年人的躺卧 - 坐起动作。

老年人骨骼系统与肌肉系统同时发生退行性变化,身体协调能力和上下肢力量下降。在老年人躺卧—坐起的动作变化中,肢体力量的缺乏导致起卧困难。此时可在睡床旁边插入助起架,为老年人提供支撑辅助。插入固定的方式应既便于固定又便于调整位置。老年人可以通过抓握住助起架的杆件,使用手臂屈曲后拉的动作完成从躺卧到坐起的行为动作和从坐姿到站立的起身动作。坐卧助起架让老年人用更小的上肢力量满足身体起卧的生活实践需求。下面将从设施的造型要素、材质要素、色彩要素、组合应用四个方面进行设计分析。

(1)造型要素上把握功能优化和形态优化两方面的设计重点。以辅助躺卧—坐起动作为主要功能,助起架高 950mm,宽 800mm,杆件高 50mm,深 80mm。助起架在 450mm 高度上设置可插入固定的 T 形板,板长 650mm。助起架分别在距地 950mm 和 750mm 处设置两层助起杆件,为老年人起身提供更多选择。在形态上整体运用矩形轮廓,上半部助起杆件采用"S"形造型,下半部框架采用矩形造型形成稳定的落地支撑,并对边缘进行较大的圆角处理,有利于保护老年人免于受到磕碰伤害。同时圆角的边缘造型也更具有亲和感,有较为良好的形态观感。

(2)材质要素上把握符合设施功能需求且触感舒适的设计重点。骨材采用不锈钢金属,形成稳定框架,并在表面覆盖橡胶,改善触感。在老年人抓握部分,组合了 20mm 厚的榉木表面材质。榉木材质舒适且光滑适中的材料特性,材质适中的粗糙程度便于老年人稳定抓握。同时表面材质良好的触觉感受提升了设施的舒适度,不锈钢材质所具有的较好的硬度和强度确保了助起架的安全性和稳定性。

(3)色彩要素上把握设施色彩既不深沉也不使其明度和纯度过高两方面的设计重点。实木本身的浅棕色具有中明度中纯度的特点,搭配浅灰色的橡胶表面,使得整体外观色彩时尚美观。浅棕色和浅灰色的色彩对比暗示了助起架的抓握位置和使用行为,同时两种设施色彩与空间色彩也形成柔和对比的色彩关系,既突出了设施又不至于过分突兀。偏自然的高级灰色彩既符合老年人视知觉的生理特征,也有利于带来心理上的舒适性体验。

(4)空间组织上坐卧助起架通过对使用方式的调整,丰富了辅助坐卧设施的多样性,能够更便利地和睡床设施相结合,为老年人提供更多的辅助设施选择。在合理组织设施方面,其仅能适应私密空间的睡眠区域设施组织。

通过对使用方式的调整及优化造型、材质、色彩三个设施基本要素,在适宜尺度的基础上,用亲和的造型、柔和舒适的材质色彩完成坐卧抓杆设施的优化设计,用更多设施的选择满足老年人的坐卧辅助需求。在空间组织上坐卧助起架仅能与睡床设施相组织。(图 4 - 32)

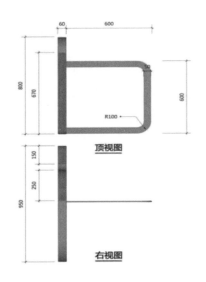
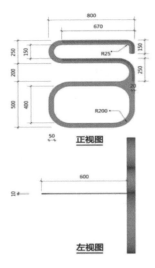

（a）图纸

（b）透视效果图

（c-1）

（c-2）

（c）使用示意图

图 4-32　坐卧助起架

第 5 章　养老院室内光环境设计

　　光环境设计属于养老机构居住环境设计中的重要环节。在养老机构居住环境设计研究领域之中,现有研究主要集中于建筑、空间、设施及养老模式等方面,对于养老机构中室内光环境设计的整体考量与综合把控相对缺乏。本研究缘起主要包括四点:第一,针对西安市老年人口数量多、密度大及床位数量欠缺的问题;第二,着眼于西安市不同等级养老机构内部光环境差异性较大的问题;第三,满足老年人自身光环境需求;第四,增强养老机构整体居住环境的质量。

　　从养老机构室内光环境设计的深层次内涵进行分析,即老年人与光环境之间的对应与需求关系,寻求更优的光环境设计策略。以西安市部分养老机构作为主要研究对象,利用光环境设计相关理论为基础,将生活在养老机构中的老年人群与居住环境相结合,运用现场调研、问卷访谈、图表统计分析及三维模型实证等相关研究方法进行系统分析,运用老年人与光环境之间对应与需求关系,借助对养老机构的实际调研,对光环境设计的各构成要素进行分析论证。策略提出基于光环境与老年人之间相互关系解析的基础之上,将光环境与老年人之间对应关系的实证调查与分析发展到系统性构建养老机构光环境设计的层面,形成一种由外至内对自然采光与人工照明的整体把握,深化探讨出一种由内至外适合不同老年人特点特征及行为活动方式的双向光环境设计策略。人工照明设置基于空间的公共性与私密性两种不同的特性,结合老年人自身生理、心理及视知觉特征,保证灯具指引、导向、回忆、融合等不同功能的作用表达。自然采光强调强化日照与照度处理,严格执行室内眩光把控,增强窗帘调光控光性能,保证老年人自主操控的舒适度。最后通过以西安市颐安老年公寓为例,对其室内光环境进行整体设计、布置与模型搭建论证,利用 DIAlux、Sketchup、Enscape 等模拟搭建计算软件论证策略研究,确保设计的合理性与科学性,为居住与生活在其中的老年人群构建出舒适温馨、亲切自然、安全宜居的光环境。

5.1 光环境概述

光环境设计可以简单地分为自然光环境设计与人工光环境设计。自然光环境设计是指借助自然光照即自然界中所产生的、被生物赖以生存的最普遍的光对空间环境进行营造,人工光环境是指借助人造光源对空间环境进行营造,而光环境设计是将两者进行结合与运用,以构建适宜的生活环境。

5.1.1 光环境构成要素

室内光环境的构成影响因素包括建筑、人、室内空间环境、光照(包括自然光照与人工光照)。建筑作为原有客观物体,无法对其进行大规模的改动,但通过拆动墙体、开窗形式、窗户透光性的改造却能够很大程度上改进与优化自然光照对室内氛围的营造。人作为室内空间使用的主体,是室内光环境氛围营造的主要服务对象,因此需要对人进行综合的分析与考虑,结合人体生理、心理、行为习惯、年龄、性别的特征统筹进行营造。室内空间环境作为空间功能、形式的完善与补充,其色彩、质地、纹理、大小、形式都会在一定程度上对室内光环境造成影响。光照包括自然光照与人工光照。自然光照大多是指太阳光,人工光照大多利用人造灯具。

5.1.2 国内外养老院光环境相关研究

1. 国内相关研究

1)在居住环境方面的研究

胡仁禄、马光出版在《老年居住环境设计》一书中,对老年居住环境问题产生的背景与现状进行分析,结合国外相关理论与老年人体工效学,提出我国老年人居住环境的设计构思与理论框架[73];马卫星在《老年人照明设计初步》一书中,以老年人特征为基础,分别对视知觉、日光、光色、生理节律与睡眠进行探讨,提出老年人住宅照明的设计流程,分别结合老年人对于自然采光与照明的不同要求提出与之对应的设计策略[74];周燕珉等在《老年住宅》一书中,较为详细地分析了老年人的居住需求,就老年住宅不同功能空间与套型组合展开设计讨论,并就老年住宅特殊性、基础装修、软装与收纳提出设计要点。[1];周燕珉在《养老设施建筑设计详解》一书中,以老年建筑总体概况、发展、策划、总体设计与布局为基础,对居住空间中护理组团、组团公共起居厅、护理站与老年居室以及公共空间提出设计策略,并就综合型、护理型、医养结合型、小型多功能养老设施给出相关案例。[54]

2）在视知觉特征方面的相关研究

国内养老机构光环境研究主要代表人物刘炜、吴淑英、杨公侠、郝洛西、崔哲、李农、黄海静、袁景玉、张玉芳、于戈等，其专业背景多以建筑规划学、眼科学、心理学等专业，研究视角多从老年人视知觉特征出发，分析与探讨建筑、视知觉、照明及自然光照之间的相互联系。

吴淑英等在《老年人视觉与照明光环境的关系》一文中，分析了老年人的视觉特征（结构改变与眼部生理改变）与照明光环境的密切关系，进而探讨确定了老年人的家居环境、工作、学习、住院、疗养和休闲场所的照明参考标准及设计方法。[75]崔哲等在《基于老年人视觉特征的人居空间健康光环境研究动态综述》一文中，首先对老年人视觉特征、生理及行为问题进行探讨，然后对国内外关于光环境与视觉舒适度、光环境与心理情绪、光环境与生理及行为进行对比分析。[76]

3）在建筑方面的相关研究

黄海静等在《养老建筑光环境现状及主观评价分析》一文中，通过现状测试及问卷调查，对老年人日常生活空间的窗地比、照度、色温、显色指数及主观感受、满意度进行综合调研，以数据表格对比国家相关规范。[77]李农等在《老年居住建筑照明标准的研究》一文中，首先对老年人视觉现象包括透过率与瞳孔直径变化进行分析，然后从亮度水平、对比度、炫光三个方面对老年人照明需求的变化进行解读，最后通过对国内外居住建筑照明标准进行对比，为我国建筑照明设计给出推荐标准。[78]向姮玲在《基于健康照明的养老建筑光环境设计》一文中，对老年人的视觉特征与身心问题进行分析，提出在交通空间走廊在就餐时段增加照度提升人群行走能力，楼梯间增加照度与提升楼梯边缘与背景的对比，活动空间局部照明、墙面反光、大尺寸与对比度增加可视性等策略。[79]

14）在住宅方面的相关研究

刘炜等在《老年人住宅照明环境》一文中，分析了老年人居住的照明光环境状况，从视觉生理与视觉心理影响因素出发，提出提高室内照度、改善房间亮度的均匀性、避免眩光照射、选用显色性好的电光源[80]。李芳在《老年住宅中的光的环境设计研究》一文中提到，自然采光的调节不仅仅是增加窗户数量，扩大窗户面积那么简单，而是要考虑如何对进入室内的自然光进行合理控制，使得光线能够均匀分布，平衡整体的室内光度，同时提出一室多灯复合设计，营造透明的视觉观感，改变灯光色温营造空间大小与通明度，增加安全性灯具开关设计。[81]

5）在健康照明方面的相关研究

2017 年袁景玉等在《基于健康照明的老年住宅光环境设计》一文中，首先分析老年人的生理与心理特征,同时提出健康照明对视觉功效、生理、心理所造成的积极影响,对比我国同日本和美国的照明设计标准在不同房间的照度值,提出提高室内照度水平、考虑照度均匀度、避免眩光、增加对比度、选用显色性好的光源等设计策略。并结合日本照明设计师松下进在日本群马县伊势崎市设计的老年住宅照明案例,对室内照明布置进行探讨。[82]

2. 国外相关研究

日本照明学会出版的《照明手册》一书中,对光的相关特性、计算、灯具及自然采光给出了详细的说明,并提出照明设计的基础与相关因素框架,结合不同功能性质场所空间进行详细的讨论[83];英国马尔科姆·英尼斯在《室内照明设计》一书中,从理论层面对光、人、灯具相关特性进行解读,再从程序与实践层面分别对人与建筑提出照明策略与案例分析,最后就照明设计流程与框架进行罗列[84];美国 M·戴维·埃甘(M. David Egan P. E.)等在《建筑照明》一书中,由浅至深地对照明进行分析,全书前半部分以视知觉、光的特性为基础,后半部分结合自然光与人工照明两方面理清建筑照明设计的方法与模式[85];美国维多利亚·迈耶斯(Meyers Victoria)等在《光环境艺术设计》一书中,详细分析著名建筑设计的相关方案,以图片的方式结合色彩、线条、窗户类型、反射等进行综合分析[86]。日本福多佳子等在《照明设计》一书中,采用图文表相结合的方式进行室内照明表达,清晰与明确地介绍其相关特性,分析灯具的性质、居住空间的不同照明方式、LDK照明,最后结合 DIAlux 软件进行照明设计流程描述。[87]

5.2 西安市养老机构光环境现状与问题分析

调研养老机构包括颐安老年公寓与寿星乐园,分别为民办与公办性质。西安市颐安老年公寓位于西安市丈八六路西段锦业二路十字以南方向,整体占地面积 30 多亩,由相互连接的南北朝向与东西朝向的两栋楼体组成。该公寓现设有床位 200 余张,主要收容自理型与介护型老人,南北侧楼主要收容自理型老年人、东西侧楼主要收容介护型老年人。借助从管理人员得到的数据,该公寓入住人数 127 人,其中自理型老年人 62 人,护理型老年人 65 人,入住率达到 63.5%。

西安市寿星乐园位于西安市庙后街 169 号,西安市莲湖区民政局院内,该养老机构为公办性质,院内收住对象为自理型老人,且多为女性老人。该养老机构现收容老人数量不足 20 人,大多年龄处于 80 岁以上,部分老年年龄达到 90 岁高龄。寿星乐园主要由三栋相连的二层楼体组成,西侧楼体作为公共卫生间,北侧楼体作为卧室,卧室整体朝南,东侧楼体一层作为活动室,二层作为管理室,院内种植较多高大树木,南侧存在一栋办公高楼。

调研内容包括养老机构自然光环境、人工光环境、材质色彩与老人活动、问卷访谈四个方面,调研与数据测量的位置包括门厅、走廊、卧室、活动室、餐厅及楼梯间,调研时段分为两个时段:白天与夜间,白天时段为早上 9 点半至下午 2 点半,夜间时段为晚上 7 点至 9 点。

5.2.1　自然光环境状况

1.颐安老年公寓

颐安老年公寓的两栋建筑有效利用层数均为 4 层,南北朝向的建筑作为老年公寓的主要入口,低层居住的老年人多为腿脚活动不便的自理型老年群体,高层居住的老年人大多能够独自行走活动,在两栋楼梯连接处设置了自动升降电梯。东西朝向的建筑居住的是介护型老年人,考虑到其中存在部分精神障碍的老年人,在一层设置隔断进行分隔。餐厅位于南北朝向建筑一层最西侧,活动室、阅览室位于南北朝向建筑二层最西侧。为方便本章的叙述与表示,将南北朝向的建筑表示为 A 建筑,东西朝向的建筑表示为 B 建筑。对自然光环境的分析从 A 建筑入口门厅开始,主要测量的数据为白天时段门厅、A 和 B 建筑走廊、楼梯间、卧室、活动室、餐厅照度情况,其测量数据为对相应地面的照度值测量。

测量门厅的数据。由于天气原因在白天门厅部分灯具开启,门厅的数据测量包括 9 个测量点,根据数据显示照度最高的位置为入口处与门厅西侧紧靠墙壁位置,分别为 162lx 与 169lx,门厅整体平均照度为 94.4lx。

测量一层与三层的走廊数据。依次对每个房间对应位置的走廊进行测量,依据统计所得到的数据,将其转换成为折线图表。通过折现数据我们不难看到,走廊照度起伏较大,明暗变化较为明显。A 建筑走廊白天光照达标率低是由于其无大面积自然采光窗。B 建筑西侧采用大面积开窗,开窗尺度为 3.4m * 1.8m,能够大面积增加自然光线的照射,因此走廊白天光照达标率高。但在 B 建筑南段西侧存在一栋高约三层楼的建筑厂房,会遮挡部分白天采光,致使 B 建筑南侧部分走廊采光较差。(图 5 - 1 ~ 图 5 - 4)

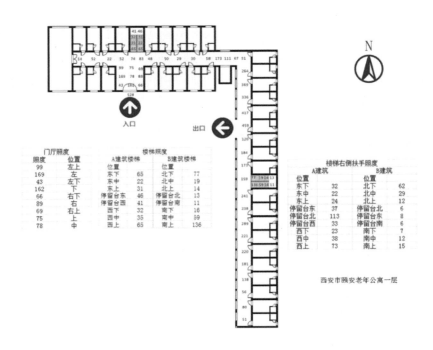

图 5 - 1　颐安老年公寓 A、B 建筑一层走廊、门厅、楼梯间照度测量数据

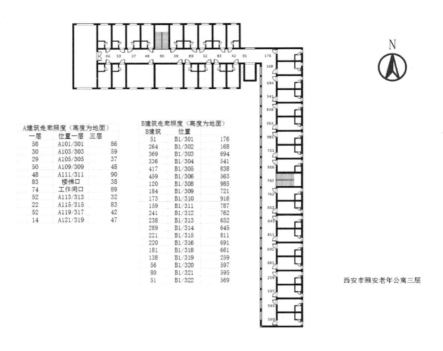

图 5 - 2　颐安老年公寓 A、B 建筑三层走廊照度测量数据

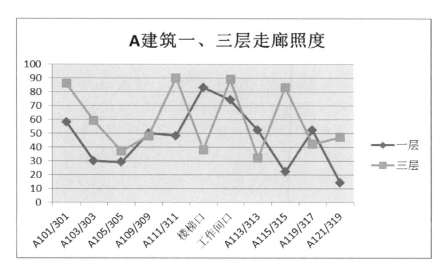

图 5 – 3　颐安老年公寓 A 建筑一、三层走廊照度折线图

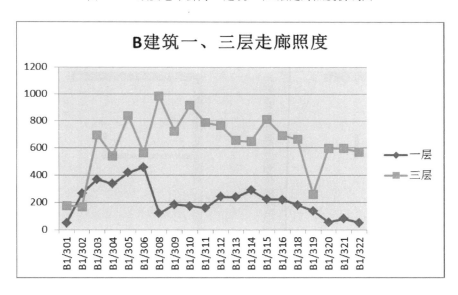

图 5 – 4　颐安老年公寓 B 建筑一、三层走廊照度折线图

　　测量楼梯的数据。楼梯常年白天开设人工照明辅助,本研究主要测量的数据值为一层楼梯,A 建筑东西两侧设置楼梯位置,B 建筑南北两侧设置楼梯位置,每侧的楼梯测量包含上中下 3 个数值,楼梯中间停留位置测量数据为 2 个,共包含 8 个数据。A 建筑楼梯最高照度值为 65lx,最低照度值为 22lx,照度之间的差值为 43lx。B 建筑楼梯最高照度值为 136lx,最低照度值为 11lx,照度之间的差值为 125lx。对比照明标准,A 建筑楼梯照度数值达标个数为 2 个,达标率为 25%;B 建筑楼梯照度值达标个数为 3 个,达标率为 37.5%。

测量老年人居室的相关数据。为增强测试的准确性与对比性,选择 A 建筑一层与五层同向的房间和 B 建筑一层与三层同向的房间,为尽量不打扰老人,部分数据的测量选择了未入住型房间。自然光环境的数据测量分为两类,白天自然采光环境下与白天增加人工照明环境下。对房间的数据测量位置选择为入户、卫生间、床头、床中、床尾、床三侧(长边两侧与床尾一侧地面)、床头柜、桌面、柜面。地面照度高低差度最大的位置分别为床尾地面与两床之间的地面,床尾与入户位置。

对比 A 建筑一层与五层的房间情况。依据建筑照明设计标准,A 建筑一层房间白天自然采光与白天增加人工照明照度情况下,达到一般活动照度标准的数据均为 4 个,床头及阅读等照度均不能达到照度标准。A 建筑五层房间白天自然采光情况下,达到一般活动照度标准的数据有 4 个,床头及阅读的照度值不能达到标准。A 建筑五层房间白天增加人工照明照度情况下,达到一般活动照度标准的数据有 5 个,床头与临窗一侧水平桌面照度能够达到标准中床头与阅读的照明标准。将数据进行对比发现,一层、五层白天卧室内部仍旧昏暗,增加人工照明能够一定程度上增强室内照度;五层卧室与一层自然采光条件更加优越一些。(图 5 - 5、图 5 - 6)

|(a)|(b)|

图 5 - 5　颐安老年公寓 A 建筑一层南向房间照度数据

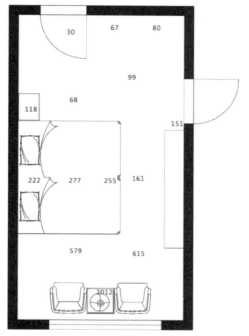

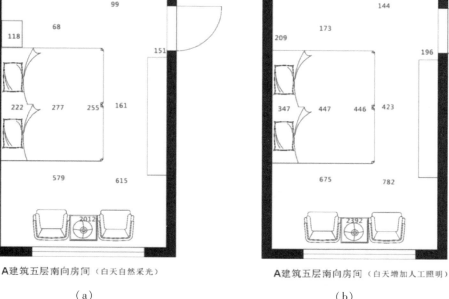

A 建筑五层南向房间（白天自然采光）

（a）

A 建筑五层南向房间（白天增加人工照明）

（b）

图 5 – 6　颐安老年公寓 A 建筑五层南向房间照度数据

对比 B 建筑一层与三层房间的照度情况。对比建筑照明设计标准 GB50034 – 2013，老年人一般活动照度标准为 150lx，床头与阅读的照度标准要求为 300lx。B 建筑一层、三层房间白天自然采光、白天增加人工照明情况均无法达到一般活动、床头与阅读的照度要求。东西侧房间一层自然采光情况比三层自然采光情况要差一些，一层、三层房间增加人工照明后能够一定程度上增强整体室内照度，但室内照明情况依旧不能够达到标准。由于东侧外侧高大树木与建筑物的遮挡，部分受影响房间表现出东侧部分照度低，在西侧自然采光不足时，房间整体会显得十分昏暗。（图 5 – 7、图 5 – 8）

对比南北侧朝向与东西侧朝向的房间。在自然采光方面，南北侧房间自然采光明显优于东西侧房间，其中以南北侧高层的房间采光情况最优。在室内白天未增加人工照明的情况下，房间整体照度低于国家室内照度标准值，房间照度情况呈现出由采光一侧向另一侧逐渐递减的状态，所有床头部分照度都较低。

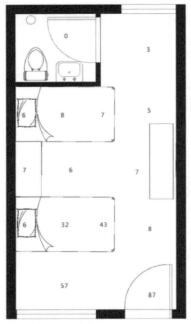

B建筑一层房间（白天自然采光）

（a）

B建筑一层房间（白天增加人工照明）

（b）

图 5 - 7　颐安老年公寓 B 建筑一层西向房间照度数据

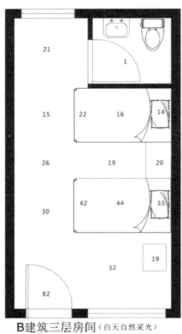

B建筑三层房间（白天自然采光）

（a）

B建筑三层房间（白天增加人工照明）

（b）

图 5 - 8　颐安老年公寓 B 建筑三层西向房间照度数据

测量 A 建筑一层餐厅的数据。主要测量点分为地面、餐桌水平面、取餐水平面。一层餐厅白天餐厅内部南北两侧自然采光较为充足,在餐厅中部采光情况差,在白天光照不足情况下,室内增加人工照明以提升亮度,照明情况有明显改善,但在盛饭处水平面与地面位置眩光情况明显,餐厅中部北侧与南侧就餐水平面照度都有所增强。排除餐厅南北两侧临窗位置750m 水平面照度能够达到标准,其余位置无论白天自然采光或白天增加人工照明,其照度值均未满足标准,餐厅整体空间中白天室内明暗变化较大。(图 5 − 9、图 5 − 10)

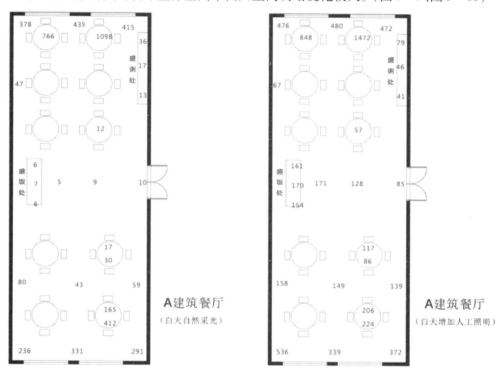

图 5 − 9　颐安老年公寓 A 建筑一层餐厅照度数据

（a）　　　　　　　　　　　　　　　（b）

图 5 − 10　颐安老年公寓 A 建筑一层餐厅南侧与北侧

测量 A 建筑二层活动室的数据。房间的照度测量点以南北部分进行分隔,测量位置包括地面、沙发坐面、桌面。活动室白天自然采光情况,南北两侧临窗部分整体照明状况良好,南北两侧向中间部分照度逐渐降低,在两个书柜之间达到最低值,照度值为 20lx,在整体空间中,中部部分整体照度较差。对比 A 建筑二层活动室白天自然采光与增加人工照明情况,室内整体照度有所提升,但在空间的中间区域提升度较小,在两书柜之间位置照度提升值在 10lx 左右,中部空间照度依旧昏暗。两个茶几通过灯光照明,照度有所提升,但对比我国建筑照明设计标准,在整个活动空间中,排除紧靠临窗位置地面,其他位置地面在自然采光与增加人工照明情况都未满足要求。(图 5-11)

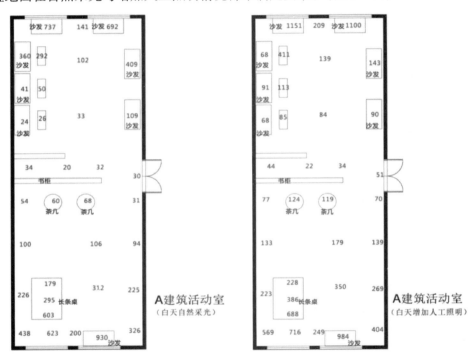

图 5-11　A 建筑活动室照度数据

2. 寿星乐园

寿星乐园卧室一层仅南侧开设窗户,开窗尺寸在 0.9m * 1.3m,北侧无窗户,白天室内照明情况差,室内光线昏暗,需要辅助人工照明,在调研时,能够看到大多数老年人都会在白天将卧室的灯光打开。卧室二层南北两侧均开设窗户,在白天自然采光方面能够优于一层,但部分房间北侧窗户外紧邻一栋建筑,仍旧只能够依靠南侧窗户的自然采光提升室内照度。在南侧院内,存在大量树木,树木紧邻卧室南侧,会在很大程度上对白天室内的自然采光造成影响。

在冬季时节一层全天基本无阳光能够照射,二层仅 1~2 小时能够受到阳光的照射。但与此同时也在部分老人口中得知,在盛夏时节,树木会在正午时分阻挡强烈的阳光直接照射室内,给室内带来凉爽,但光照时段过后室内仍较为昏暗。对白天室内空间照度情况进行分析,房间照度最高位置为南侧临窗地面,照度值为54lx,照度最低值位置为北部临墙位置,照度值为1lx,高低照度之间差值为53lx,房间整体照度情况差,对比国家照度标准,房间测量点位照度均未满足照度标准。(图5-12)

（a）　　　　　　　　　　　　　　　　　　（b）

图5-12　寿星乐园东侧一层活动室

活动室位于院内东侧建筑一层位置,仅西侧设置了两扇窗户,由于开窗方向与室外树木的遮挡,活动室白天整体室内照度较为昏暗,白天照度最大值位于西侧入户地面,照度最低位置位于东南角地面位置,室内照度均匀性差,明暗变化突出。进行数据比对发现,活动室仅入口位置照度达到标准,其余测量点位置均未达到。在调研中也发现,老年人来往活动室的频率较少,空间使用率低,活动室长时间处于空置状态,这和活动室的整体设置情况及照度较差存在紧密关系。

公共卫生间设置于西侧建筑位置,属于公共式卫生间。在白天内部的主要采光来自东侧墙壁立面窗户与入户门框位置,在入户与临窗一侧照度情况较好,内部区域照度情况差,照度最大值入口地面。对比国家照度标准发现,仅入口处满足照度标准,其余测量位置均不满足,需要增加人工照明补充照度。(图5-13)

餐厅位于院内东北角,其主要自然采光窗位于南侧墙壁立面,在北侧也开设了小窗,但外部存在建筑遮挡,其基本无自然采光能力。房间内部主要陈设包括两张桌子与若干座椅,内部空间整体自然采光情况较差。对内部空间不同位置照度进行测量发现,采光较好的位置位于临窗一侧地面,采光较差的位置位于东侧临墙位置,餐厅的所有测量点均未达到标准值要求。

（a）　　　　　　　　　　　　　　　（b）

图 5 - 13　二层走廊与公共卫生间

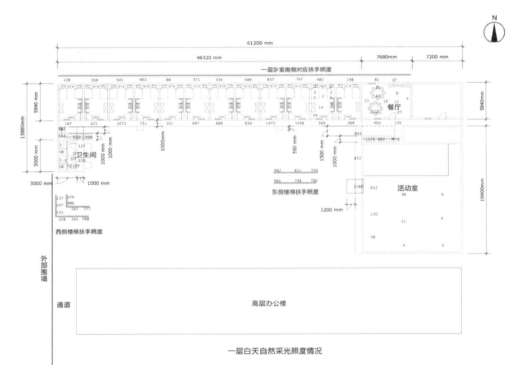

图 5 - 14　寿星乐园白天自然采光情况

楼梯间台阶与楼梯扶手位于院内东西两侧,属于户外类型的设置方式,其白天整体采光情况良好,但在安全性之上,楼梯台阶坡度较陡,在上楼梯前存在高低起伏地势,未设置侧扶手支撑,存在安全隐患。

走廊与走廊扶手的数据测量,在白天走廊照度情况良好,其所处位置能够直接接受到自然光线的照射,除去餐厅外走廊内部照度为135lx,其余走廊照度均大于150lx,能够满足老年人的行走照度需求。走廊扶手的照度情况,东西两侧走廊扶手中间存在树木遮挡的区域照度情况较差,其余位置照度情况良好,但走廊扶手会在光照较好的阳光下产生强烈反光,造成眩光的现象。(图 5 – 15)

(a)　　　　　　　　　　　　　　(b)

图 5 – 15　寿星乐园餐厅与白天楼梯间采光情况

5.2.2　人工光环境状况

1. 颐安老年公寓

人工光环境的测量时间集中于晚上 7 点至 9 点,考虑到老年人休息的原因,在卧室的测量上仍选择未入住类型的房间。人工光环境的测量室内空间包括 A、B 建筑走廊、走廊扶手、楼梯间、楼梯扶手、卧室、活动室、餐厅,所测量点位与白天所测点位基本相同,走廊扶手高度为 950mm,楼梯扶手高度为 750mm,走廊、卧室、活动室、餐厅地面照度为水平面。(图 5 – 16)

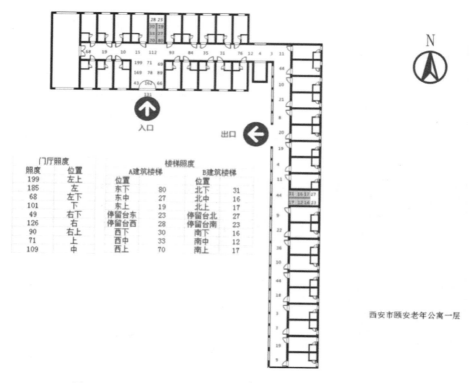

图 5 – 16　A、B 建筑夜间一层走廊、门厅、楼梯间照度测量数据

门厅的夜间照度情况。在夜间门厅开设的主要光源包括东西两侧的直管式 LED 灯、吊顶面之上的筒灯。对门厅的夜间照度测量点同白天的测量点位相同,夜间门厅的最高照度位于左上位置,最低照度位于右下位置,门厅整体平均照度值低于标准值,在门厅空间中达到照明标准的数值有 3 个,未达到照度标准的有 6 个,达标率为 33.33%。随着天气逐渐转凉,比起门厅中冷色的灯光,老年人宁可选择门厅外暖色灯光下闲坐。(图 5 – 17、图 5 – 18)

　(a)　　　　　　　　　　　　　　　　　　(b)

图 5 – 17　A 建筑夜间门厅

图 5-18　A 建筑夜间门厅外老年人在闲坐聊天

　　走廊的夜间照明情况。由于 A、B 建筑照明灯具类型不同,故将 A、B 建筑走廊的夜间照度情况分开进行讨论。A 建筑走廊的照明灯具采取嵌入式的安装方式,选取栅栏式的日光灯管,色温为冷白色,走廊灯具中日光灯管在不同位置的根数不同,因此走廊照度明暗情况变化的显著差异,在走廊墙壁与走廊之上光影与光亮位置形成强烈对比,照度明暗变化情况如图。由于走廊灯具日光灯管外未加设透光率灯罩,致使走廊灯具产生强烈的炫光,加之走廊之中光影明暗的显著变化,会增强老年人在行走中的不适,降低内心的安全感,甚至会发生跌倒事故。(图 5-19、图 5-20)

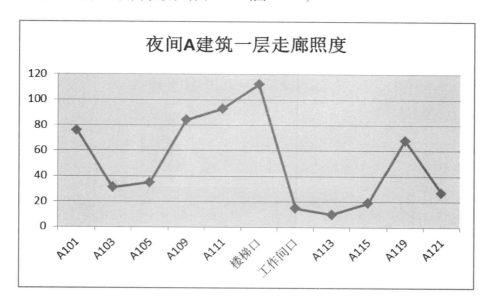

图 5-19　A 建筑夜间一层走廊照度折线图

（a） （b）

图 5 - 20　A 建筑夜间一层走廊灯具与照明情况

　　B 建筑走廊夜间照明情况。照明灯具采用吸顶灯的照明形式,吸顶灯外侧加装灯罩,能够在一定程度上减弱眩光现象,色温同样为冷白色灯光。在 102、110、116 房间处走廊地面照度较高,在 109、119、120 房间处走廊地面照度较低,走廊地面照度明暗变化明显。走廊部分灯具存在型号不一或已损坏的现象,两处相邻灯具的其中一处灯具明显呈现冷白光状态,紧挨一处灯具呈现出偏蓝紫色的发光状态,易引起视觉较大不适。(图5 - 21、图 5 - 22)

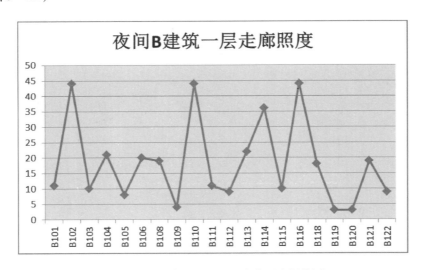

图 5 - 21　B 建筑夜间一层走廊照度折线图

（a）　　　　　　　　　　　　　　（b）

图 5 - 22　B 建筑交接处夜间照明情况与一层走廊照明情况

　　A、B 建筑走廊的照度数值对比。A、B 建筑走廊在夜间的照度情况均未满足要求,同时走廊地面形成强烈的反光,对老年人夜间行走形成明显障碍。偏冷色的光源色使得走廊整体氛围缺乏温馨的感受,在 A、B 建筑交接位置,存在一处缓坡,该处环境较为复杂,但在夜间未对此处进行局部重点照明,同时从图中就可以看到,在该处地面照度情况较低,地面整体环境较为昏暗,增加了老年人行走的危险性。

　　A、B 建筑夜间楼梯间的照明情况。为更清晰地表达楼梯不同位置的明暗照度变化,将不同位置的照度情况表达为折线图模式,A、B 建筑夜间楼梯照明均采用附加灯罩式吸顶灯,色温为冷白色。A 建筑楼梯间整体照明照度变化情况呈现出由西上、东下向停留台位置逐渐递减的状态,老年人在使用楼梯时会产生明—暗—明的视觉明暗变化。B 建筑夜间楼梯间整体照明情况较为平均,但比 A 建筑楼梯间照度平均值要低。同时在楼梯踏步开始与结束位置未设置提示或局部照明,以告知老年人即将而来的高低变化。（图 5 - 23、图 5 - 24）

（a）　　　　　　　　　　　　　（b）

图 5 – 23　A 建筑与 B 建筑楼梯间夜间照明情况

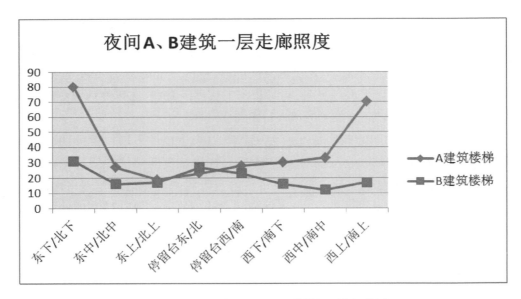

图 5 – 24　A、B 建筑夜间一层楼梯间照度折线图

　　A、B 建筑卧室的夜间照明情况。卧室夜间照明采用单一主光源的照明形式，在卧室天花板中央设置吸顶灯，卫生间同样采取吸顶灯为主要照明形式，房间无其他光源，光源色温均为冷白色。由于卧室采用单一光源的照明形式，室内空间照度易产生不均匀的现象，室内照度高—低—高的变化增强了老年人的视觉负担。夜间具体照明情况如图所示，房间在床头与入户位置配置了双向开关，但开关仅能方便一侧老年人的使用，另一侧

老年人开关灯仍需起身才可以完成,且光线昏暗情况下,开关灯位置不易寻找。在起夜方面,卧室房间在夜间未设置嵌装脚灯,老年人只得通过开关主光源进行照明。对于夜间喜爱观看电视的老年人来说,老年人仰卧观看电视时视线所形成的夹角与吸顶灯的光线形成交叉,易产生眩光、刺眼等不舒适感。A、B 建筑夜间的卧室照度值均未达到照明标准。(图 5 - 25)

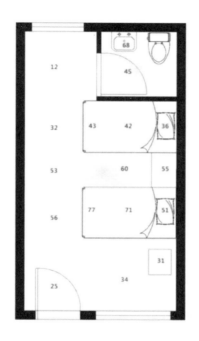

图 5 - 25　建筑夜间卧室照度测量数据

　　餐厅的夜间照明情况。餐厅采取直接照明的筒灯形式,灯具采取九横五纵的交叉排列方式,色温为冷白色。为了准确测量餐厅夜间照明数据,对餐厅陈列的每一桌位东西南北侧就餐处均进行了照度测量,750mm 餐桌面照度最高值位于餐厅南侧东北角餐桌北侧就餐位,照度最低值位于餐厅北部东北角餐桌北侧就餐位。餐厅面最高照度值位于盛饭处地面位置,最低照度值位于餐厅南部东南角地面位置,照度值存在显著明暗变化,其原因是餐厅天花板的灯具光源照度情况不同,紧邻灯具部分光源照度较强、部分光源照度弱。依据老年人照料设施建筑设计标准,现有的餐厅所有照度测量点都未满足此标准。(图 5 - 26、图 5 - 27)

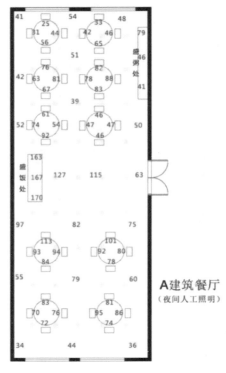

图 5 - 26　A 建筑夜间餐厅照度测量数据

（a）　　　　　　　　　　　　　（b）

图 5 - 27　A 建筑夜间餐厅南北侧照明情况

　　活动室夜间的照明情况。活动室采取直接照明的吸顶灯照明形式,灯具色温为冷白色,活动室的测量点位与白天的测量点位相同。老年人在夜间进行阅读时,由于沙发背向于光源的照射方向,在书写时会产生强烈的阴影。活动室整体照明形式单一,在老年人的阅读、书写、绘画等活动室,缺乏局部照明的灯具。根据建筑照明设计标准,各活动室所测数据均未达到标准。(图 5 - 28、图 2 - 29)

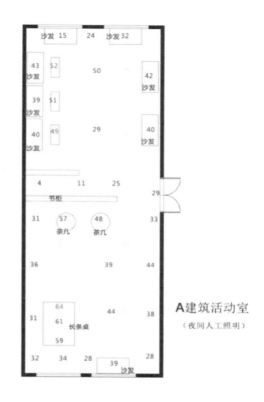

图 5 – 28 A 建筑夜间活动室照度测量数据

图 5 – 29 A 建筑夜间活动室照明情况

2. 寿星乐园

对人工光环境的情况进行测量,其测量点位与白天测量点位相同。(图 5 – 30)卧室的人工照明采用的是 LED 灯具,灯具位于卧室天花板中央,采用单一主光源照明的形式,室内无其他照明设施。室内测量点照度最高值位于地面中央,照度最低值位于东侧床头,房间内部照度均未达到建筑照明设计标准。灯具开关的位置不利于老年人在躺卧状态下使用。部分老年人有阅读的习惯,阅读灯虽然位于床头或床头柜位置,但夜间此处照度最差,不利于老年人阅读。

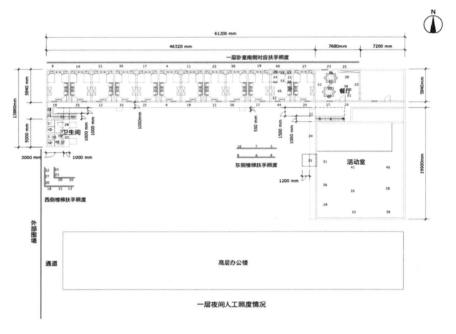

图 5 - 30　寿星乐园人工照明照度测量数据

餐厅的人工照明情况。选择与卧室相同的 LED 灯具,照明方式为单一主光源照明,色温偏冷。餐厅最高照度值位于南侧餐桌北侧就餐面,照度最低值位于东侧靠墙地面,依据建筑照明设计标准,对比所测数据照度值均未达到标准。由于餐厅采用单一的照明形式,地面会形成强烈的阴影,地面照度的明暗变化不利于老年人的行走和其他生活行为。(图 5 - 31)

（a）　　　　　　　　　　　　　　（b）

图 5 - 31　寿星乐园餐厅照明情况与所使用灯具

公共卫生间的照明情况。灯具为吸顶灯,照明方式为单一照明,色温为冷色温。公共卫生间最高照度值位于洗手台面,最低照度值位于台阶踏步处。在关闭手拉门的情况下,如厕位置内部照明较为昏暗,同时存在台阶踏步所产生的地形高差变化,因此公共卫生间的整体照明情况应加以增强,并有针对性地对部分位置进行局部照明,以起到提示警醒的作用。(图 5 - 32)

（a）　　　　　　　　　　　　　　　　（b）

图 5 - 32　寿星乐园卫生间照明情况

活动室在夜间使用较少,仅对其数据进行了简单的测量,照度最高值位于室内东北角,照度最低值位于东侧临墙处,高低照度之间的差值为 28 lx。活动室所采用的照明灯具为荧光灯管,由于外部未增加灯罩等遮光措施,在开设情况下易产生强烈的眩光现象。

走廊与走廊扶手的照明情况。整体明暗变化情况较为明显,走廊多采用吸顶灯,但由于灯具使用时间较长,内部存在较多遮挡物,对光线的传递造成阻碍。在二楼走廊位置存在地形的高低变化,但夜间昏暗的灯光不能给老年人以提醒,易形成安全隐患。在调研中有老年人曾提道:一旦天黑下来,外边看不到东西,我一般不出去,就在卧室里面,怕去外边摔倒了,从这番话里能够感受到老年人对于夜间外出行走的担忧。

楼梯间照明情况差,西侧仅在墙壁一侧设置单一光源,楼梯间夜间最高照度值位于二层下楼梯初始处,最低照度值位于一层初始踏步处,高低照度的差值为 16 lx。楼梯扶手照度最大值位于二层东侧,照度最低值位于一层北侧。东侧楼梯间未设置灯具照明。楼梯间所有照度值均未达到标准。

5.2.3　基于环境因素影响的光环境状况(材质、色彩)

1. 颐安老年公寓

(1)门厅。门厅的材质主要分为桉木、瓷砖、象牙全抛釉瓷砖、白色石膏板,色彩主要由棕色、白色组成,在冷白色的灯光之下棕色显得过于沉重,白色地板显得过于冰冷,整个门厅缺乏温馨、舒适的氛围。

(2)B建筑走廊。在地面材质上与A建筑相同,同为地坪胶。墙壁为白色墙漆,顶面为轻钢龙骨石膏板吊顶,扶手为不锈钢材质,空间整体色彩以深绿色、白色为主。深绿色的地面让老年人感受到安稳、易识别,但同时又容易造成压抑、沉重的感受,地面虽然进行了肌理处理,但在灯光或自然光照射下仍会有强烈的反光、眩光现象。

(3)A建筑楼梯间。在材质上,台阶踏步由麻灰大理石与黑色瓷砖组成,墙壁立面与顶面由白色墙漆饰面;在色彩上,以灰色、黑色、白色为主。楼梯踏步处黑色与灰色对比,容易让老年人形成明暗、轻重的视觉感受,在照度不足情况下紧邻墙壁一侧的踏步位置较为昏暗。在部分位置的楼梯台阶高低不易区分,楼梯相关材质整体反光性较弱。

(4)B建筑楼梯间。在材质上,台阶踏步由水泥混凝土组成,墙壁及顶面由白色墙漆饰面,扶手为不锈钢材质,除不锈钢扶手材质反光较强外,其余材质反光性能一般;在色彩上,以灰色、白色为主。深灰色的踏步色彩在白天采光情况较好的情况下,能够较好识别踏步高低,但在夜间楼梯间照明情况较差,老年人难以便捷地行走与使用,深灰色的混凝土造成空间氛围的冰冷与生硬,缺乏温馨、怡人的感受。

(5)卧室。在材质上,地面以地坪胶作为主要材质,墙面为白色墙漆饰面,床体、门为木板材质,房间的色彩以黄色、白色、褐色为主要色彩。卧室整体照明氛围感较差,缺乏不同功能区域的局部照明,窗帘采用单一遮光形式,遮光整体性能较差。

(6)餐厅。在材质组成上以布艺、墙纸、白色瓷砖、墙漆、玻璃为主,反光性较强的材质包括就餐玻璃桌面、地面瓷砖及盛饭处不锈钢,色彩以黑色、白色、红色、灰色作为主要色彩。在人工光照下餐厅顶部过于压抑,缺乏轻松舒适的感受,同时地面铺瓷砖,在白天阳光与人工光的作用下,易形成反光现象。

(7)活动室。在材质上由合成木板、地坪胶、花梨木、墙漆组成;在色彩上以木黄色、白色、棕红色为主。

老年人的活动时间大多集中白天,现有室内活动地点主要集中在一楼大厅和二、三楼活动室,其中动手类、观赏类项目需要细致照明时,老年人对室内光照的需求较大,通过上文的室内照度分析发现,在门厅及活动室的照度不能够满足老年人的活动照度需求。

老年人的室内活动路径较为单一,自理型老年人可自主到户外或光照较好的地方进行活动,但对于介护型等身体不便的老年人,他们长时间待在卧室或仅在走廊范围内活动,他们渴望室内能够具备更加舒适的照明条件,渴望能够在室内观赏到户外自然的景致。(图5-33)

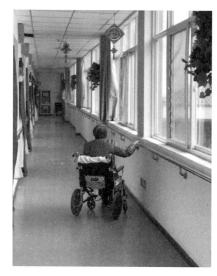

（a）　　　　　　　　　　　　　　　（b）

图 5 - 33　老年人正在阅读与在走廊中对于户外景致的渴望

2. 寿星乐园

（1）卧室。在材质组成上，主要选用瓷砖、墙漆、轻钢龙骨吊顶、布艺；在色彩上，整体色调偏灰，室内空间中明快暖色调元素较少，仅在布艺中存在为数较少的蓝色与黄绿色，整体氛围较为素雅。地面为白色瓷砖，屋顶为轻钢龙骨吊顶，地板与屋顶均存在反光性较强的问题，墙壁为普通白色墙漆，其上无其他纹理。

（2）活动室。在材质组成上，主要包括墙漆、瓷砖与花梨木；在色彩上，以大面积的浅白色为主，其中桌椅色彩为棕褐色，屋顶挂饰上采用红色进行装饰与点缀。活动室是白色日光灯管，在冷白色的光源下，活动室整体氛围较为冰冷，缺乏生动明快的色彩、材质表现。

（3）餐厅。在材质组成上，主要包括白色瓷砖、米色地砖、实木、铁皮等，地板采用米色地砖，墙壁采用白色瓷砖，桌椅采用实木材质，放置碗筷的柜体采用铁皮制作；在色彩上，餐厅的整体色调以米白色为主，其中点缀深褐色桌椅，但在光源的照射下，座椅结构无法准确辨识。

（4）走廊。在材质组成上，主要包括瓷砖、钢管、混凝土、不锈钢、玻璃等，一层采用混凝土铺地，二层采用瓷砖铺地，一、二层立面均采用瓷砖铺设，北侧立面均采用不锈钢扶手，二层南侧采用钢管扶手；在色彩上，以米色、绿色、灰色、黄色为主，米色主要为立面瓷砖，绿色为二层南侧扶手，灰色为一层地面与下半部分墙立面，黄色为门体颜色。二层地面瓷砖反光性较强且较为光滑，存在安全隐患。立面墙砖采用釉面砖与花岗岩石材，在纹理上采用凹凸形式，不锈钢扶手在阳光照射下易形成反光，同时在色彩上与背景墙难以进行区分，增加了使用难度。

（5）楼梯。在材质组成上主要包括钢管、瓷砖、不锈钢等,在色彩上以米灰色、绿色为主,楼梯地面较为光滑,坡度较陡,由于颜色均为米灰色,未设置色彩区分,楼梯台阶间的高低关系、踏步顺序难以区分与辨别,对于视力较差的老年人易形成跌倒摔伤的安全隐患,墙壁立面所用色彩与踏步色彩相似,使得空间立体感较弱,立面与地面难以区分与辨别。

5.2.4 光环境的舒适度状况

调查对象为西安市养老机构的居住老人,包括自理型老人与介护型老人,调查内容具体见附录,包括老年人的性别、年龄、受教育情况、健康状况、睡眠问题、兴趣爱好、对养老机构自然采光与人工照明的满意与舒适情况、对人工照明灯具色温的选择情况、居住在养老机构的内心感受、眩光及明暗适应等。

1. 高龄老年人所占比重大,大多数患有病症

本次调查老年人总数为76人,其中男性老年人31人,女性老年人45人,在年龄组成上,75岁以上的老年人数所占比重最大,仅有4人身体健康、行动自如,其余老年人均患有不同类型的病症。（表5-1、表5-2）

表5-1 老年人的性别与年龄组成

性别	60~64岁	65~69岁	70~74岁	75~79岁	80岁及以上	小计
男	0(0.00%)	5(16.13%)	8(25.81%)	3(9.68%)	15(48.39%)	31
女	1(2.22%)	3(6.67%)	9(20%)	13(28.89%)	19(42.22%)	45

表5-2 不同性别老年人健康情况($N=76$)

性别	男	女	小计
很健康,行动自如	3(75%)	1(25%)	4
有病症,但生活可以自理	17(33.33%)	34(66.67%)	51
有病症,需要有人定时照顾	7(53.85%)	6(46.15%)	13
生活不能自理,需要专人照护	2(40%)	3(60%)	5
需要有人全天候看护	2(66.67%)	1(33.33%)	3

2. 多数老年人存在睡眠障碍

根据对所调研老年人睡眠状况的分析发现,81.58%的老年人存在睡眠障碍,15.79%的老年人偶尔存在睡眠障碍,仅2.63%的老年人不存在睡眠障碍,可见绝大多数老年人在睡眠方面存在较大问题。根据访谈总结出以下原因:其一神经衰弱,对轻微的声音或光线照射极为敏感,较短的睡眠过后彻夜无困意;其二户外光线过亮,无窗帘或窗帘遮光性较差,影响入睡;其三夜间主光源较为明亮刺眼,关灯后无困意;其四起夜如厕过程中需打开主光源,刺眼的光照使得困意全无,回到床上之后难以入睡。（图5-34）

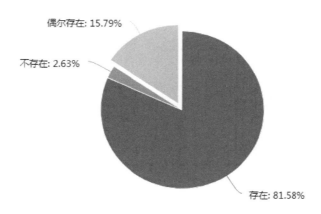

图 5 - 34　老年人睡眠障碍情况

3. 绝大部分老年人存在眼部疾病，半数左右老年人有阅读习惯

在调研的 76 位老年人中，存在视力缺损的人数为 72 人，所占比例为占 94.74%。可见，绝大部分的老年人都存在不同类型的眼部疾病。（表 5 - 3）

表 5 - 3　老年人眼部疾病情况（$N = 76$）

是否存在眼部疾病	人数	比例
有	72	94.74%
无	4	5.26%

从老年人的阅读情况调研中发现，有阅读习惯的老年人数量为 57 人，其中经常阅读的数量为 32 人，占 42.11%，偶尔阅读的人数为 25 人，占 32.89%，从不阅读的老年人数量为 19 人，占 25%。可见，阅读作为老年人的一个不错的休闲放松与精神寄托方式，被多数老年人喜爱与追捧，但眼部疾病成为影响阅读的主要障碍。（表 5 - 4）

表 5 - 4　老年人阅读情况

阅读情况	人数	比例
经常阅读	32	42.11%
偶尔阅读	25	32.89%
从不阅读	19	25%

4. 老年人爱好特长与健康状况、受教程度呈现一定相关性

通过对数据的分析发现，老年人的爱好特长与其健康状况、受教育程度呈现一定的相关性。老年人的爱好特长，一定程度上受制于自己的身体状况与受教育程度。老年人的爱好特长相关活动，部分发生在室内空间中，在对室内光环境进行考虑时，应酌情考虑老年人的不同健康状况。不同受教育程度的老年人对于爱好特长相关活动存在不同的表现，受教育程度较高的老年人会进行更加多样化的活动方式，不同受教育程度的老年

人对于灯具的要求同样也是光环境设计所需考虑的因素。（图5-33、图5-34）

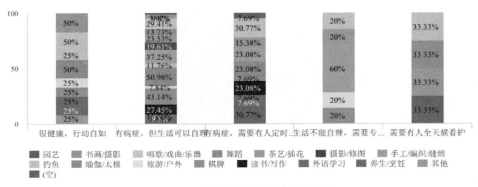

图5-35 爱好特长与健康状况相关性

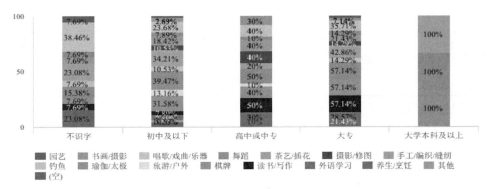

图5-36 爱好特长与受教育程度相关性

5. 对自然采光与人工照明情况的满意度与舒适度

1）对自然采光的满意度

从老年人对养老机构中各空间自然采光情况满意度情况分析,对各空间满意所占比重均低于10%,满意度一般所占比重40%~50%,不满意比重40%~60%,其中对餐厅不满意所占比例最高,老年人对自然采光不满意比重已经超过60%,养老机构中自然采光情况着实应加以提升与改进。（表5-5、图5-37）

表5-5 养老机构居住环境中各空间自然采光情况满意度(N=76)

空间	满意度		
	满意	一般	不满意
卧室	4	39	33
餐厅	2	27	47
走廊	8	31	37
活动室	6	34	36
门厅	6	39	31

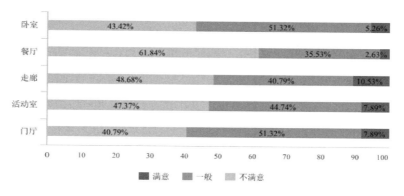

图 5 - 37　自然采光情况满意度条形图

2）对人工照明情况的满意度

对养老机构人工照明情况满意度分析发现，对各空间满意所占比重在 10% ~ 40%，满意度一般维持在 40% ~ 60%，不满意比重在 20% ~ 30%，人工照明情况满意度相比较自然采光有显著提升，但仍旧仅维持于一般满意状况，不满意所占比重仍旧较大。老年人由于自身行为方式的不同，对于人工光照需求的不同，其评价标准具有自身独特性，应对其进行酌情考虑。（表 5 - 6 和图 5 - 38）

表 5 - 6　养老机构居住环境中各空间人工照明情况满意度（$N = 76$）

空间	满意度		
	满意	一般	不满意
卧室	18	46	12
餐厅	16	42	18
走廊	31	29	16
门厅	23	31	22
活动室	11	49	16

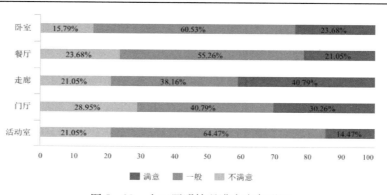

图 5 - 38　人工照明情况满意度条形图

3）对灯具色温与空间色温的选择情况

对不同色温的灯具选择情况分析发现,老年人选择冷暖可调节的灯具类型所占比重较大,选择其余类型灯具的较少。对于不同空间色温的选择,卧室选择偏暖色色温的比重最大,走廊选择中性色温的比重最大,餐厅偏暖色与中性色比重基本持平,活动室偏暖色与中性色基本持平,门厅中性色与偏冷色基本持平。（表5 - 7、图5 - 39、表5 - 8、图5 - 40）

表5 - 7　老年人对不同色温灯具的选择（$N = 76$）

照明色温类型	人数	比例	
冷暖可调节	48		63.16%
柔光暖色调	9		11.84%
和谐中性色调	10		13.16%
明亮冷色调	9		11.84%

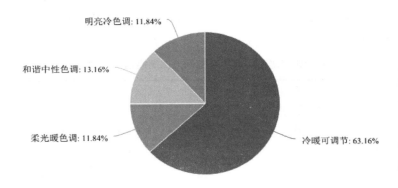

图5 - 39　老年人对不同色温灯具的选择情况饼状图

表5 - 8　老年人对不同空间色温的选择情况

位置\色温	偏暖色	中性色	偏冷色
卧室	53	20	3
走廊	15	43	18
餐厅	28	30	18
活动室	29	28	19
门厅	20	29	27

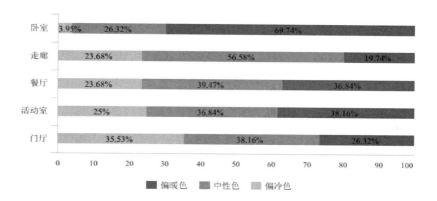

图 5 - 40　老年人对不同空间色温的选择情况

4）眩光、明暗变化等问题

在眩光问题上，老年人反馈最多的为卧室、餐厅、走廊、卫生间的眩光，在明暗变化方面老年人反应从室外进入室内会有突然眼睛一花的感觉，如果走廊增加了人工照明，照度较强时，从走廊进入未开灯的室内，室内会显得分外黑暗。

5）内心感受

调研发现，老年人内心想家、想念亲人的所占比重最高，其次为内心感到孤独寂寞、有压力、自我效能感低，极少的老年人会在养老机构中感到舒适放松自信。中国自古以居家养老为传统，无论养老机构中的环境设施如何优越，老年人内心都希望家人能够陪伴其左右。（表 5 - 10、图 5 - 41）

表 5 - 10　养老机构中老年人的内心感受（$N = 76$）

内心感受	人数	比例
舒适放松自信	2	2.63%
有压力	29	38.16%
孤独寂寞	52	68.42%
自我效能感低	29	38.16%
想家、想念亲人	65	85.53%

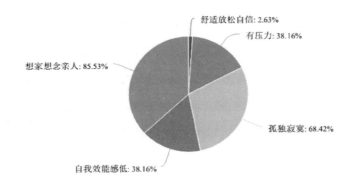

图5-41　养老机构中老年人的内心感受

5.2.5　问题分析

1. 室内自然光环境现存问题

（1）室内空间部分区域照度不足，如部分走廊空间、楼梯间、卧室。部分卧室照度情况极差，白天必须进行人工补光，否则室内无法完成正常的行走与生活行为。

（2）空间明暗变化突出，如同一空间不同位置，空间照度差异大；不同空间过渡位置照度明暗变化突出；楼梯间不同位置，明暗变化明显。

（3）栏杆扶手炫光情况严重，不锈钢材质会在光线下产生强烈眩光，如建筑东西侧扶手及楼梯间扶手。

（4）户外植物、建筑一定程度上阻挡室内采光。

（5）南北房间由于建筑结构原因，只能够单侧开窗，致使白天房间内部采光情况差；东西侧房间开窗尺度较小，部分东侧走廊窗外设置栅栏影响室内东侧窗户采光。

（6）缺乏私密阳台或公共阳台，老人只得搬凳子去门厅外侧晒太阳。

2. 室内人工光环境现存问题

（1）各室内空间照明形式单一，色温大多以冷色或中冷色为主，空间缺乏温馨氛围。经过数据对比与分析发现，照度测量点数据均未达到相关照度标准值，各空间照度值总体较低。

（2）室内空间明暗变化强烈，部分空间存在显著的眩光现象。

（3）相邻灯具选择不统一，部分灯具已经损坏却未修理。

（4）相邻空间的过渡区域照明情况较差，明暗变化明显。

（5）对存在地形高低变化的空间未增加局部照明。

（6）卧室开关设置存在不合理性，老年人在躺卧时不方便开关灯具，需要起身才能够完成此操作。

3. 材质色彩与老年人活动情况现存问题

（1）部分材质易形成眩光，包括瓷砖、不锈钢、玻璃等，缺乏轻松明快的主体色彩使用。

（2）各功能空间整体氛围较为冰冷，该方面与光源色温、材质色彩存在较大关联性。

（3）室内空间缺乏材质质感的表现，材质的对比与融合较差。

5.3　基于老年人行为的光环境需求

5.3.1　老年人视知觉行为特征

在视知觉特征上，老年人视力退化与年龄增加关系密切，老年人眼角膜及晶状体容易产生浑浊不清晰的现象，晶状体逐渐硬化，晶状体囊开始变形，视网膜的结构和敏感程度也随之而产生改变，老年人视网膜上感光体的感光程度降低，锥体细胞与杆体细胞的感光程度也随着年龄的增加而呈现减少的趋势。同时老年人水晶体逐渐产生泛黄变化，折射率下降，使得其对于短波长的色彩区辨能力更差。随着年龄的增长，老年人的瞳孔直径逐渐缩小，暗适应下瞳孔所能达到的最大直径，在青春期时最大，之后开始下降。10岁时，人的瞳孔直径平均值为 7.5mm，而 80 岁时平均值只有 5mm。因此在相同照度的光环境下，老年人对于环境的明亮程度的感知不如年轻人强烈，老年人相比较于年轻人有更大的照度需求。在老年人的身高方面，随着年龄的增加，驼背等身体变化导致身高呈现降低的趋势，老年人的视觉注视点也就是老年人的视域有向下偏移的趋势，导致老年人视野高度降低，有时会对眼前的东西视而不见，对物体的距离感和立体感也会产生错误判断，不能够准确地通过视觉来判断物体的远近高低。

在行为特征上，老年人的行为特征分为必需行为、静养行为、休闲行为、社交行为、医护行为、移动及其他等六大类型。[88]对西安市当地老年人的行为活动特征进行讨论发现，老年人休闲活动范围主要集中于居住地 1000 米之内，大多以步行的形式到达目的地。[89]在休闲活动的季节选择上老年人更偏向春季和秋季进行活动，在活动时间段上主要集中在早晨 6 点至 8 点半，晚上 7 点至 9 点半，休息时间大约平均每天 4~6 小时。夏季气温较高，白天较长，老年人早晨活动时间会相对提前；冬季气温较低，白天较短，老年人早晨活动时间上会相对推迟，夜间活动频率也会相对减少。

5.3.2　老年人对光环境的需求

1. 生理性需求

视觉的舒适体验。视觉舒适度的体验，能够减轻老年人在行走及生活过程中由于光线不足所造成的担心与恐惧，增强老年人的安全感与辨识能力，强化对于生活的感知与热爱。

适当的操作习惯。由于生理原因,老年人在日常操作中存在困难,对光环境的设计应适应老年人的操作习惯,如开关高度、开窗高度、开关设置模式等。

合理的照明引导。老年人由于视知觉与心理因素,在昏暗的空间中易发生迷失、慌乱、愤怒、跌倒等现象,照明引导能够在一定程度上缓解该现象的发生,引导老年人及时、便捷、顺利地到达目的地。

2.心理性需求

其一基本性需求。基本性需求是指在老年人生活的空间环境中能够得到适合基本生活活动的光环境条件,能够在该空间照度下轻松与顺利完成行走、阅览、坐卧、娱乐等行为活动。

其二安全性需求。老年人的安全性心理需要从多方面因素进行考虑,如室内炫光的把控、楼梯台阶的局部照明、明暗空间的过渡、灰暗空间的灯光引导、地形起伏变化的局部照明提醒等。对室内空间安全性的把控能够提升老年人内心的安全感,降低恐惧、不安等心理,减少或避免老年人跌倒现象的发生,为老年人提供一个安全的生活环境。

其三舒适性需求。舒适性需求是指在满足基本性与安全性需求之外的需求满足,是精神层面的需求,舒适性不是简单的照度满足,需要在其中融入适老化、无障碍、情感化的元素,能够让老年人在该环境中感受到温暖与习惯。

其四审美与回忆性需求。老年人的审美观念需要回归到以往的年代进行考虑,对于在光环境设计时的元素选取也同样需要结合老年人生活的年代进行分析。念旧是老年人的心理常态,将传统与老年人回忆的元素贯穿于光环境设计之中,能够在满足老年人审美需求的同时带给老年人回忆性的满足。

5.4 基于地方适应性的光环境设计策略

5.4.1 人工照明设计

1.公共空间

表 5－11　公共空间照明标准值

公共空间	参考平面	照度标准值（lx）
出入口、门厅、电梯前厅、走廊	地面	150
楼梯间	地面	50
车库	地面	100

1）公共交通空间

（1）门厅。门厅是指进入建筑内部的缓冲区域,在养老机构公共空间中老年人多喜爱在该空间进行聚集闲坐与交谈。在国外,部分养老机构将活动室与门厅设置于同一空间。白天门厅作为过渡空间,与户外空间在照度上存在较大的差异性,为避免出现明暗变化较大所造成的视力不适的现象,白天门厅需要增加人工照明进行补光;夜间门厅照度较亮,户外光线昏暗,从室内进入室外空间,老年人视力会存在不适应情况,因此需要在室内与室外过渡区域增加照明,增加老年人眼睛的适应性。

作为聚集性活动空间,门厅首先需要保证照度值满足标准,同时需要注重照明的均匀性与连续性,避免空间中出现过暗或过亮的空间。[90]部分老年人会选择在门厅中乘坐与闲聊,对于灯具的选择,应注重对光源照射方向与光束角的把控,同时灯具外应加以防眩光处理或选择防眩光灯具。地面的材质铺装上,部分养老机构会选择白色瓷砖作为铺装材质,但白色瓷砖反光性强,易造成强烈的眩光情况,因此对于门厅地面应选择哑光瓷砖或木板,尽量避免空间中眩光现象的发生。

(2)楼梯间与电梯。楼梯间的组成部分主要包括踏步、停留台、栏杆扶手,楼梯间的照明设置需要保证老年人在使用与行走过程中的安全性与舒适性,部分自理型老年人会选择使用楼梯上下楼,同时能够起到锻炼身体的作用。

楼梯间层高一般较大,如采用单一主光源照明的形式,踏步照度值往往不能满足老年人的要求。为增强踏步的照度值,增强老年人的易识别性与注意力,可选择在踏步垂直一侧安装灯带,但需要注重灯带的安装位置与光源方向角度。灯带可分别在两处安装,踏步垂直侧板顶端与底端,在侧板顶端安装可将灯带方向朝内或侧板反向,在侧板地板安装可将灯带方向朝内,借助间接照明的方式保证台阶的明亮。但采用灯带对台阶进行照明时需要注意踏步应选择低反光性的材质,以防灯带在踏步之上产生眩光。也可选择在踏步墙壁一侧或两侧底端安装小型 LED 灯或灯带,通过调节光照的角度保证踏步的明亮程度。

电梯是老年人无障碍行动的重要保障,在电梯的尺寸设置上应方便轮椅、担架床在该空间的使用,电梯的操作面板可采用背光样式,同时可根据不同楼层设置不同色彩的按键,增强识别性。发光操作面板在电梯两侧也应当同时设置,尺寸上应为 900～1200 mm,方便乘坐轮椅的老年人操作。电梯内部的主要照明应注意眩光控制与反光把控,选用带遮光板灯具或磨砂灯具作为主要光源,注意根据光源在电梯内部面板的反光情况,适当调整反光的方向与角度。电梯内部的栏杆扶手应与电梯背景的色彩区分,同时可增加背光或借助顶部照明保证其易于被老年人识别与使用。电梯进出口位置应设置灯带,给予老年人提示。

(3)走廊。走廊空间的主要功能是为老年人提供行走、驻留或小型聚集的场地,可将其简单分为步行空间与小型聚集空间。步行空间需要注意照度的均匀性,避免空间中出现过亮或者过暗的现象,以提升老年人行走过程中的安全性。顶面可采用软膜天花照明、隐藏式灯槽安装或内凹灯槽的形式,通过光源的无间断连接保证整个空间的照度均匀性。如采用筒灯连续照明的形式,应结合筒灯光束角的大小进行连续布置,避免地面或墙壁立面处出现大面积阴影,同时筒灯应采用无眩光型号。

小型聚集空间大多位于走廊拐角或中部区域,是一个能够为老年人提供休憩、聚集、阅读、茶饮等功能的小型场地。对于该区域的照明在整体照度上应高于周边区域,同时灯具类型上应多样化,可增设落地灯、台灯、壁灯或筒灯以应对老年人多样的功能性活动。

2)公共休闲娱乐空间

(1)活动室。活动室的主要功能是为老年人聚集性活动提供场地,满足老年人的活动需要。养老机构中老年人的活动类型丰富,包括棋牌、球类活动(台球、羽毛球、乒乓球等)、影音、舞蹈等,老年人可根据需求选择适合自身的活动类型。

活动室内部应注重灯光对整体环境的氛围渲染,利用整体式照明保证室内空间照度,照度值标准应达到老年人照料设施建筑设计标准中关于文娱用房的照度标准,可选择隐藏式灯槽的灯具安装方式,通过间接照明的方式满足室内整体空间的照度需求,同时活动室内部的灯光设置可增加多种不同色温的功能选择,在不同的季节通过冷暖色温的调节,增强室内整体的气氛,弱化由于环境变化所产生的心理上的不适。

老年人在进行球类活动或棋牌活动时所需照度应高于环境整体的照度,因此需要增加局部照明以满足需求。棋牌活动可以通过顶部增加垂直吊灯或筒灯的形式增强照度,应选择显色性好、眩光性弱的灯具。当选择垂直吊灯进行局部照明时,应注重配光宜选择向下发光为主的灯具,以保证棋牌水平面的照度值。如选择筒灯进行照明时,需注重光束角的大小,避免光束角度过小使聚光过强,或光束角度过大产生眩光。一般情况下,棋牌桌面可采用两盏并列的筒灯进行照射,两盏筒灯光线将棋牌桌面照亮,同时双向的光线能够避免在棋牌桌面处出现大量的阴影,提升老年人在进行棋牌活动时的舒适性。(图5-42)

图5-42 棋牌室照明模拟图

球类活动也同样如此,老年人在进行球类活动时身体需要进行多种变化,视线也会随之进行不同角度的改变,可以采用在场地两侧设置筒灯的间接照明的方式,这样不仅能够弱化进行球类活动时所产生的眩光,同时能够减弱灯光照射所产生的阴影变化,营造更加舒适的活动环境。(图 5 – 43)

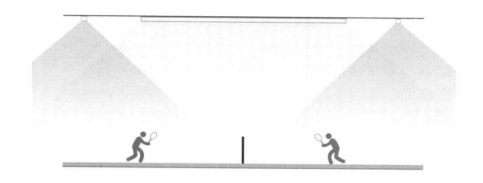

图 5 – 43　羽毛球活动场地照明模拟图

(2)阅读室。阅读室空间的主要功能是为老年人提供适宜的阅读场所,满足老年人的阅读需求。单一主光源的照明方式往往无法满足老年人的阅读照度需求,因此需要适当增加局部照明,可以通过设置筒灯、壁灯及落地灯等光源增强阅读时的局部光照强度,满足老年人的相应光照需求。

但对于老年人来说,阅读室也应当注重私密性的设计营造,可以通过增加如屏风、挡板等室内陈设来对空间进行分隔,但在照明设计之上可采用不同的灯具增强空间的划分。其一,通过落地灯或垂直吊灯增强光源照射区域的空间照度,使其与周围空间分离,老年人在光源照射范围内进行阅读,能够形成一定的包围感,同时也一定程度上增强老年人对该空间的领域感;其二,通过线性光源或线性面状光源进行空间分隔,将空间划分为不同的小型区域,形成一定的私密场所。但是需要注意灯具与阅读水平面的相互对应关系,保证阅读水平面的照度,同时要采用水平或垂直交差的灯具布置方式弱化阴影的出现,保证阅读的舒适性。

3)公共餐饮空间

(1)餐厅。餐厅的主要功能是为老年人提供进食的活动场所,保障老年人在进食过程中的舒适性与温馨性。餐厅的灯光设置首先应保证整体空间的照度值满足标准要求,餐厅照度标准为 200lx。

养老机构餐厅布置上应注重局部照明的使用,就餐桌面上应选择显色性良好、色温适宜的吊灯或筒灯,增添就餐桌面食物的色泽,提升老年人的食欲,同时吊灯或筒灯的局部照明也能够增强老年人的注意力,避免进餐过程中的精神分散。餐厅的地面铺装材质选择哑光地板,弱化地面眩光现象。公共餐厅整体空间较大,部分老年人可能会在此处迷失方向,加之老年人视域偏下,因此可在地面或墙壁立面下端设置发光导向标识,指引老年人找到出口,发光标识注意眩光的把控。

(2)公共厨房。部分养老机构中会设置公共厨房,公共厨房能够为老年人提供自己动手准备餐食的机会。为保障老年人准备餐食的舒适性,需要注意厨房三处空间的照明设计:储藏空间、操作面空间、行走空间。

储藏空间一般是指厨房中的柜体类空间,老年人在餐食准备阶段需要从柜体内取出餐具、食材等,可以通过三种方式提升储藏空间的内部照度,其一是在柜体内装柜体灯,老年人在打开柜体时,柜体灯便可以自动亮起;其二是对柜体的材质进行调整,将其更换为透光性较强、反光性较弱的玻璃材质,以此保证柜内空间的照度;其三是对顶部灯具的光照角度进行调整,使其朝向或间接照向柜体空间,以此来保证柜体内的明亮。对于工作台面之下的柜体,可以在工作台边缘底部增加线灯,保证柜体外表面的照度,方便老年人使用。

厨房操作面空间包括食材准备区域、烹饪区域与清洁区域三部分。顶部照明虽然能够保证食材准备空间的整体照度,但在准备食材时,人体与主光源会产生阴影,不利于老年人的操作。因此可在柜体底部安装柜体灯,通过局部照明的方式增强操作面的照度,同时减弱人体与主光源所产生的阴影;烹饪区域顶部的抽油烟机会一定程度上影响烹饪区域的整体照度,可通过开启抽油烟机自带底部光源或增加局部照明增强烹饪区域整体照度,且光源应保证显色性能的良好,方便老年人对于食材生熟程度与色泽的把控;清洁区域一般位于临窗一侧或顶部照明区域范围内,白天光照较好时,该区域可不进行人工补光,但在夜间或天气情况较差时,操作区域可通过局部(顶部)照明来补光。(图5-44)

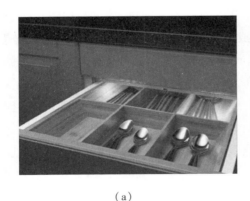 

(a)　　　　　　　　　　　　　　　(b)

图5-44　厨房与抽屉增设柜体灯

2. 私密空间

(1)卧室。卧室是养老机构中老年人所处时间较长的空间场所。马卫星曾提道,老年人并非家庭主人时,更倾向于将卧室作为自己日常活动的主要空间。[91]多数老年人由于心理变化及行动不便等,不善于结交朋友,喜欢一个人待在自己的卧室,在走访调研中也同样发现了这一现象。为保障居住舒适性,对老年人的卧室宜采用间接照明或直接照明与台灯、落地灯相互搭配的照明模式,在保障空间照度的前提下,尽可能减少直接照明的出现,对光源应做隐藏、改变光线朝向或加以灯罩等处理。

结合老年人的行为活动,将卧室空间功能划分为休息、会客、阅读与娱乐、更衣四类,卧室的照明模式主要分为入户模式、会客模式、阅读模式、睡眠模式四种,在室内光设计时应结合四种不同的照明模式对卧室区域进行灯具布置。

当卧室处于晚间休息功能时,需要根据老年人的睡眠状态对光照进行调整。当卧室处于会客功能时,房间中亲友人数较多,此时对房间明亮程度需求较高,需要辅助其他类型灯具进行补光,如飘窗地灯、床底灯、电视背光灯、床头灯等,通过多光源的交互使用,营造卧室空间的整体氛围与格调。当卧室处于阅读与娱乐功能时,需要增加辅助照明以帮助老年人完成阅读,可适当增加落地灯或台灯,但需要注意保证灯具的无眩光、易操作,以及能够调节不同光照角度以满足需求。张玉芳在关于老年人的阅读照明研究中提出,1000lx 的照度产生最好的视觉执行能力,并且被大多数老年实验者偏好。[92]当卧室处于更衣功能时,需要注意柜体灯与地灯的应用。衣柜内部应增加柜体灯,以保证老年人能够轻松选择自己需要的衣物,但要注意其安装位置与角度,保证衣柜内部整体光亮与无眩光。入户模式是指老年人离开并重新回到房间后的一种照明模式,应设置入户主光源,在开门时可以先把屋内入户主光源打开,以此保证房间内部的整体照度。此外卧室的灯光控制系统也需要着重考虑,可选择单刀双掷开关对室内不同光源进行控制,在入户处与床头位置均设置开关,为老年人使用提供方便。

（2）卫生间。卫生间的空间功能主要包括洗浴、如厕和洗漱。卫生间内需注意灯具设置的合理性与安全性,应选择防水防潮的灯具。洗漱区域一般位于卫生间临门一侧,顶部可采用光束角较大的筒灯、平板灯或辅助增加顶部壁龛灯带。在洗漱台镜面处需要安装镜前灯,一般使用灯带,安装在洗漱镜顶部或下部,以此保证老年人在洗漱、刮胡须、化妆过程中能够清晰地看到镜子中的自己。同时考虑到老年人视力较差的原因,镜子应选择清晰度较高的类型,减轻老年人的使用负担。如果在洗漱台之上安装镜柜,镜前灯可更改为小型壁灯,以此保证老年人洗漱时的照度要求。在洗漱池旁应设置一两处插座,保证老年人使用吹风机或其他设备时的需要。

如厕区域一般位于洗漱区域一侧,洗漱区域的照明一般能够满足如厕区域的照度需求。但为保证地面尽量无阴影,通过在老年人使用的坐便背部增加局部照明,减弱由于顶面光源所形成的地面阴影,但需要注意坐便背部光源的角度与照射方向,避免出现眩光。也可选择在顶部增设光束角较大的无眩光筒灯,对如厕区域进行局部照亮。注意在夜间老人起夜时段,应适当降低灯光的亮度,能够满足老年人的如厕与行走需求即可。部分养老机构会选择全自动坐便器,因此需要在坐便器墙壁位置预留插座,以保证使用。

3. 不同生理特征的老年人

1）自理、介助与介护老年人

自理型老年人能够依靠自身完成行走及其他行为操作，对于自理型老年人的照明设计需要考虑视域与性别两方面。其一在视域上，老年人由于驼背、脚掌扁平化等影响，身高逐渐变低，视域由原本的与地面平行变得逐渐向下倾斜，对于顶部的物体逐渐视而不见，因此在照明设计上应注意地面材质的反光与地灯的照射角度，尽量选用哑光地板和灯罩遮挡或间接照明的方式，以避免老年人出现眩光。其二在性别上，男性老年人与女性老年人在身高方面存在一定的高低差异，部分养老机构虽在栏杆、扶手等设施设置了高低双层形式，但对灯具开关控制器、插座等设施，均采用了单一的高度设置。同时由于养老机构房间中入住的老年人具有一定流动性，较高身材、中等身材、较矮身材的老年人会随机发生变化，因此应适当增加灯具开关控制器的位置。

介助型老年人是指需要借助轮椅、拐杖或其他辅助类设施完成行走及其他行为操作的老年人群体，在行为操作上同自理型老年人存在一定的差异，人工照明布置应考虑老年人的视域高低变化、轮椅或拐杖存放及灯具开关控制等因素。首先在视域高低变化上，使用轮椅的老年人水平视线高度较低。因此，需要加强地面的整体照度，特别是在存在地形变化的场所空间内，应保证老年人能够清晰观察到自身所处的位置，同时应选择哑光材质并应具备较强的防滑性，保障老年人的安全；其次在轮椅与和拐杖的存放处地面设置范围区域光源提醒或者在墙壁设置发光提示标志。最后在灯具开关控制上，尽量能够做到简洁、方便、安全，可采用遥控样式、语音操控或将开关放置在老年人轻松就可触碰到的位置，减少老年人因开关灯不便所造成的苦恼。

介护型老年人是指常年卧床，同时需要有人照顾的老年人人群，人工照明设置除了需要满足正常老年人的需求外，可适当强调屋顶的照明设置。由于介护型老年人常年卧病在床，在平躺时视域范围大多集中在天花板或天花板向下部分，因此天花灯具应尽可能采用间接照明的照明布置方式，如内凹式灯槽或天花壁龛灯带等，尽量做到无眩光。同时介护型老年人观看电视的时段更多，为保障观看电视时的视觉舒适性，可在电视背部设置光源，通过间接照明的方式提升背景墙亮度，以保障观看的舒适性。在开关控制器的设置上，可在床铺一侧增设开关控制器，方便老年人在躺卧状态下，无须进行较大肢体动作便可完成灯具的开关操作。

2）存在感光认知障碍的老年人

由于年龄的增长，老年人患感光认知障碍的概率逐渐增加。调研发现，94.74%的老年人都患感光认知障碍。针对存在感光认知障碍的老年人的人工照明设计，首先应增强空间的整体照度，选择显色性较好、频闪低或无频闪的灯具，借助光照的增强，缓解因眼部不适所导致的视野昏暗、视野变小等感知；其次注重空间中无眩光光源的布置与使用，可利用无眩光灯具或间接照明的形式保证无眩光环境的营造，以免眩光对老年人造成进一步的伤害;再次保证各空间照度均匀,避免相邻空间出现明暗交替变化较大的现象;最后增加危险区域或地形变化区域的局部照明,增强感光认知障碍老年人的视觉感知。(图 5-45)

| 白内障老年人眼中的世界 | 青光眼老年人眼中的世界 | 黄斑老年人眼中的世界 |

图 5-45　身患眼部疾病老年人眼中的世界

3)存在睡眠障碍的老年人

睡眠障碍严重影响老年人的日常生活节奏,对老年人身体危害较大。调研发现,81.58% 的老年人存在睡眠障碍,15.79% 的偶尔存在,仅仅 2.63% 的老年人不存在睡眠障碍。结合老年人产生睡眠障碍的原因,可采用光疗法辅助治疗或白天夜间卧室采用恰当的灯光布置形式促进老年人的睡眠。在卧室内部人工照明设置上,可采用循环照明的方式,通过对白天与黑夜卧室光源照度与色温的调控,来促进老年人的睡眠。在白天可采用高照度、冷色温的光源,借助人工光照调整老年人自身生理节律,使得老年人能够在白天保持清醒的生理状态;在夜晚可采用低照度、暖色温的光源,通过柔和的灯光促进体内褪黑激素的分泌,促进老年人快速进入睡眠。(图 5-46)

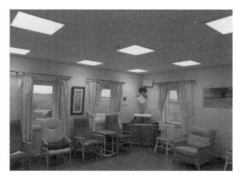

(a)　　　　　　　　　　　　　　　　(b)

图 5-46　白天高照度冷色温、夜晚低照度暖色温

在室内光源的灯具选择上,应增强对于光源的平衡调控,保证光照的柔和、无眩光、照度均匀,可在灯具外加灯罩或采用间接照明的方式,如壁龛灯带、内凹灯槽、软膜平板灯等,弱化空间中过亮点光源出现的可能性。夜间起夜时采用感应式床底灯搭配起夜灯的方式,借助间接照明,保证地面的亮度,等老年人起夜完成躺卧在床上后,灯光便会自动熄灭,避免老年人因开关灯操作而清醒,保证老年人的睡眠质量。

4. 不同心理特征的老年人

1)提供充足光照,保障安全

安全性是进行人工照明设计首要考虑的重要因素之一,提供充足的光照,保障安全,不仅仅只是空间照度值的标准符合,同时需要注重加强对于养老机构室内人工照明的细节设计。其一,在存在地形变化的空间,如楼梯台阶、室内缓坡、门槛等位置,应对其进行局部照明提醒,同时可结合色彩与声音,增强老年人的注意力;其二,注重空间照度明暗的把控,可采用"主高次低"的照度设置原则,保证整体环境的照度均匀,避免造成老年人因明暗变化而出现视觉不适;其三,设置栏杆扶手的背光照明提醒,强调栏杆的位置与高低,帮助老年人在使用时准确判断,确保使用安全,同时应注意区分栏杆扶手与背景的色彩,材质应选择摩擦性强的材料;其四,注意眩光的把控,采用无眩光灯具或间接照明的方式弱化光源眩光,采用哑光材料或漫反射材料降低材质表面的反光,保障老年人视觉舒适;其五,地面上应避免出现过于强烈的色彩对比,且注重整体材质的统一,以防光照不足时,增加老年人内心的忧虑。总之,注重细节上的照明设计,能够在很大程度上增强老年人内心的安全感,确保老年人使用得舒心,减少或避免老年人发生摔倒的现象。

2)提供多样照明,保证舒适

舒适的居住环境需要多种照明方式,老年人的生活节律方式同青年存在较大的差异,因此多样的照明方式才能够保障老年人日常生活的舒适。其一,在晨起阶段,可通过光源亮度的逐渐调节,唤醒老年人生物节律,保障白天具有充足的精神;其二,在进行阅读、针织等动作时,老年人会选择端坐在不同位置进行操作,如床铺、书桌、摇椅等,因此可以设置可移动式灯具,如台灯、落地灯等,确保老年人的使用更方便;其三,电视是老年人选择较多的一种消遣方式,应增设电视背光设置,减少荧屏过亮造成的视觉刺激;其四,在步行阶段,设置扶手背光、台阶地灯,以确保老年人的安全。多样式的照明使老年人能够按照自身的习惯进行操控,增加整体居住的适宜性。

3)提供温馨光照,减弱孤独

孤独是老年人在养老院中内心较为强烈的心理感受,借助温馨的光照能够一定程度上缓解老年人内心的孤独情绪,促进老年人的身心健康。其一,对于光源的色温选择上,中暖色与暖色的色温能够让人感受到温暖,如卧室床头灯或主光源可采用暖色温的灯具,保证卧室整体的温馨舒适,餐厅可选用暖色色温的灯具,提升餐食的美味与色泽,舒缓老年人的心情;其二,对于灯具造型与形式的把控上,可通过灯具内部光源的透光、漏光、光影提升整体室内空间的氛围。部分动态的灯具能够一定程度上与老年人产生交互关系,提高老年人的心情愉悦性,减缓内心的孤独感受。

5.4.2　自然采光设计

西安市位于陕西关中地区,自然采光情况呈现春、秋、冬季日照时长较短,夏季日照时长较长的状况,养老机构光环境设计应以西安市地方光照特点为依托,注重春、秋、冬季节自然光照的应用与夏季过强自然光照的遮蔽,合理利用自然光照提升室内空间氛围,丰富空间明暗关系,增强空间层次整体性、立体性与流动性,结合不同季节时段光照强度、方向变化与流动为室内空间带来不一样的生机感受。

1. 强化日照与照度

自然光照与人体的生物节律具有关联性。自然光照能够对老年人的节律起到调控作用,使得老年人能够保持良好的精神状态,对老年人来说至关重要。但目前养老机构对于老年人的自然采光方面的考虑存在较大欠缺,各功能空间白天照度不足难以保障老年人对于自然光照的需求,会一定程度上影响老年人的自身节律,对老年人的健康与情绪产生一定的负面影响。

1)增加南侧方向自然采光

采光方向的不同会影响室内空间的光照质量,西安市位于北半球,在采光方面以向南方向采光质量最佳,其次为东南侧、西南侧、东侧与西侧。为保障光照的充足,老年人长时间所处的房间朝向应以南侧为主。调研发现,西安市养老机构老年人在一天之中所处时间最多的空间为卧室,其次为走廊、门厅、餐厅、活动室,因此卧室空间的朝向应尽可能满足南侧,以保证老年人能够在卧室获得较长时间的光照。北侧房间可设置为活动室、影音室、棋牌室,如空间内部照度较差,可采取人工光照明的形式进行补光,以符合空间照度要求。

本章就不同开窗朝向室内采光情况进行模拟,以冬至日下午两点为时间基准点,分别就相同卧室不同开窗朝向的采光情况进行分析发现,偏南向的房间的自然采光情况最好,在下午两点阳光仍旧可以透过窗户照射到房间内部深处,光照辐射区域大,房间整体较为照度明亮;北侧房间自然采光情况较弱,在下午两点阳光仅能照射到西侧墙壁,房间整体环境较为昏暗,光照强度与时长不能满足老年人的日常生活与光照要求。(图5-47)

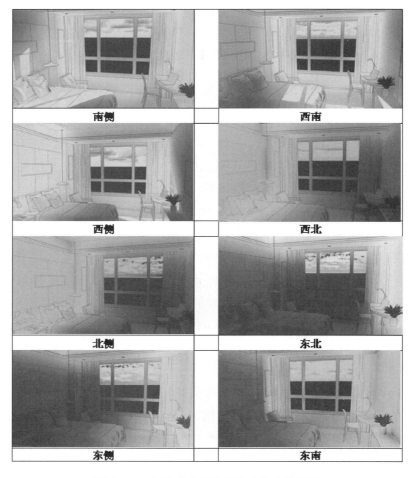

图 5 - 47   西安养老机构卧室自然光模拟图

因此,老年人的卧室应尽可能设置在南侧的房间,最大限度上满足老年人的自然光照需求,优化与提升老年人自身的生理节律,促进老年人的身体健康。

2)选择合适的开窗形式,增加室内外景致联动

窗的大小与形式能够对室内采光质量造成影响。在满足建筑结构安全的基础之上,窗户的尺寸越大,室内的采光质量越高,反之室内的采光质量越低。在开窗形式上,根据开窗位置不同可分为单侧窗与天窗,根据形状不同分为点窗、线窗、面窗。

侧窗采光作为养老机构自然采光的主要方式,在设计应注重侧窗的高度变化,侧窗的高度越大,窗台越低,光线进入室内的区域面积越大,房间亮度越高,反之则相反。大面积、低窗台的侧窗能够引入更多的室外光线,增加室内外景色的联动,为老年人观看户外景色提供方便。

天窗能够直接将室外的光线引入室内,通过对天窗形状的调控,可在室内形成不同的光影。对于生活在养老机构的老年人来说,透过天窗所形成的光影,可为整个室内空

间带来新的生机与活力。同时天窗所形成的光影能够增强空间的明亮程度,为室内侧窗不能够照射到的区域提供光照,减少室内空间的阴影与昏暗。

侧窗与天窗的设置能够为常年卧床的老年人或需要轮椅才能行动的老年人提供了更多与户外景致的交互机会。对于常年卧床的老年人来说,天窗改变了以往冰冷天花板的限制,能够轻易观赏到户外优美的天空,感受蓝天所带来的安定与凝心。(图5-48)

图5-48　降低窗台高度,增强老年人与户外的景观交互机会

3)增设阳光房与内置阳台,增强老年人对光照的接触

阳光房可以设置在室内走廊的尽头或进出口的位置,将阳光房与室内空间相互融合,老年人能够在室内轻松地到达该场所。夏季天气炎热,可在阳光房顶部增设隔光膜、挡光板及其他阻止阳光直射的措施,老年人能够在阳光房内部舒爽地享受夏季的阳光;冬季户外较为寒冷,阳光房能够隔绝外部冷风,营造一个温暖明亮的室内场所,玻璃采光窗能够将光照轻松地引入室内,老年人在室内即可感受到日光的照射,满足对于光照接触的渴望。

内置阳台分为公共阳台和私密阳台两类。公共阳台能够让老年人在本楼层就可以感受到阳光的照射,但由于位置或场地限制,其区域面积可能较小,无法满足所有老年人的同时使用。且受阳台设置方向所限,每日阳光照射时长、照射时间段不能够得到充分保障。私密阳台多设置在房间内部,有封闭或者不封闭的两种形式,封闭式阳台能够在冬季阻挡寒风的灌入,老年人在室内阳台即可享受冬季阳光的照射,但同时也会在一定程度上会影响室内的自然采光质量,造成房间内部的光线昏暗;不封闭的内置阳台视野较为宽广,对于观赏户外景致具有便捷性的特点,但冬季户外较为寒冷,不适宜老年人长时间停留。

4）利用导光技术手段引导光源进入室内

导光技术主要包括导光纤维与导光管，通过导光纤维与导光管将室外的自然光照引入室内，以提升室内明亮程度与接触日光的机会。光导纤维因直径尺寸较为纤细，传输光照的量较小，但正由于其较为纤细的形态，在空间设置上便于弯曲，有利于施工过程时布置；导光管形态上一般呈现柱体型，传输光照量较大，同时能够配合新风系统使用，传输光照的同时，置换室内与室外的空气，保障室内空气的质量，一定程度上降低室内的温度。但导光管的口径一般为数十厘米，管道的弯曲程度一般仅能在0°~90°，因此在建筑结构较为复杂的空间施工时会有一定的不便。导光技术手段一般包括三类装置，其一采光装置，采光装置负责收集自然光照，需设置在室外；其二导光管，负责对于自然光照的传输，使之能够导向合适的场所空间；其三漫射器，负责对所采集光照进行散射，保证光照的均匀度，增强自然采光的效率，保障房间具有合理的光照分布。（图5-49）

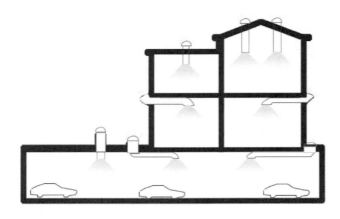

图5-49　自然导光系统工作模拟图

合理地利用导光技术手段，能够对养老机构白天室内照度差的问题起到较好的改善作用。针对养老机构建筑主要采用南北两侧为房间，中部为廊道的类型，可采用顶部或侧边设置自然导光系统，通过漫射器将光线均匀地照进空间，但应注意漫射器的角度调整，避免造成眩光，引起老年人的视觉不适。导光技术能够一定程度上为室内提供光照，但由于其受天气变化影响较大，光照会存在不稳定或忽明忽暗的现象，因此需要辅助人工照明，以保证明光照的均衡，防止空间明暗变化较大，降低老年人摔倒的可能性，为老年人安全保驾护航。（图5-50）

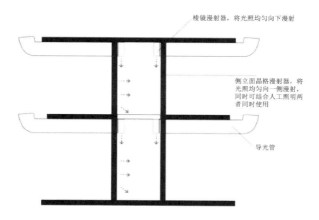

图 5 – 50　走廊自然导光系统工作模拟图

2. 控制与减弱眩光

1）直接照射光线的眩光处理

对于光线直接照射所产生的眩光,可采用对光线照射过程进行阻挡的方式,使得光线无法直接射入老年人的瞳孔。眩光现象发生的位置部分处于窗户附近,老年人尤其是腿脚不便的老年人,渴望与外界环境进行沟通,希望能够看到户外的优美景致,因此会在窗户附近或紧挨窗户进行观望,但当天气较好时,光线较强,光照能够直接射入老年人的眼睛,会使得老年人眼睛产生强烈的不适。(图 5 – 51)

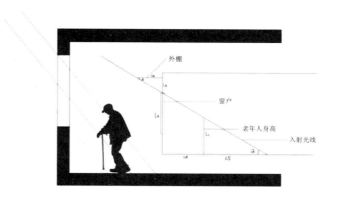

图 5 – 51　自然光线入射角度模拟图

对于直接照射所产生的眩光现象可采用增加外棚、百叶窗或相类似调光设施的方式进行调节,以减弱光线直接照射所产生的眩光现象。其一,窗户外部增设外棚,外棚一般设置在窗户外侧顶部,能够减少射入室内的光线数量,减弱光线通过窗户侧射进入老年人视野的可能性,以此起到对眩光的控制作用。在结构形式上可将外棚设置为百叶窗的形式,可在室内调节其伸缩、舒展等;其二,增加百叶窗或相类似调光设施,老年人可根据需求对百叶窗的伸展高度与透光量进行把控,但应选择易于老年人操控的百叶窗,在材质上应选择合适的漫反射材质,避免反光现象。

2) 光线在介质上反射的眩光处理

对于光线在介质上反射所产生的眩光,可采用更改材质的类型或对材质进行磨砂处理的方式。养老机构中常见的眩光材质主要包括瓷砖地板、不锈钢等,此类材质在自然光照下极易产生强烈的反射,造成眩光现象的发生。

瓷砖地板主要出现在养老机构活动室、门厅或餐厅等场所,在该空间老年人活动频率较大,高反射的地面存在较大的安全隐患,同时过于强烈的眩光可能会造成老年人短时间的视觉失能,对老年人危害较大。在养老机构中应选择具备较强的抗反光性、防滑性、美观性地面铺装材质,可挑选表面具有凹凸纹理变化、色彩相对较深或表面进行磨砂处理的地板。不锈钢材质主要出现在栏杆扶手、窗户外框、部分陈设家具上,不锈钢材质具有较强的反光性能。可选择将其更换为硬性塑料、木质材质,以减弱表面的反光性能。也可在原有的不锈钢材质上加以覆盖橡胶、漆面或其他材质,使其表面形成一定纹理变化,增强表面的漫反射。

3) 光线的反射角度处理,增加室内采光深度

直射光线会在一定角度或位置上对老年人形成眩光,但对易形成眩光光线进行处理能一定程度上弱化老年人出现眩光的可能性。对易形成眩光的光线进行再利用,通过反光介质改变光线角度,使得经过介质后的反射光线延伸至室内顶部墙壁,增加光照的整体进深,提高室内空间的整体明亮程度(图5－52)。

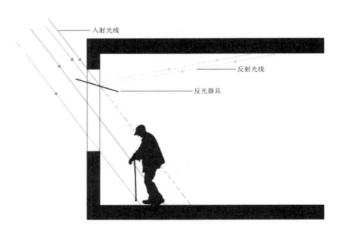

图5－52 反射增加室内光线进深模拟图

采取通过反射增加室内光线进深的模式,有以下几点需要注意:其一对于光线的反射需要注意对于角度的把控,防止出现眩光的现象,同时在反光器具之上可增加适量的漫反射性处理,增加反射光线的发散性,借助间接照明提升空间的照度;其二反光器具应

具备对于光线的追踪与自动调控的能力,在合适的季节时段发挥作用,在户外光照差或无光情况可自行收缩,减少对于窗户空间面积的占用,保证视野的开阔;其三对于反射光线所照射顶面的材质进行处理,不应选择反光性能过强的材质,反之顶面出现高强眩光。

3. 窗帘调光控光

窗帘作为老年居室空间必不可少的装饰配件,不仅能够通过自身材质、色彩、图案的改变调节室内空间的整体氛围,同时能够对室内照射光线进行调整,以满足人体对于光照的合理需求。

1)不同控光程度的窗帘选择

窗帘的控光程度与窗帘的材质、层数相关联。不同材质的窗帘透光性存在较大差异,丝织材料的窗帘透光性与透气性相对较好,对于外界的光线能够起到一定程度的阻挡,同时也能够保证室内照度的适宜,保障室内的通风与空气流动,但丝质窗帘价格上可能过于昂贵,同时在清洗上存在一定的困难,养老机构一般不会选择此种材质的窗帘。棉麻材质分为棉质、麻质两种:棉质材料质地较为柔软,染色性较强,对于老年人来说,使用棉质窗帘冬季能够保证室内温度,夏季能够遮挡户外的光照,保证室内空气的通透;麻质材料质地较为粗糙与质朴,其上有不同的纹理样式,但其遮光性较弱,对于老年人来说适用于活动室、书房等对于遮光要求不高的空间场所。(图 5 - 53)竹质材质窗帘具备较强的自然气息与传统韵味,结实耐用,透气性与透光性均较好,能够与自然光照相互呼应,形成别致的光影意境。对于养老机构的老年人来说,可将其设置于餐厅、茶室、书房等对遮光需求较低的空间,光线透过竹质窗帘,弱化了其原有的强度,柔和的光照洒向室内空间,使得空间具备浓厚与优雅的文化气氛。除此之外,人造材料可根据需求通过厚度的变化等改变其透光程度,同时在防晒抗老化、色泽、质地、清洗等方面均具有一定的优越性。(图 5 - 54)

（a）

（b）

图 5 - 53　丝织、棉麻材质窗帘的应用

（a）　　　　　　　　　　　　　（b）

图 5 - 54　竹质、人造材质窗帘的应用

2）厚度与层数的选择

对于遮光性能较差的窗帘,如果厚度较薄又不能够达到充足的遮光性能,如果厚度过厚虽然能够达到对于光线的严密遮挡,但同时会造成室内空气的流通性差的问题,因此对于养老机构的窗帘设置可以从增加窗帘层数方面考虑。单一层数的窗帘有时不能够满足老年人不同的功能需要,因此需要多层数的窗帘为老年人的功能需求上提供一定保障,但注意窗帘的层数一般不超过三层,否则就会产生过于烦琐复杂的现象。

5.5　西安市养老院室内照明设计方案

5.5.1　楼层功能布局改造

颐安老年公寓区位及相关现状已经在前文进行详细介绍,故在此不多做赘述。A 建筑为南北朝向楼体,B 建筑为东西朝向楼梯。A 建筑一层为餐厅、门厅、双人卧室、服务台,二层为阅览活动室、双人卧室、办公室,三层为观影室、双人卧室,四层为室内公共活动室、单人卧室。B 建筑一、二、三层均为双人卧室与洗衣房,四层封闭未使用。A、B 建筑之间的部分为电梯井位置。

对原始建筑楼层布局进行修改,A 建筑一层空间增设健身室、医护台、棋牌室,二层增设公共客厅与棋牌室,三层将原来的观影室改造成桌球类活动室,并增设医护台、公共客厅与棋牌室,四层增设观影活动室、医护台、公共客厅与棋牌室。B 建筑一、二、三、四层每一楼层在相同位置增设洗衣房、棋牌室、公共客厅、公共厨房、小餐厅及医护台。A、B 建筑之间电梯井位置未做改动,保持原位置。（图 5 - 55）

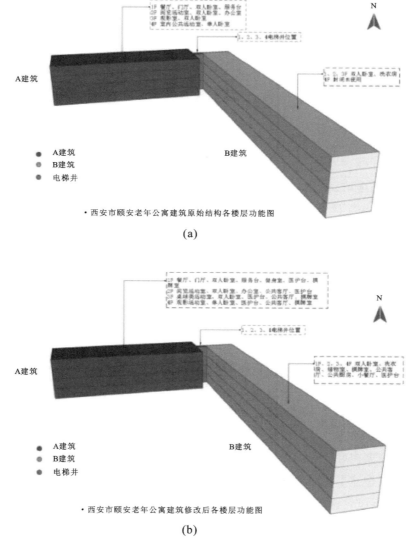

• 西安市颐安老年公寓建筑原始结构各楼层功能图

(a)

• 西安市颐安老年公寓建筑修改后各楼层功能图

(b)

图 5－55　颐安老年公寓建筑原始结构与改造后各楼层功能图

5.5.2　设计理念、原则与目标

1. 设计理念

颐安老年公寓照明设计应满足"以老年人为本"的设计理念,基于老年自身生理、心理、情感等方面的满足,将安全、舒适、适老化、无障碍作为首要的设计原则,同时保证整体空间照明设计的系统性与合理性。

2.设计原则

（1）安全性原则。其一，保障空间中整体的照度均匀性，避免出现过于强烈的明暗变化；其二，针对存在地形起伏或楼梯台阶位置，应加以照明强化；其三，地面的材质选择应保证低反光、高防滑；其四，确保老年人用电的安全，避免出现漏电等现象。

（2）舒适性原则。其一，灯具的开关控制应位于恰当位置，保证老年人使用的方便；其二，室内灯具的选择应贴合季节和老年人的实际需求考虑；其三，空间的整体色彩配置上应确保居住得适宜；其四，加强灯具的引导性与增强回忆性的功能，保证老年人顺利到达目的地，同时给老年人带来回忆；其五，空间陈设的配置上，应给予老年人家的温暖与感受。

（3）适老化与无障碍原则。其一，设置感应式柜体灯，保障老年人取放衣物的方便；其二，背光导视系统字体大小恰当；其三，灯具的配备上优先使用满足照度要求且无眩光灯具；其四，根据老年人身高、是否使用轮椅等制定合适的灯光控制系统高低及位置；其五，所有走廊与室内空间立面设置无障碍双层扶手，背部增设背光；其六，适当增设室内盲道。

（4）系统性原则。空间中的照明、陈设、材质铺装等均应保持相互协调，统一于养老机构整体空间环境之中。

3.设计目标

颐安老年公寓的整体设计目标是为老年人打造出一个"家"的居住环境，老年人能够在其中感到宜居、舒心与放松，能够在此结交伙伴，满足自身多方面的功能需求。

5.5.3 灯具布置亮化模拟

颐安老年公寓在灯具选择上注重对于防眩光的把控，筒灯与 LED 平板灯均采用防眩光类型。为保证整体空间照度均匀，避免相邻光源由于光束夹角所造成墙壁立面产生过多阴影，灯具的点位设置均采用多光源相结合的方式，同时在走廊天花壁龛侧边增设间接照明灯带，借助灯带的间接照明，保证整体空间的无阴影与照度均匀，为老年人在该空间的行走与使用提供舒适的照明保障。

对颐安老年公寓一层至四层进行灯具布置，结合楼层中不同空间的功能性质与所处位置的差异，在保障老年人使用舒适与安全的前提下，利用灯具点位图与亮化效果模拟图对空间灯具设置进行表示。灯具点位图能够清晰地显示空间中灯具布置的位置与数量，亮化效果模拟图能够对光源疏密程度进行把控，避免出现灯具布置过于密集的现象。点位图与亮化模拟能够增强对整体空间照明布置的把控，提高灯具设置的合理性。（图5-56、图5-57）

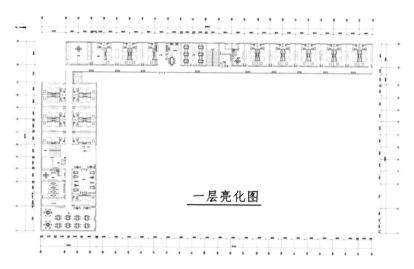

图 5 – 56　颐安老年公寓一层亮化效果模拟图

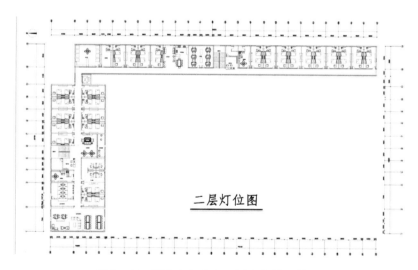

图 5 – 57　颐安老年公寓二层亮化效果模拟图

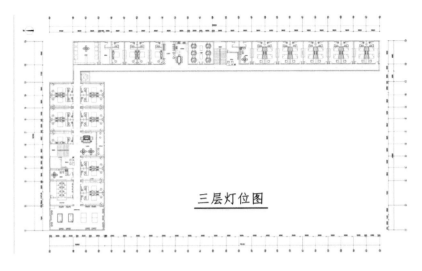

图 5-58　颐安老年公寓三层亮化效果模拟图

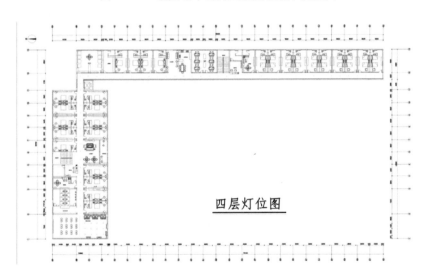

图 5-59　颐安老年公寓四层亮化效果模拟图

4.部分区域照明设计方案

1)双人卧室

卧室的照明采用嵌入式内凹灯槽与防眩光筒灯相互交错进行布置,加之可调节色温类型的灯具,给予老年人多样的照明选择。全屋配备智能语音与感应控制系统,可根据老年人口头语言及肢体行为执行智能调控。在床头处设置床头灯及阅读灯,保证老年人阅读的功能需要。以下对房间中作业面照度值与显色范围进行测试,以确保老年人的使用。

（1）双人卧室照明测试图。如下：

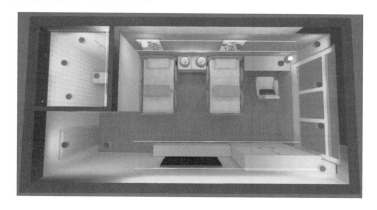

图 5 - 60　颐安老年公寓双人卧室照明测试图

（2）双人卧室照明伪色图。如下：

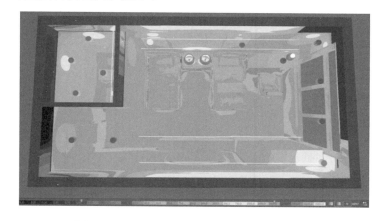

图 5 - 61　颐安老年公寓双人卧室照明伪色图

（3）双人卧室及其卫生间等照度图。如下：

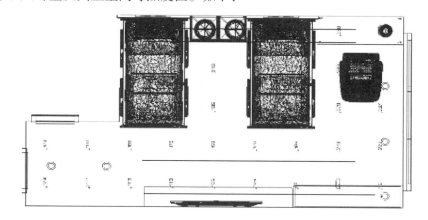

图 5 - 62　颐安老年公寓双人卧室照度图

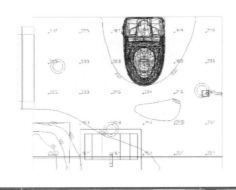

图 5 - 63　颐安老年公寓双人卧室卫生间等照度图

（4）双人卧室区域夜间照明方案。如下：

图 5 - 64　颐安老年公寓双人卧室不同角度夜间照明及其伪色图

由以上图片模拟计算可知,在双人卧室内部水平工作面的照度为 192lx,满足我国老年人照料设施建筑设计规范中关于卧室标准 150lx 的要求。

2）餐厅

餐厅的照明设置采用 LED 平板灯、嵌入式内凹灯槽及筒灯作为主要发光光源,增加空间中光源的更多功能表达,LED 平板灯布置能够保障餐厅过道位置的光照柔和与无阴影;就餐桌面顶部设置合适光束角、显色性的筒灯,有利于就餐面照度的保证与食物色泽的展现;顶部嵌入式内凹灯槽与临墙一侧的筒灯促进整体空间的光照温和,有效调节空间氛围。同时为保证白天室内的自然采光,在保证建筑安全的前提下,增大开窗面积,引入更多自然光照进入室内。

餐厅的就餐位设置分为四人与六人两种,丰富了就餐位置选择,考虑到使用轮椅老年人就餐的不便,餐桌的底部空间均有预留空间,保证轮椅停靠与就餐的舒适。临墙一侧设置双人座椅,给予老人等候亲友或饭后闲坐提供方便。

（1）餐厅照明测试图。如下：

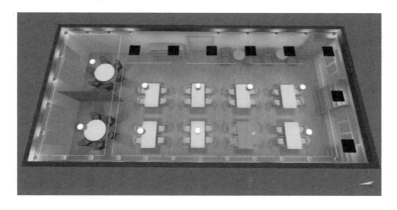

图 5 - 65　颐安老年公寓餐厅照明测试图

（2）餐厅照明伪色图。如下：

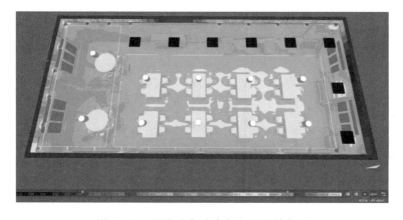

图 5 - 66　颐安老年公寓餐厅照明伪色图

（3）餐厅等照度图。如下：

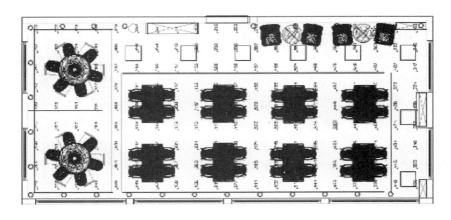

图 5 - 67　颐安老年公寓餐厅等照度图

（4）餐厅区域夜间照明方案。如下：

图 5 - 68　颐安老年公寓餐厅不同角度夜间照明及其伪色图

由以上图片模拟计算可知,工作面照度为 301lx,达到标准照度值。

3)棋牌室

(1)棋牌室照明测试图。如下:

图 5 - 69　颐安老年公寓棋牌室照明测试图

(2)棋牌室照明伪色图。如下:

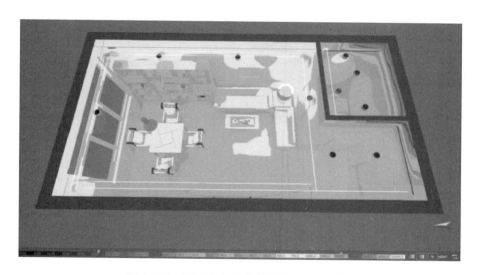

图 5 - 70　颐安老年公寓棋牌室照明伪色图

（3）棋牌室等照度图。如下：

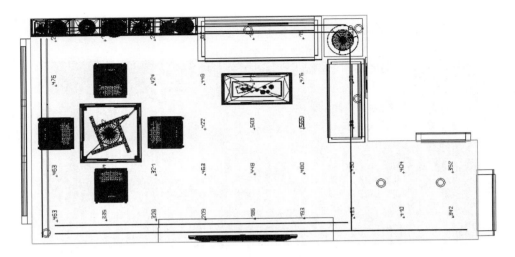

图 5 - 71　颐安老年公寓棋牌室内部等照度图

（4）棋牌室区域夜间照明方案。如下：

（a）

（b）

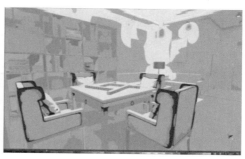

（c）

图 5 - 72　颐安老年公寓棋牌室不同角度夜间照明及其伪色图

由上图模拟并计算可知,棋牌室内部整体水平照度值为 302lx,麻将桌桌面照度为 1024lx,卫生间照度值为 214lx,与照明标准进行比对,均满足照明照度要求。

第6章　养老院外环境及导视系统设计

本章对养老院外环境与导视系统两方面进行探讨,其中外环境从两个方向进行分析,分别为养老院互动景观设计与养老院康复疗养景观设计。养老院互动景观设计部分:通过分析老年人的生理、心理以及行为特征,对老年人的需求进行分析,结合调研西安现有养老院中所发现的问题,总结并提出养老院互动景观设计的设计原则、营造途径以及设计方法。从老年人的角度出发,通过营造感官体验、行为参与、情感共鸣的景观设计,促进人与人、人与景观、人与设施的互动;从景观设计的角度出发,将互动性理念应用于植物设计、水景设计以及公共设施设计,旨在为老年人营造有利于互动交往的空间场所与环境支持。养老院康复疗养景观设计部分:通过对失智老人的认知行为以及心理需求进行分析,总结出适合失智老人需求的养老环境,分析国内外失智老人疗养景观设计现状,再结合景观康复性原理和实地的调研数据,将设计建立在实地调研和理论研究基础上,逐步形成一种有理论支撑的失智老人疗养景观设计体系。失智老人的疗养景观设计应当以给患者提供与他人以及外界环境的联系空间为出发点,重于非药物治疗的情感恢复,继而打造出适合不同情况的失智老人理想的养老环境。导视系统部分:主要从本体特征、交互设计与环境统一性设计三个方面层层深入分析,以本体性为基础,交互性为方法,环境统一性为目的,进而满足老年人对居住环境的导视需要。

6.1　养老院外环境景观概述

6.1.1　互动景观概述

1. 养老院互动景观设计研究

将互动性理念引入老年公寓景观设计之中,既符合老年人的生理情感需求,又是老龄化背景下的时代发展趋势。老年人由于年龄的增长,身体状况大不如前,心理与情感也变得敏感与脆弱。脱离工作岗位后,日常活动范围逐渐缩小,且多集中在居住区及其周边环境,活动时间和空间较为局限。老年人参加各种户外活动,拉近与社会的距离,提高其社会适应能力,有利于树立积极的人生态度,消除负面情绪,维持身心健康。因此营造适合老年人的户外活动及交往空间就显得尤为重要。

目前老年公寓景观设计对于人与环境、人与人的互动关注度不够，无法调动老年人对户外活动的积极性，也影响了老年人的居住体验和生活品质。本节首先对老年公寓的使用主体——老年人进行研究，通过分析老年人的生理、心理以及行为特征，总结老年人对景观环境的特殊需求。在需求分析的基础上，通过实地调研与问卷调查等方式对西安市老年公寓景观设计现状进行调研，发现西安市现有老年公寓景观设计忽视了老年人身处其中的心理感受及行为需求，没有从空间使用主体出发，存在绿化覆盖率低、功能设施设置不合理、空间类型单一、缺乏互动空间、景观缺乏趣味性等问题，提出老年公寓互动景观设计的设计原则、营造途径以及设计要点。从老年人的角度出发，通过营造感官体验、行为参与、情感共鸣的景观设计，促进人与人、人与景观、人与设施的互动；从景观设计的角度出发，将互动性理念应用于植物设计、水景设计以及公共设施设计，旨在为老年人营造有利于互动交往的空间场所与环境支持。

2. 老年人及导视系统的本体特征

本体性特征主要包括两个方面：其一关于生活在其中的老年人的生理心理特征，将老年人生理及心理进行研究，为加强与导视系统之间的交互作用打下基础；其二养老院内导视系统自身的特点，将导视系统特征与老年人生理及心理相互结合，加强两者之间交互性表现，从本体上出发去展开研究，通过对本体的行为性及自身性特征进行挖掘。

1）老年人的本体性特征

在生理特征上，随着年龄的增长，老年人的生理能力呈现不断下降的趋势。

其一，在视力方面，五十岁之后人体视力开始下降，晶状体及眼角膜逐渐开始浑浊，视网膜的敏感程度降低，感光程度开始变弱，对于物体的直观把控能力减弱。同时，老年人晶状体开始产生泛黄现象，光线进入眼中折射能力降低，对于波长较短的色彩会难以辨别，如蓝绿色等。综上原因，在导视系统设计中，应依据老年人的色彩辨识能力进行色彩的选择与设计，比如选择红、橙色等鲜艳的颜色用于导视系统设计之中，同时应加强导视系统呈现信息的对比性。

其二，在身高方面，基于人体工程学的调查与研究，老年人由于驼背、脚掌变平、对钙物质吸收能力变弱等，身高呈现逐渐降低的趋势，加之眼睛观察物体的夹角由原本水平展开逐渐产生向下倾斜的趋势，其正常生活中视线所观察的焦点高度降低。在导视系统设计中，应依据老年人视力范围、夹角及对于物体的把控能力进行营造，如适当降低导视牌的高度，增大导视牌上字体大小对比度等等。

其三，在认知与记忆力方面，由于大脑的萎缩，老年人群的记忆能力大多较弱，易产生遗忘现象，对于前一刻发生或者想要做的事情可能突然就会忘记。因而导视系统的设计应整体、系统与连贯，加强老人对于整体环境的识别程度，采用多种方式加强空间的导视功能，减少老年人产生迷失、迷路等现象。

在心理特征上,进入养老院后,老年人的心理逐渐产生变化。其一由于脱离原本的生活环境,老年人对周围陌生环境易产生恐惧与担忧,加之自身健康水平不断下降,子女又不能常伴左右,对于死亡的畏惧,老年人内心易产生焦虑、孤独、担忧等。其二,由于离开原有工作岗位,老年人容易产生失落情绪,积极性与自我效能感容易受挫。其三,离开原有生活范围,老年人虽渴望加入新的团体,接触新的伙伴,但可能不知如何融入新的团队之中,内心易产生困惑与不解。因而养老院应依据老年人的心理特征积极采取措施,帮助老年人完成过渡,如择机举行迎新、栽植、踏春等活动,加强老年人之间的沟通与互动。与此同时,清晰明确的导视系统同样也能够帮助老年人快速到达目的地,减少路途的难以识别与辨认所造成的心理压力与困扰。

2)导视系统的本体性特征

导视系统作为养老院信息展示与方位导向的名片,在养老院设计中承担着重要地位。其一,导视系统具有指导性,无论是生活在其中的老年人群或者其他人员,通过导视系统能够清晰地了解养老院内的方位与布局,第一时间到达目的地。其二,导视系统具有易识别性,导视系统的陈列位置与其上所展示的信息内容,能够被人轻松了解与认识,能够唤醒老年人的记忆与认知。其三,导视系统具有形态美观性,作为养老院内部功能结构的一部分,导视系统外在表现形式应与养老院整体风格特征相符,同时在形式上要有所创新,能够体现养老院的发展理念与文化内涵。其四,导视系统应具有准确性,导视系统的信息呈现应与养老院现阶段布局相匹配,应随养老院内部的布置变化及时作出更新。

总之,老年人的生理心理与导视系统的自身特征,作为对导视系统进行本体性设计所应着重把握的微观特征,加强对于本体性特征的了解与认识,对于养老院导视系统的规划设计意义重大,同时也为导视系统与老年人的交互性设计打下基础。

6.1.2 康复景观与失智老人概述

对失智老人的认知行为以及心理需求进行分析,按照病症的不同阶段给老人划分符合其需求的活动区域,抚慰他们的心理,让老人们度过有尊严且自由的晚年生活。提升失智老人室外活动的自我能动性,让失智老人能够多方位与自然沟通互动,为他们营造出优美舒适怡人的疗养空间。据统计,2018年年底,我国老龄人口数量已达到将近2.5亿,其中失能失智老人人口数量达950万,占全球失智人口五分之一。失智症是一种持续性神经功能障碍疾病,该病症会导致记忆下降,情绪不稳定,行为认知功能受损。通常情况下,失智症发病率是随着年龄增长的,因此随着我国老龄化程度的不断加深,失智老人的数量也急剧攀升。目前我国很大一部分数量的失智老人选择家庭疗养,但其家人承受着巨大的心理压力和身体负担,急需专业的护理机构给患者提供专业的护理。近些年,国家对养老事业也更加关注,大量民办护理机构投入使用,其中也有一些投资建设了失智老人疗养院,但数量少并且价格昂贵,同时服务及护理专业水平也有待加强。

1. 康复景观设计原理

人类是通过大脑来认知环境的,大脑通过分泌影响免疫系统的神经化学物质来影响身体健康,所以大脑与免疫系统之间的相互作用是影响身体健康的重要因素。[93]

环境是人类生存和发展的外部条件,直接影响人的精神生活。经研究发现,人们处于陌生环境、独居环境、复杂环境中均会产生心理压力,这种消极影响会使下丘脑释放出促肾上腺皮质激素释放激素,从而抑制免疫系统工作,不利于身心健康。相反,优良的环境所产生的积极情绪可以对身体康复有利的荷尔蒙分泌起促进作用,进而激发免疫系统工作来促使身体快速恢复健康。例如法国的卢尔德以宗教圣地闻名千里,原因是这里治愈了很多疑难杂症,传闻被治愈的病人没有服用任何的药物,只是单纯地祈祷和饮用当地泉水。究其原因,传闻的良药无非就是在宗教的氛围中能使人产生积极的情绪,以及在圣地调养可以恢复健康的殷切期望。

2. 失智症的发展阶段

先智症的发展大致可分为以下四个阶段:

(1)失智前期。出现一些轻微的认知困难、记忆力下降、健忘等症状,有的可能还伴有语言功能下降等症状。[94]性格突然变得冷漠,也是在这个时期出现并一直延续。阿尔茨海默病的临床前期也被称为轻微认知障碍。

(2)失智早期。认知语言交流能力下降,管理控制能力降低,知觉或者行动反应迟缓。老人的短期记忆力下降,但是长期记忆力不受影响。老人日常交流中所用到的词汇越来越少,并且流畅度有所削减。行为方面,身体不协调,无法进行读写等精细动作。

(3)失智中期。随着病情慢慢恶化,老人逐渐没有办法独立地进行日常活动。家属的一直陪同也会对老人产生精神压力,需要找专业的护理机构。认知方面,这个阶段的老人的记忆力明显下降,可能连亲属也认不出来,反复提问或口中念念有词,少量病患伴随有妄想症、精神恍惚、易怒多疑,有的老人可能还会出现拒绝别人靠近或照顾现象。行为方面,无法再独立进行室外活动,身体协调能力下降,容易摔倒。

(4)失智晚期。患病老人只能完全依靠外界的护理来维持生活,慢慢走向生命的终结,但是很多死因并不是疾病本身而是外在的感染,像肺炎、褥疮等[94]。语言功能逐渐丧失,可能只会说出几个简单的字。肌肉萎缩,吞咽困难,导致没有办法自己吃饭,无法照料自己。无法辨认任何物体,难以沟通,脾气变得暴躁冷漠。

3. 失智老人疗养景观研究

处于不同阶段的失智老人存在着不同的情绪需求,因此在景观设计上也应把握差异进行综合考虑。

1)失智症前期景观设计

该阶段的失智老人症状轻微,基本的生活能够做到独立自理,但是生活中仍存在突发性的病情加重的风险,良好的环境引导,利于较轻微的症状得以疗愈缓解。在设计上可以放置一些旧物作为记忆点提示,例如晾衣绳、工具小屋、老式汽车等。这一阶段的失智老人往往身体状况良好,可在室外设置健身器材、抬升花床等活动设施以供老年人选择使用。

路面铺装可选用不同材质,主路用砖砌平整,小路用松散石材铺就,老人可以自主选择有挑战性的道路来锻炼,沿途可设置健身器材及辅助扶手,吸引失智老人锻炼身体,沿途植物应选用色彩艳丽、气味宜人的品种。

2)失智症早期景观设计

该阶段老年人病情症状已经比较明显,需要有一定的看护。室外景观应采用一定的围合方式,但又不能给老人以禁锢的感觉,因此可采用花架作为围合,采用植物进行软包围,给失智老人心理上的庇护感。同时,要给老人规定行走路线,在入口设置标志性景观小品或其他标识物,使老人始终可以轻松找到花园起点。

3)失智症中期景观设计

该阶段老年人病情症状非常明显,情绪暴躁易怒,需要护理照顾,因此设计上要更注重提供安静、私密的环境,采用完全闭合的方式以满足失智老人的安全感需求。植物选择要更加慎重,要确保无毒无害,属于本地树种,且气味为老人所熟悉的,能帮助唤起老人早期记忆。

4)失智症晚期景观设计

该阶段失智老人已基本完全丧失生活自理能力,可设置多处抬升花床以方便老人在家里也能观察到户外景观和四季变化。同时医护人员也应增加帮助老人到户外进行活动的频率,减弱由于长期处于室内而产生的郁闷、烦躁不安等情绪,帮助老年人舒展身心。

6.1.3 国内外养老院外环境景观设计相关研究

1.国内研究现状

1)国内养老院互动景观研究现状

国内养老院互动景观研究主要包括对养老设施设计的研究和对养老设施互动景观研究两个方面。

(1)关于养老设施设计的研究。国内相关研究多是对国外养老设施的探讨和分析,如清华大学的周燕珉的《日本集合住宅及老人居住设施设计新动向》、清华大学金签铭的《浅谈美国老人住宅的研究与设计》、姚栋编著的《当代国际城市老人居住问题研究》等[95-97];王笑梦、尹红力、马涛编著的《日本老年人福利设施设计理论及案例精析》阐述了老年人福利设施的设计理念与设计要点,并对若干优秀案例进行详细分析,对我国养老设施设计具有一定的参考价值[98]。也有对国内的研究和探讨,如赵晓征编著的《养老设施及老年居住建筑:国内外老年居住建筑导论》一书,通过对发达国家的养老现状进行分析,结合我国养老现状与需求,提出"在宅养老"的养老模式,营造老年人宜居的室内外环境。[99]倪蕾编著的《城市老年人居住建筑设计研究》对我国人口老龄化和老年人居住建筑概况进行概述,针对南京市老年人居住现状与居住需求,探究居家式社区养老与常态社区老年人居住建筑设计对策。[100]周燕珉通过分析目前居住区在适老化方面存在的问题,提出适老化的设计原则以及不同类型户外环境活动空间的设计要点。[95]

标准规范方面,我国现行的国家标准主要有原建设部、民政部颁发的《老年人建筑设计规范 JGJ122 – 1999》《老年人居住建筑设计标准 GB/T50340 – 2003》《老年人照料设施建筑设计标准》。

(2)关于养老设施互动景观研究。近年来,国内学者对景观设计中的互动性进行了一些理论的探讨和研究,但对养老设施的互动景观研究目前还非常少。刘铠源认为人与人之间、人与景观之间都存在着"交互式作用"的关系,可通过人与人、人与植物、人与景观设施等互动表达营造出追求精神交流的老年公寓互动景观设计。[101]陈书芳提出通过感官刺激、情感共鸣、参与改变等方式让老年人更好地参与室外活动。[102]张冬通过研究老年人户外休闲活动与环境景观之间的互动关系,提出适宜成都老年人的户外休闲模式。[103]于泽鑫从互动空间的层次划分上着手,针对北方老年人的特征及需求,将互动空间的设计概念运用于老年公寓中。[104]王微将交互理念应用于智能化老年公寓室内设计中,通过环境元素和环境尺度的诱导与制约,促进人与人、人与环境的交流互动场所营造。[105]

人口老龄化还在不断加剧,相关的理论研究也在不断发展与更新。近几年国内关于养老问题与养老设计的研究,主要集中在养老设施的人性化需求方面,更多的是物理层面的适宜与适度。对于老年住区室外环境的研究探讨,多集中在无障碍环境的建设问题,主要涉及道路铺装、无障碍坡道等方面。户外景观环境,是老年人休闲活动的主要场所,对于老年人来说,室外活动空间的社会参与性以及参与过程中的体验与感知最为重要。笔者试图引入互动理念,探索其在老年景观中的运用,激发老年人更多地参与社会活动,促进老年人与人、景的互动,改善老年人的景观体验,丰富老年人的老年生活。

2)国内基于失智老人的康复疗愈景观设计研究现状

与国外对失智老人疗养空间的研究相比,国内的相关研究还处于发展前期,对失智老人的关注度明显不够,并且大部分研究尚处于文献上的研究,并未付诸实践。

关于护理研究,樊慧颖、李峥在《中华护理杂志》中提到怀旧疗法这种低成本、易实施的方法有助于晚起老人早年记忆,增强幸福感,提升生活质量以及对周围新环境的适应能力。[106]李晶、李红在《中华护理杂志》中提出创造性故事疗法,是以失智老人为主,鼓励让他们彼此之间分享故事,自我表达抒发个人感情。[107]

关于阿尔茨海默病疗养研究。毛黎在《社交可减少阿尔兹海默症影响》一文中指出,据科学家调研发现在智力能力丧失方面那些具有广泛社交关系的阿尔茨海默病患者比那些没有如此关系的患者要慢许多。[108]高天、王茜茹在《国外音乐治疗在老年痴呆症中的研究与应用》中指出音乐治疗在针对老年痴呆症的治疗中发挥其独特的作用。[109]

关于神经科学研究。2009年台大出版社出版的《闲话脑神经科学》以轻松的方式介绍了动物的神经科学。[110]刘博新、李树华在《基于神经科学的康复景观设计探析》中指出神经科学更清晰地阐述了景观的康复性原理,使景观设计更具有针对性,并提出康复景观的循证设计。[111]

2. 国外研究现状

1）国外养老院互动景观研究现状

国外在养老设施及互动景观设计方面起步较早,具有较丰富的研究成果。在互动景观设计方面,国外研究者注重人体感官的体验,强调景观设计中的体验性。M. Schafe 凭借自己作为音乐家对声音的敏感性,创造性地提出了声景观的概念。在景观设计中注重听觉行为和声环境的变化,引导人们对声景观的关注,促进人与景观进行互动。[112]J. Pallasmaa 同样注重各类感官需求,强调在设计中要注重多感官体验。[113]G. Hargreaves、佐佐木叶二认为互动是景观设计的一种趋势,他们在设计时通过隐喻等方式实现了环境景观与人的和谐共生,为身处其中的使用者提供互动交流的机会和场所。[114]新加坡政府提出的"花园城市"概念,也是对景观互动性的践行,在景观环境设计中不仅注重景观的观感,同时也注重景观与人的亲近性,强调居民的可达性,设置连廊系统满足居民出行要求,通过架空层设计增加居民有效活动空间,通过合理的景观规划来满足不同年龄、不同种族居民的生活需要和活动交流。

2）国外基于失智老人的康复疗愈景观设计研究现状

关于康复景观的研究。国外相关研究比国内要早很多,并且已有一定程度的成果,2003年美国建筑师学会成立了建筑神经科学学会,更加明确了人类对建筑环境反应的相关理论知识。越来越多的研究表明应尊重失智老人对景观环境的需求,支持失智老人参与室外活动并且不限制他们的自由,利用神经科学预见失智老人行为使其设计更符合老人需求,有利于减缓病症。

关于护理的研究。J. Wiley 提出失智老人是近期记忆受损,因此可以调用远期记忆来进行怀旧疗法从而减缓病症发展;Ballard 等提出植物散发的味道对失智老人的过激行为有减轻作用,并且对行为认知能力有改善;Pollack 等研究证明自然界鸟鸣、水流声对失智老人的听觉产生刺激,有助于减缓失智老人对环境的隔离感。

关于神经科学的研究。精神领域的科学家 Zeisel、Hyde 和 Levkoff 运用环境行为学的相关方法从中选择如行为、社会交际、情绪的定量指标来衡量庭园所能产生的对健康积极的作用,来证明庭园的设计对病症康复真实有效。他们还把庭园的积极作用命名为"室外的自由"。J. Zcisel 将神经科学与"环境—行为"研究统一起来提出了"环境—行为—

神经科学"三位一体的研究模型[115];H. F. Mallgrave 撰写的《建筑师的大脑—神经科学、创造性和建筑学》说明大脑具有很强的可塑性,并且不随着年龄的增长而停止发育,大脑终生受环境的影响[116];2003 年在圣地亚哥举行的美国建筑师学会年会开始了一项空前的尝试:成立建筑神经科学学会。它的明确任务就是加深理解与人类对建筑环境反应相关的知识;Robert Cabeza 等编著的《脑老化认知神经科学》从数据分析等各个专业层面分析了大脑变化造成失智老人认知行为和心理上怎样的变化,为失智老人室外景观设计提供了方向。[117]风景园林学者 Martha Tyson 也认为为失智老人设计庭园的最终目的是满足失智老人能够自主进行室外活动的主观意愿,并为实现这一目标而设计出便利的环境支持。[118]

6.2 养老院外环境设计现状与需求分析

6.2.1 老年人特征及其户外环境需求分析

老年人作为养老院户外环境的主要使用者,互动景观的设计应立足于老年人的基本需求。随着年龄的增长,老年人的生理、心理及行为特征都有着明显的变化,对户外活动空间及环境产生新的需求。在进行养老院互动景观设计时,首先应对老年人的特征及其对户外环境的特殊需求进行分析。

随着年龄的增长,生理上的衰退变化最容易被察觉,其主要表现为器官的老化及感知功能、适应性等的降低以及体表外形的改变,如须发变白脱落、皮肤皱纹增多、身高体重降低、反应迟钝行动迟缓等现象。而身体机能的下降给老年人的日常生活带来很多困扰与不便,一方面会对其心理活动造成一定影响,不安全感等心理感受随即产生,情感变得脆弱,容易依赖他人,对周边环境较为敏感。另一方面,限制了老年人的社会活动,日常活动量减少,活动范围主要集中在居住区及周边环境,改变了老年人的生活方式并对其心理造成一定影响,长期的负面情绪不仅不利于与人接触、交流,还会对老年人的身心健康造成危害,导致疾病的发生。

对老年人来说,舒适、安全、保障户外空间的易于通达以及同其他人相遇交流的机会正越来越成为他们利用户外空间的重要目的。[119]通过调研发现,老年人的户外活动方式可以分为以下三种:个体式、组团式、群体式。在做设计研究时,我们要考虑老年人的社会背景、生活环境、兴趣爱好以及行为习惯等方面的差异,如在活动可观望的区域设置休闲座椅,吸引个体式老人的注意;在老年人易发生交往的地方设置休憩设施,增加组团式老年人发生交往互动行为的可能性,为人与人之间的互动创造适宜的条件;提供较大的场地,场地设置以及设施细节上需要考虑老年人户外活动放置随身物品以及音箱等设备的需求,为群体式老年人的户外活动提供完备的环境支持。

著名建筑师扬·盖尔在《交往与空间》中提出,公共空间的户外活动可以划分为三种类型：必要性活动、自发性活动和社会性活动。[120]在养老院中，可以通过增加一些日常活动内容来提高必要性活动的发生频率。例如，组织外出购物、安排老年大学的课程等。也可以营造适宜的场所及景观环境引导老年人积极参与自发性活动，延长户外活动时间，激发老年人走出室内，感受户外环境所带来的活力氛围。或者通过优化户外空间环境，引导必要性活动与自发性活动的发生，间接地促成社会性活动，形成一环扣一环的连续活动。

导视系统设计虽只作为养老院设计的一部分，但对于生活在其中的老年人群却意义重大。良好的导视系统能够为老年人提供优雅、舒适、怡人、方便的生活环境。因此有针对性地对养老院导视系统进行再设计，不仅能够提升养老院的整体环境质量，同时也为老年人提供便利，减少其走失、迷路、难以找到自己房间或目的地的现象的产生。

在方法上基于养老院现场资料及数据收集，以本体特征（导视系统与老年人自身特征）、交互设计（导视系统的信息展示及与老年人的交互作用）、环境统一性（导视系统与环境的融合与对比）为逻辑，从本体特征、交互设计与环境统一性设计三方面进行展开，以本体性为基础，交互性为方法，环境统一性为目的，层层进行深入分析，对养老院导视系统进行营造。养老院导视系统设计应从本体性出发，捕捉其自身与老年人的细节特征，与此同时交互性的使用同样也是导视系统科学性营造的重要流程，不应固执地追求其一而摒弃其二，两者统一于养老院大环境背景之中，在融合中突出对比，在对比中产生融合，使得导视系统真正成为养老院环境的一部分。总之，从老年人的生活需要入手，加强导视系统设计，能够改善老年人的生活环境质量，减弱老年人产生迷路、走失的概率，为老年人能够快速到达目的地提供便利，同时也为养老院内各类使用者、工作人员及参观人员提供方便。

6.2.2　基于失智老人的康复景观设计研究

基于失智老人的康复疗养景观设计研究，结合失智老人自身特点，为该特殊群体提供适宜居住的康复景观设计。首先将对失智老人的认知行为以及心理需求进行分析，总结出适合失智老人需求的养老环境。其次结合国内外失智老人疗养景观设计现状、景观康复性原理以及实地的调研数据，整体汇总出失智老人的疗养环境设计的理论与实践方法，最后逐步形成一种有理论支撑的失智老人疗养景观设计体系。将西安天合老年公寓作为研究对象和设计理论的研究基础，经过调研和研究发现：其一失智老人的疗养景观设计应当以提供给患者与他人以及外界环境的联系空间为出发点，着重于非药物治疗的情感恢复；其二根据失智老人的身体状况的不同将其分为自理型、介入帮助型、介入护理型三种护理模式，再根据不同的类型建立相应的设计理论体系和景观环境，继而打造出适应于不同情况的失智老人理想的养老环境。其三在调查中发现，西安天合老年公寓相对于其他老年公寓，经过升级改造后，更立足于当地的风土人情，并且根据神经科学的理论研究成果建立出了适合不同失智老人的养老体系和康复环境。

失智症老人不同于其他病人，他们不仅需要更安全舒适的生活环境，还需要重视自由且有尊严有意义的生活方式。因此，养老院应当以提供给患者与他人以及外界环境的联系空间为出发点，打造出适应于不同情况的失智老人理想的养老环境，帮助众多失智老人寻回记忆，让老人们拥有尊严有自由的晚年生活。

6.2.3　西安市养老院互动景观现状分析

1. 西安市养老院互动景观存在的问题

西安是全国进入人口老龄化阶段较早的城市之一，基于西安老龄化特点及西安养老院的发展状况，通过对西安市四家养老机构的实地调研，总结出西安市养老院现有景观设计中存在的一些问题：

（1）空间缺乏互动性。在养老院中，入住老人邻里交往较少，其原因是户外空间缺乏互动景观设计，没有为老年人提供一个很好参与互动的环境。

（2）功能设施设置不合理。由于老年人特殊的生理特征及需求，休憩设施是老年人在室外活动时接触最多、使用最频繁的设施，不仅能满足老年人休憩歇脚的需求，一定程度上也可以促进其他活动设施的使用，促使老年人更好地与景观设施互动交流。

（3）绿化覆盖率低。老年人喜欢在绿树成荫的地方聚集，树冠的遮挡给老人营造一种安全感和领域感。但是西安市多数养老院的植物配置不当，植物层次不够丰富。

（4）可达性不强。作为养老院室外活动空间的主要使用者，老年人如果根本无法进入活动空间或进入活动空间非常困难，那么该活动空间的使用性与功能性则趋近于零。

（5）形式大于功能。对空间场所的设计缺乏同理心，没有从老人的角度出发考虑空间的使用需求。设置存在很多不合理性，有些景观设计仅是摆设，不适宜老人使用。

（6）缺乏个性和趣味性。老人对这样的景观环境提不起兴趣。

2. 互动景观的提出

景观是各种因素构成的庞大系统，老年人希望与周边人、环境产生互动交流，从互动中寻找乐趣，感受情感与心灵宽慰。养老院互动景观旨在促进老年人和景观环境的互动，通过景观设计的手法，提升老年人参与互动的积极性，为老年人更好地在户外环境中互动提供环境支持。而互动景观的功能作用主要包括促进交往、康体悦心、增添活力。在养老院景观设计中引入互动性理念，希望通过互动景观设计优化养老院景观环境宜居度，提升老年人在户外景观中的活动体验感。

6.2.4　西安市养老院空间景观设计现场调研

1. 汉唐老年公寓

汉唐老年公寓是经西安市民政局批准注册的从事养老、托养、护理业务的民办社会福利事业机构。占地二十五余亩,建筑面积三千多平方米,院内大量仿古建筑,配有一定的室外健身器材,并且有大面积鱼塘供老人垂钓观赏。

1)区位分析

汉唐养老院位于北郊石化大道,地处偏僻,周围环绕着废弃地、工厂和村庄,没有便民设施,交通不便,并且环境不好。

2)空间布局和功能分区

该老年公寓由入口、水景垂钓区、四合院住宅区、廊架休息区、健身活动区和员工休息办公区组成。(图6-1、图6-2)

| （a） | （b） |

图6-1 汉唐老年公寓入口与院内水景

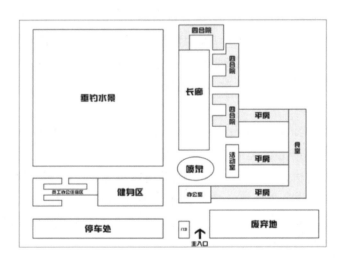

图6-2 汉唐老年公寓功能分区图

汉唐老年公寓入口就有大片废弃用地,观感不好;健身区设置的健身器材仅适合普通老人使用,并不适合失智老人,并且铁质健身器材在冬季不适宜老人使用;垂钓水景区面积很大但利用率很低,并且水质很差,木桥破损严重已不适宜使用;长廊串通老年公寓的住宅区和垂钓区,其间设置可移动桌椅,供老人休闲打牌;喷泉假山带给老人不同的观感,有助于失智老人记忆。(图6-3)

（a）　　　　　　　　　　（b）　　　　　　　　　　（c）

图6-3　假山喷泉、健身区与廊架

3）设施分析

座椅:老年公寓内座椅大多设置在长廊部分,但多为沙发,不好移动,失智老人难以选择座椅位置,缺乏掌控感,但大多数座椅均有靠背,失智老人可以借力起身。

健身设施:健身区面积很大,但器械很少,对于失智老人而言难度高、使用率低,并且均为铁质器材,冬天使用感差。

照明:照明设施只在每个院外设有白炽灯,夜晚出行照明欠缺。

4）植物配置

该养老院绿化面积低,植物种类单一,种植层次简单,院内植物现有下列几种:乔木类有槐树、白玉兰、柳树、松树、女贞;灌木类有石楠、大叶黄杨、小叶黄杨;藤本植物为紫藤。

5）铺装

全院基本为硬质铺装,并且颜色均为黑灰色,只有长廊部分铺设了塑胶地板。对大多数失智老人来说,由于受阿尔茨海默病影响,行动力下降容易摔倒,因此存在安全隐患。

2.西安王寺敬老院

王寺敬老院位于西咸新区沣东新城王寺街道大苏村北侧,占地面积约21 000平方米,原来隶属于沣东新城区域性敬老院,现在主要负责西咸新区沣东新城的五保老人及孤残老人托养护理工作。其建筑面积2 960平方米,有126间房,床位有150张。院内都是统一标准的房间,均配有电视、冰箱、暖气。院内还设有库房、人行路、锅炉房等,并在公共区域配有医务室、活动室、棋牌室和图书室等来丰富老人的业余生活和学习娱乐的需求。

西安市养老院地方适应性环境设计研究

1）区位分析

王寺敬老院离西安市中心较为偏远,需要地铁转公交再步行穿过一个红绿灯,并且去养老院的路上并未设置人行道,存在安全隐患。

2）空间布局与功能分析

该养老院由主楼,自理型老人居住区,护理、重护、残疾及员工宿舍区,庭园区,停车场,假山活动区六部分组成。整体呈现对称性结构,楼体为U形方便失智老人在楼内的游荡行为;院内绿化面积达90%,入口设有小型喷泉;由一条长廊连接南北楼,设有供老人乘凉休息的廊架;主楼前空地设有露天棋牌桌椅供老年人室外娱乐,以及篮球架供工作人员休闲活动;庭园道路回环弯曲,其间设有健身器材;冬季敬老院会铺设假草坪。（图6-4~图6-6）

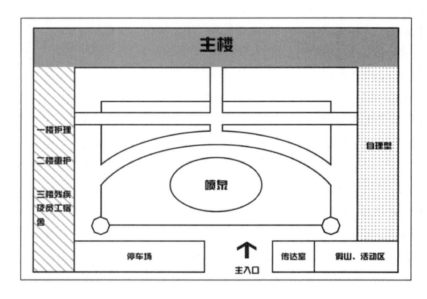

图6-4　王寺敬老院功能分布图

（a）　　　　　　　　　　　（b）

图6-5　庭园道路与廊架

（a）　　　　　　　　　　　　　　（b）

图6-6　喷泉与假山

3）设施分析

座椅：主要分布在庭园道路，每隔一段距离就设置一个座椅，没有可移动座椅，廊架也可供休息。

健身设施：健身设施分布在庭园道路中，种类较多，使用率高。

照明：简单的路灯照明和地灯照明。

4）植物配置

虽然王寺敬老院占地面积不大，但绿化面积高达90%。绿化以大面积绿地为主，院内植物有以下几种：乔木类有女贞、垂柳、白玉兰、国槐、松树；灌木类有石楠、小叶黄杨、大叶黄杨；草坪植物有三叶草和地被月季；藤本植物为紫藤。

5）铺装

大多数采用混凝土铺装，庭园间的蜿蜒小路由花岗岩铺设而成。

3. 失智老人行为活动及访谈分析

通过对失智老人的行为活动进行观察，以及与老人的交流对话和对护理人员的访谈，笔者做出以下总结，并提出合理化的设计建议。（表6-5）

表6-5　失智老人行为活动及访谈分析

行为活动	失智老人访谈结果	护理人员访谈结果	设计建议
重复某一个行为动作，例如：在走廊中游荡，如果出现阻碍前进的门会出现焦躁情绪	失智老人会在交流过程中反复与笔者谈论同一件事，但转头就会忘记	中度失智老人会时常反复问同一件事，如果护理人员没有及时回答，失智老人会出现焦躁、辱骂等攻击性行为	在庭园道路设计上使用"8"字道路形成环路，满足失智老人游荡行为；隐蔽出口设计，减少失智老人焦虑感

行为活动	失智老人访谈结果	护理人员访谈结果	设计建议
大多失智老人喜欢围坐在一起交谈,但轻度失智老人往往不喜欢和重度失智老人一起交流,甚至会出现讽刺状况	如果轻度失智老人遇到正常老人避开自己围坐在一起时,他们心理会受挫,但又会看不起中度失智老人	为了避免老年人之间出现矛盾,通常将他们分开,并且会限制中度、重度失智老人活动自由	庭园设计应划分区块,使他们室外活动时不会相互干扰
不论病症程度严重与否都很向往室外活动	很想去看看室外的花草树木,但养老院条件有限,并且护理人员很少允许中度以上程度失智老人外出活动	老人们很想外出活动,但因护理人员较少且担心老人们会出危险,因此很少外出	庭园种植要注意种植颜色鲜艳且无毒的植物,地面不宜种植成片的灌木,以防老人摔倒时护理人员难以及时发现
大多数失智老人会出现认知障碍,难以认出自己的房间	虽然失智老人难以认出现居房间,但是可以快速认出老照片里的人或物	对新的事物老人会出现迷茫的情况,但是对自己随身携带的老物件他们依旧保有记忆	园区主路要设置能激起老人旧时回忆的设施或者装饰,刺激老人记忆

6.3 西安市养老院外环境及导视系统设计策略

6.3.1 互动景观设计

景观设计中的互动过程可以分为三个环节,分别是设定互动的对象、提供互动的情境和建立参与的方式。[121]如何营造互动景观以及建立老年人与景观的互动方式是十分重要的。

1. 互动景观的设计原则

1) 注重感官体验

基于五官的认知互动是老年人同景观产生互动的重要方式之一。在养老院景观设计中,应该充分利用老年人的感官互动为其提供充足的可感知信息,使环境更易被老年人感知,优化老年人在环境中的体验与感受。在结合感官认知进行互动景观设计时,应注重多种感知觉的融合,充分调动老年人的各项感觉器官,增强老年人对景观环境的理解与记忆,加深其对环境的情感依赖。

2）提升参与互动

在养老院景观设计中,通过对老年人的引导与支持,提升老年人参与户外活动的积极性,加强活动中邻里交往与互动,提高公寓凝聚力,增加老年人对公寓的认同感与归属感。设置多种形式的户外活动场所,多组织老年人开展群体性活动,例如放映露天电影、组织座谈交流会以及开设老年大学课程等。老年人通过与人交流、学习,感受自我存在的价值,从而获得参与感与成就感。

3）加强康体健身

景观环境对老年人的身体健康有着调节改善的功能,在互动景观设计中,首先应保证老年人具有亲近自然的机会,适当的面积比例使老年人获得场所控制感并保持一定的独立自主。其次应基于老人的特殊需求和偏好设计,增加自然生态化的景观环境,对健身与休息场所的设置进行优化,提升老年人参加户外活动的积极性,增加户外景观环境对老年人的康体性作用。

4）体现地域特色

经过历史的积淀和文化的传承,每个城市都有属于本城市的地方性的文化特色以及精神内涵,包括当地人的衣、食、住、行与生活方式。互动景观设计中,充分挖掘地域特色和历史文脉加以利用,能够调动老年人的怀旧情结,引起回忆与思考,使老年人对景观环境产生情感的共鸣,增加老年人对景观环境的认同感与归属感。具有西安地域特色的民间工艺美术也是许多老年人所喜爱的,如木板年画、泥塑彩绘、针织刺绣、窗花剪纸、社火脸谱等。除了可以在室内设置相应的娱乐室外,还可以跟景观结合,设置体现地域文化的景观小品,增加老年人的归属感。（图 6 - 7）

（a）　　　　　　　　　　　　　　　　（b）

图 6 - 7　具有西安地域特色的景观小品

2. 互动景观的营造途径

从老年人的角度出发,建立老年人与景观的互动方式,通过营造感官体验式互动、行为参与式互动、情感共鸣式互动的景观设计,丰富老年人的户外活动体验,满足老年人感官体验需求、活动参与需求以及情感需求。

1）感官体验

在户外景观环境中,这种感官刺激可能来自阳光空气、植物景观或是景观设施等。老年人随着身体机能的逐渐衰退,对环境的感知力和敏感度都会变得缓慢迟钝,通过对视觉、听觉、触觉、嗅觉、味觉的刺激,可以延缓感觉器官的衰老速度,促进老人机能的恢复与身心健康。

2）活动参与

老人在自我意愿的前提下,自发性地参与和体验活动,才能真正地投入身心、放松自我。在设计规划景观环境时,我们无法改变天气等气象因素,却可以对场所及其外部条件进行适宜合理的人性化设计,保证景观设施的可利用性、景观环境的易识别性,引导老年人参与体验,从而增加老人户外活动的概率与时间,提高日常活动量,促进身心发展。

3）情感共鸣

情感上的共鸣与心灵上的慰藉属于较高层次的互动过程。老年人通过互动与周围景观、人群建立情感上的交流对话,带来心灵上的体验与感悟。调动认知记忆,通过老年人生活的时期、地点、环境、文化等发现他们的情感节点,在景观环境的设计中渗入情感并延续记忆,让身处于此环境之中的老人引起回忆和思考,得到情感的共鸣。融合亲情元素,为亲属来访设置较为私密性的交往空间,让老年人可以与孙子孙女们互动交流,享受亲子之乐,留下美好难忘的记忆。感受精神上的满足,营造较为安静的沉思冥想空间,感悟景观的情感内涵,使老人得到精神上的满足与情感的释放。

3.互动景观设计方法

1）互动性理念应用于地域性植物设计

植物设计是户外景观设计中重要且必不可少的一个环节,增强对于地域性植物的应用与布局,能够在一定程度上提升老年人的情感认同。景观环境中的植物设计包括植物的配置方式、品种选择以及后期养护等。景观环境的氛围营造很大程度上取决于植物的色彩、形态、花期等合理配置。另外,在植物配置过程中还应考虑到植物的季节变化,做到四季皆有景可观,避免冬季树木凋零带来孤独寂寥之感。西安市养老院互动景观设计可以通过以下几个方面来进行植物设计:

（1）调动老年人的感觉器官。植物是最能调动老年人感觉器官的景观元素,可以从视觉、触觉、嗅觉、味觉上给老年人以适当的刺激。可以运用色彩心理学设置色彩园,根据不同空间营造不同的环境氛围,给老年人带来不同的心理感受;种植芳香类的植物以刺激嗅觉;沿路设置花池、垂直绿化墙,可以吸引老人驻足,随手可触;栽种一些果实类植物,让老人在品尝新鲜果实刺激味觉的同时收获幸福感与满足感。

（2）园艺种植。植物也是一种互动的媒介和手段。通过园艺种植促使老年人获得更多与自然互动的机会,在园艺种植体验中找到自身价值,建立自尊与自信,从而获得满足感与成就感。同时在园艺体验过程中,老年人有更多的机会结识志趣相投的老年人,更易产生交流互动,从而扩大交际圈,减少孤独感。

(3)动植物的共生。大自然中,动植物存在着互利共生的关系。在景观设计中,栽种适宜松鼠以及鸟类栖居的种子类植物,培育自然声景,构建动植物和谐共生的生态环境。还可以设置一些人工鸟巢,丰富自然景观,为动物提供良好的栖居环境,为老年人活动的户外环境增加新的活力与生机,提供与动植物亲密接触的机会。

2)互动性理念应用于水景设计

人具有亲水的天性,与水亲近、互动可以使老年人体会到自然之趣,缓解老年人的负面情绪,带来轻松、愉悦之感。水甚至于有着治疗效果。[122] 水是养老院互动景观的重要元素,水性阴柔,可静可动,可以给景观活动带来活力与生机、宁静与平和,并很好地与其他景观元素相融合。

(1)搭建亲水构筑物。进行水景设计时,可以通过以下几个方面来增加与景观的互动:搭建亲水平台、水上栈道等亲水构筑物,在水域旁设置休息娱乐的功能设施;环湖设置步行道等,满足老年人的亲水需求,为他们提供一个轻松、愉悦的户外体验环境。在临水处,设置栏杆等防护措施,保障老年人户外活动的安全性。

（a） （b） （c） （d）

图 6 - 8 水上栈道、喷泉与水景小品

(2)营造动态水景。利用水的流动性营造动态水景观,主要有流水、落水、喷泉等几种形式。在中国古典园林中,流水多与景墙、山石等景观元素结合设置,形成具有特色的水景小品,喷泉还可以通过音乐、灯光来丰富其表现形式。

(3)结合水生动植物增加互动。水生植物使水体自然地融入整个环境中,给水景带来不同的视觉色彩与情感呼应,同时,多样的水生植物也维持着池塘自然生态的平衡,包括挺水型、浮叶型、漂浮型、沉水型以及水缘植物,都具有良好的观赏性。水景动物有水景观赏鱼、龟等,老年人可以通过投喂、观赏等行为增加与周边环境的互动,也为景观增添了无限的情趣和活力。

3)互动性理念应用于公共设施设计

人性化的公共设施可以将互动景观的功能放大,是景观设计中不容忽视的环节。合理且完善的公共设施是老年人开展户外活动的条件,能有效地调动老年人进行户外活动的积极性,促进他们与周围的人或环境的良好互动与交流。

(1)休息设施设计。休息设施包括座椅、长凳、矮墙等可供人休息就座的设施,休息设施的合理设计可以说是鼓励老年人在户外活动和停留的关键因素,合理舒适的座椅为老年人停留歇脚、交流互动提供良好的支持。

老年人因身体老化、肌肉力量衰退、身体灵活性下降,在落座、起身过程中存在不同程度的困难,在进行座椅设置时应尽量选择有靠背、扶手的座椅。座椅的布置可以采用"L"形、"S"形等向心型布局,提供可供选择的座椅朝向和距离,满足不同老年人的户外活动需求。(图6-9)

图6-9 座椅增加互动交流

(2)运动设施设计。老年人进行户外活动的一大目的是康体保健,因此各类运动设施的布置尤为关键。老年人常见的运动方式主要包括散步、打太极拳、跳广场舞、使用健身器材等。适当进行这些运动不仅可以强身健体,提高机体的耐受力,还可以提高人体神经系统的灵敏性和协调性。考虑到老年人随着年龄的增长,可接受的运动强度下降,在运动时容易出现疲劳感,应设置充足的座椅设施满足老年人随时休憩的需求。在进行运动设施的布置时,应注意栽植庇荫树,选择地势平坦、空气新鲜、日光充足的场地。(图6-10)

图6-10 老年人健身器材

（3）卫生设施设计。卫生设施主要包括垃圾箱、饮水装置以及公共厕所等。垃圾箱的设计造型应新颖,选择适合环境并有清洁感的色彩,垃圾箱的垃圾投放口应同时满足左轮椅老人的使用需求。在园艺种植区可以布置饮水台、洗手台,老人可以自主地采摘、清洗果实,体会收获的喜悦与成就感,还可以在休息空间围坐共同品尝新鲜的果实,促进互动交流。

（4）信息设施设计。信息标识的合理设置,为老年人进行户外活动提供精准的方位信息,有利于老年人在户外环境中的活动与交流,提升老年人的场所控制感与安全感。在养老院景观设计中,信息标识系统的设计需要从色彩、造型、符号等方面吸引老年人的注意,并将标识字体适当放大,帮助老年人获取信息与位置,从而对所处环境进行有效识别。在色彩的选择上,可以选择应用红色、黄色等暖色,更易被老年人察觉。在此基础上,增加信息标识的趣味性和艺术性,融入具有独特风格的地域文化,引导老年人与景观环境的情感交流互动。

6.3.2　基于失智老人的康复景观设计

1. 适宜失智老人心理特点的设计

失智老人患有阿尔茨海默病,主要表现为行动迟缓、反应迟钝,注意力无法集中,感知能力丧失,就连语言能力及思维能力也有一定程度的丧失,既无法像正常的老人一样生活,又缺乏与外界的沟通与交流。所以对于失智老人的居住环境应当进行独特的设计,通过精巧贴合的室外设计使得失智老人更好地接触外界生活,适应室外生活。在室外庭园设计过程中,应当充分考虑老人的身心需求,注重室外环境对老人身心健康的调整,来减少疾病给老人带来的痛苦,让失智老人也能够更好地享受生活。

1）保证吸收充足的阳光

首先应当考虑庭园的选址,庭园应当建在光照比较充足的地区。由于疾病的影响,失智老人生理节律的混乱,白天容易昏睡,夜晚却难以入眠,而室外充足的阳光能够很好地调整失智老人睡眠紊乱这一现象。因为阳光能够促进钙吸收,帮助老人形成良好的睡眠规律,同时还有利于老人保持良好的心情,甚至能够有效地减少老人因病症所产生的发怒行为,使失智老人的病症得到有效的缓解。

因此,在室外应当建立露台,室内外可以通过过渡区进行简单的隔离。在露台上放置桌子及舒适的躺椅,同时可以依据露台的地理位置及太阳光照的不同时段,在不同的位置安放躺椅,这样就能更好地保证一天在不同的时刻均可以享受到太阳光照。

2）提供遮阴处所

由于受疾病的影响,失智老人感知能力逐渐减弱,因此,对于太阳光照的感知能力有所下降,对于超强的光照或者过高的温度无法感知,这样会对老人的健康产生一定的影响。所以,露台的设计不仅应当考虑光照的充足,同时也应当提供必要的遮阳功能。在露台上摆放植物进行遮阳,在桌子和躺椅上安装遮阳伞,甚至可以配置光照强度测试仪,以便于老人能够更好地利用光照,享受舒适的光照空间。

3)丰富室外活动

失智老人由于受到疾病的影响,缺乏与外界的交流,室外活动也相对减少。在室外景观的设计过程中,简单的室外绿化无法满足老人对室外活动的需求,设计不仅要考虑到庭园的美观,同时应当给予老人更多接触大自然的机会,丰富老人的室外活动。事实上,许多老人都擅于照料植物,适当的园艺活动不仅能够丰富老人的日常生活,同时对老人的身体健康也大有裨益。在庭园中,可以设计小型花室、种植池、自动升降花床等种植设施。在照料植物的过程中,老人可以通过植物每日不断生长变化获得对于生命力的期待感。

4)刺激老人感官

由于受到疾病的困扰,失智老人难以获得快乐,而他们大脑中的杏仁核并未受损,依旧可以感受情感,而嗅觉与大脑感受情感最为紧密,因此在室外景观中,需要大量的植物加以点缀。绚丽多彩的植物能给失智老人带来视觉的享受,各式各样的花香能给失智老人带来嗅觉上的享受,形态各样的花叶能给失智老人带来触觉上的享受,有利于减缓老人感知能力的衰弱。室外景观的植物设计不仅能够使老人更好地感受到大自然的魅力,同时与生命的接触也能更好地使老人感受生命的美好,保持心情愉悦,重燃生活的希望,提升生活的幸福感。同时,熟悉的味道能唤起失智老人早年间的记忆,但是要注意老人会将叶片放入口中,因而要选择无毒的植物种类。

5)专属独立设计

往往在同一所养老机构只会设置一种庭园以供老人观赏游玩,但是老人身体状况不同,尤其失智老人,不管是心理还是行为认知能力都与普通老人有很大差异,共用同一种庭园难以适应失智老人的特殊需求,也有可能会与普通老人产生冲突。而且处于不同病症阶段的失智老人的情况也有不同,所以在条件允许的情况下,应当应对不同病症的人群建造不同的室外景观,这样才能更好地发挥室外景观的辅助作用,才有利于失智老人得到更好的照顾和疗养。

2.适宜失智老人认知行为特征的设计

失智老人的失智症状主要表现为认知障碍,会出现幻觉,对于社会及自然界中的某些存在的形态产生误判,容易做出错误甚至是过激的行为。同时存在记忆减退现象,容易忘事,加之由于海马体萎缩,空间定位能力逐渐下降,对道路的辨别力较低,经常迷路。自我控制能力也较低,容易失去方向感,到处漫游。所以在室外景观的设计过程中,应当结合失智老人的特殊病症,尽量避免其产生错误认知,庭园的设计格局也应当尽可能地简便,从而便利老人的生活,使老人得到舒适的疗养。

1)简明格局的设计

普通的养老院提倡巧妙的空间设计,各式各样的空间格局可以激发老人的探索性思维,帮助拓宽老人的思维空间,改变老人的思维方式,同时也可以增添老人生活的乐趣。

但失智老人并不适应这一设计理念,失智老人所居住的室外环境应当尽可能地简明、单一,否则记忆减退的失智老人会在复杂的空间格局中迷路。

2)无歧义形状的设计

失智老人的认知障碍使得其会对形状产生幻觉,一些存在歧义的形状设计会加重老人急躁的情绪。例如,植物及建筑物拉长的阴影会使失智老人感到恐惧。因此在室外环境设计上,要考虑到建筑物在阳光照射下形成的阴影,选取适当的位置建造建筑物,或者对形成的阴影进行适当的遮蔽。在园中植物的选取和修剪上也应当做到避免阴影产生的歧义形状,及时对植物进行修剪,避免失智老人因误判而产生恐惧。

3)记忆提示设计

失智老人事实上并非永久性地丧失记忆,对于过去的记忆是可以恢复的。所以在庭园的设计过程中,可以通过了解老人的过去,依据老人的过去放置记忆提示物。例如:邮箱、儿童玩物、晾衣绳等,这样不仅可以激发老人从事室外活动的积极性,同时可以减缓老人认知能力的衰退速度,帮助老人唤醒过去的记忆,使老人重拾生活的乐趣。我国地域差距较大,各地民风民俗各有不同,应当根据当地特点选择合适的记忆提示物。

4)围合方式

对于失智老人生活的室外环境,最值得注意的一点就是安全问题。由于认知能力和记忆能力的丧失,相对于居住在陌生的居住环境,失智老人更想回到自己家中。所以应当避免老人在庭园中看到外界的环境,外界的车辆及人群会使老人产生逃离庭园去接触外界环境的想法。所以对于庭园的围墙也需要进行特别的设计,对于园外的自然景观,可以采用通透的围墙设计,这样可以拓宽庭园的视线,同时也利于更好地吸纳阳光。但对于庭园外的社会景观,如建筑物、人群等,就要采用封闭的围墙。不过值得特别注意的是,这些围墙需要采用植物或者艺术画作、艺术雕塑进行遮挡,否则会使老人产生被囚禁的感觉,产生易怒的情绪甚至是攻击性的行为,但要注意围墙高度不能低于 2.4m,避免老人想要攀爬逃离。

5)特殊行为设计

失智老人有时会出现游荡行为,因此可以将庭园设计成连接居住建筑的有两个出入口的环形路径,这样即使老人丧失了方向感还是能轻松地找到自己相应的住所,这样的设计不仅能让老人有锻炼的机会,还能让老人有对接触自然的自由。与此同时,通过对庭园细节的特殊设计,除能增强失智老人的安全感外,还能减少护理人员的负担,能让老人在庭园中自由支配活动内容和时间。

3.发挥庭园功能,提高使用率

据调查了解,多数疗养院的室外环境使用率并不高。除考虑养老院的管理模式外,在设计庭园的过程中还应当考虑室外景观的吸引能力,可采用大面积开窗或落地窗的形式,减弱室内与室外的空间隔离感,加强内外环境的沟通与融合,激发老年人进行户外活动的兴趣。在室外景观的设计中,要尽可能地提升景观的吸引力,吸引失智老人走出室内,积极融入室外环境中,提高庭园的使用率。

1)可见性设计

要想提高庭园的使用率,首先要提高庭园的可见性。要保证老人在室内就能够直观地看到庭园的景观。如果庭园距离室内较远或者庭园与室内用高墙或门隔开,也就无法吸引失智老人从室内走出去感受庭园的景观了。失智老人的时间意识较为薄弱,需要通过室外景观来辨别一日早晚以及四季变化。同时提升室外的可见性,对于那些无法走出室外的老人,也可在室内欣赏室外的景观,利于其身心舒畅和情绪稳定。

2)庭园通达性

庭园的通达性既包含室内外进出的无障碍和视线上的通畅。同一般的患病老人不同,失智老人的行动能力更加不便,操作性稍难的门或者带有门槛的通道对他们来说都是很大的阻碍。为了让失智老人顺利到达室外进行活动,应当设置由室内向室外过渡的空间,可以设置室外露台、自动或双向开门设施。视线的通达性,一方面指让老人在室内能够看见室外,另一方面指方便护理人员在室内能观察到室外老人的活动动向,给老人自由的同时,对安全性进行保证。

3)吸引力和舒适性

虽然失智老人在记忆上和感知上都有退化,但也应该在庭园中多一些趣味性的设计与设施,减少单一枯燥的设计,使用种类丰富的植被景观搭配对老人产生吸引,通过巧妙的节点设计增加失智老人和其家属在庭园中的停留和活动。此外,还应重视庭园设施的舒适性,对老年人所使用设施的色彩及材质进行合适地选择与处理,减少石质材料的使用,尽量以木材进行设计表现,增加老年人使用的舒适性。

6.3.3　导视系统的设计

1. 导视系统的统一性设计

导视系统作为养老院空间环境的一部分,应将其与养老院整体环境相统一进行考虑。其一将导视系统同养老院整体环境融合,如养老院户外步行道合乎规律性的块石铺装,陈列导视牌与植物绿化背景的融合,灯带的流线设计等;室内地面式、立面式、悬挂式导视牌色彩材质与建筑色彩的交相呼应等都是将导视系统与环境融合的表现。其二导视系统与环境的对比,前半部分中讲道将导视系统进行分级设计,加强导视系统在空间中的导视作用,导视系统与养老院环境的对比正体现在此处。在养老院主要节点处、进出口部位设置导视系统,进出养老院的人群能够一目了然地了解养老院的整体空间结构;室内楼梯扶手栏杆同背景墙壁的色彩对比,同样也加强了空间的导向性。

2. 导视系统与老年人之间的交互设计

养老院内部导视系统与老年人群作为两个不同客体,两者基于养老院发生交互关系,设计师针对其交互关系进行设计表达。李世国等指出交互的基本特征是:两个以上的参与对象;对象之间伴随信息交流的交互行为。交互设计的最终目的是以人为中心,其设计的最终产品能够满足使用者的工作、生活、行为、情感的需要,为使用者提供满意、舒适、安全的产品。[123]导视系统作为养老院内部进行目标指引的标识物,对老年人群的行为发生、目的地的指引具有至关重要的作用,因而针对导视系统的设计研究需要加强对于老年人与导视系统发生交互的相关因素进行考虑。

1)字体、图案与老年人的交互作用

导视系统的内容大多以字体、图案或字体与图案的组合进行描绘,字体与图案也是表示内容的最直接的方式。老年人能够通过导视系统上的文字和图案一目了然了解内容,但其中两者之间的交互作用也基于文字、图案开始产生与演变。

本体特征中已经讲道,老年人的视力逐渐退化,对于物体的准确把控能力下降,不能够清楚地捕捉目标,为加强导视系统与老年人之间的交互发生,有针对性地对导视系统中的文字与图案进行选取至关重要,过大或者过小的字体都不利于老年人对于信息的识别。王保香通过对100位老年人在同样距离条件下对字体进行识别的调查得出结论,选择黑体的人数最多,其后依次为宋体、圆头体、楷体;在笔画上,任何种类的字体,超过10画,就会降低老年人的识别度。[124]根据日本研究所得出结论,68岁的老人在超过50厘米外阅读黑体字体,其字体大小要达到24号,否则不利于老年人的阅读。

在对西安市颐安老年公寓进行调研过程中发现,其部分地面或墙面虽已经增添指示牌或导视标识,但其字体过小,不利于老年人在生活中使用。另一方面,在字体方面,还应加强对于字体的字间距、行间距、是否加粗等因素的考虑,选择合适的搭配以满足老年人的导视需求。国内部分养老院导视系统采用由老年人自身进行文字书写,加强老年人同养老院整体环境的协作,增加导视系统同老年人自身的交互关系。图6-11(a)和(b)为西安市颐安老年公寓现有导视图,图(c)为居住老人门牌的再设计与修改,调整了字体的色彩与字号,同时增加字间距,便于老年人快速识别,在夜间外发光的文字能够为老人提供方便。

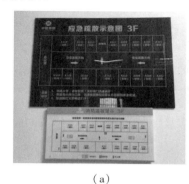  

（a） （b） （c）

图6-11 颐安老年公寓现有导视系统及门牌导视修改

图案作为对事物的最直观的呈现方式,老年人能够直观地把握其上的信息内容,理解其含义。针对导视系统的图案选择应依据居住老人的人生经历、生活年代及地域文化特征进行选取,合乎其规律性的设计能够唤起老年人的记忆与情感,增强老年人对于空间节点的认知程度,减弱老年人在空间中产生迷失的心理。国外部分养老院针对养老院内廊节点进行改良,陈列当地旅游景点宣传照及部分不同季节本地植物照片,使得该节点一跃成为老年人喜爱并聚集之处。另一方面,导视系统图案的选择也应适当增加趣味性,趣味性的图案能够加强老年人的互动心理,挖掘老年人的探知欲望,也能够间接地减缓老年人的记忆衰退,为整个养老院内部带来生机。关中地区养老院内部导视系统为加强与老年人的交互表现,可选取关中地域文化元素,如木版年画、农民画、社火图案、窑洞文化等,对其元素进行提取与融合,唤起老年人的记忆,增加老人对于环境的亲切度与熟知度。

养老院导视系统在字体与图案选择上大多采取两者结合的方式,对于字体与图案的选取不应当单独进行考虑,而应合二为一进行探究,如果一味地追求字体效果就会降低整体画面的协调性,画面就会显得凌乱。日本神奈川县绪方医院导视系统设计过程中,采用字体与图案相结合的方式进行表现,字体与图案相互搭配方便老人清楚了解其表达的内容与含义。(图6-12)结合养老院自身特点,对养老院卫生间、楼层、吸烟区导视标识进行再设计,通过文字与图案相结合的方式进行展现,以不同的色彩进行区分,增加文字大小间距,增强老年人对其信息表达的理解。(图6-13)

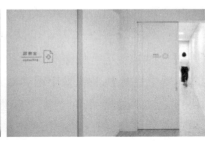

图6-12 日本神奈川县绪方医院导视系统

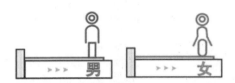

图6-13 养老院导视设计

2)色彩与老年人的交互作用

导视系统的色彩把控应基于老年人的视知觉特征。随着年龄的增加,老年人视网膜敏感度降低,晶状体产生浑浊现象,对于色彩感知的能力较弱。为加强导视系统与老年人的交互作用,应从老年人对于色彩的把控能力入手,陈永超等研究指出,老年人的色彩偏好存在共性,对基本三原色具有较高敏感度,对色彩纯度和色彩明度的偏好呈现递减趋势。老年人对于蓝色与绿色容易产生错视现象,因此对于导视系统的色彩选择应以暖色调为主,减少高明度色与高纯度色的使用,可以采用差异纯度色系或相同色系颜色进行搭配以满足老年人的使用。导视系统的色彩选择种类不应超过五种,过多的色彩会使导视系统整体显得杂乱,不利于老年人对于其上的信息识别,弱化了导视系统同老年人的交互作用。[125]在养老院内部,栏杆、墙壁、地面、楼梯台阶、挂饰等不同色彩的表现形式都能够加强老年人对于养老院整体空间流线的把握,白色墙深色栏杆、不同色彩的楼层、差异色彩的门饰与门头等都能够加强老年人对于养老院内部整体空间的把控,使其在交互使用中内心感到安全与放心。

3）形态与老年人的交互作用

导视系统的形态种类多样,分为雕刻式、喷印式、吸塑式、丝印式、LED 灯/屏式、绿化引导式等。目前养老院内部导视系统形态大多以喷印式、雕刻式为主,部分养老院采用LED 灯/屏式导视系统,旨在加强与老年人的交互,为其提供更加优质的服务,以促进老年人日常基本生活行为的发生。导视系统的不同形态表现与所使用材质及其表现形式相关,雕刻式大多以板材类材料为基础,在其上进行凹凸刻印,立体感强,老年人不仅可以通过视觉进行感知同时也可以用手掌进行触摸;喷印式、丝印式等属于平面类导视,其表现形式多样快捷,可依据空间变化对其图案文字等进行灵活设置;LED 灯/屏式导视系统在白天夜间都可以发挥作用,老年人可以使用手指触摸进行操控,也可以通过听觉对其内置语音播报等信息进行接收;绿化引导式导视系统通过对植物进行合理栽植与搭配,依据人流流线进行适当修剪,增强植物在空间中的导向作用,减弱老年人对于道路选择的困难。养老院内部不同形态的导视系统相互搭配,相互作用,共同服务于老年人的日常生活。

4）摆放位置与老年人的交互作用

导视系统的摆放位置分为地面式、立面式、悬挂式等,随着老年人年龄的增大,弯腰驼背成为常态,其正常视觉夹角向下偏移,对于物体的把控大多以地面及立面偏下为主,视平线以下 45 度角的范围是老年人对事物观察的最佳角度,基于老年人生理特征,地面式、立面式引导应作为养老院主要使用的导视方式。地面式引导应当出现在养老院分叉口或者楼梯间及拐角处,清晰的标识方向使得老年人一目了然。立面式引导位于养老院出入口、楼层进出口、房间外侧墙壁等位置,考虑到老年人的身体因素,其高度应适合老年人身高特征,内容不宜烦琐,便于老年人读懂其内容。此外,导视系统的摆放位置应同老年人群的人流方向相匹配,依据老年人人群数量进行分级安置合理的导视系统,不同层级的导视系统能够加强老年人对于养老院整体空间的把握,能够引导人流方向,便于寻找目的地。

5) 导视系统的光照与老年人的交互作用

考虑到养老院内部自然光照问题,楼道内、走廊内光照强度往往不能够满足老年人视知觉需求,为加强老年人对于导视系统的识别,人工光源不可或缺成为辅佐条件。对导视系统进行设置时应将光照考虑到其内,在光照较好的位置设计相应的导视系统,能够利用自然光照,节约人工光源。在傍晚到夜间或者天气较差的情况下,针对部分导视系统可采取局部照明或内发光式照明,便于老年人识别信息,在采用人工光照明的情况下,必须将炫光及老年人对于光线的明暗适应加以考虑,可在光源外加设灯罩或采用合适光源,避免老年人的视知觉不适现象。

6) 导视系统的声音与老年人的交互作用

声音能够起到对信息的传导作用,在导视系统设计中,合理将声音融入其中,能够调动养老院的整体氛围,增强老年人对于特定空间的识别与把控。在养老院空间环境中,依据不同空间的功能性质或在空间中选取合适节点,作为老年人进行聚集交谈的场所,依据老年人生活的年代可选取部分乐曲或其他相关信息进行声音传播,声音的强度音调分贝值应适中,方便老年人轻松接收到其相关信息,为老年人在整体空间中的方位把控起到辅助作用。霍向楠研究发现,老年人较喜欢安静,倾向于艺术性、舒适性高的声音,老年人的平均感知音量区间为 67.5~75.3dB。[126] 而且,由于生活在养老院中人群的学历程度、健康程度等不同,在利用声音进行信息传播时也应对其进行侧重把握。如西安市荣华绿康会养老院,在其各楼层中设置公共客厅、公共书吧,在上午及下午分时段播放乐曲及新闻广播,生活在该楼层的老年人能够轻松跟随声音找到其所要到达的位置。在户外设置草坪音箱,增加老年人的场所感知。

7) 导视系统的气味与老年人的交互作用

导视系统的设计除可以考虑字体、图案、摆放位置等相关因素外,还应该将气味因素考虑到其中。依据养老院自身空间环境功能特征,为加强老年人在空间中的易识别性,适当地增添气味因素能够使得老年人在空间环境中更容易找到目的地。如养老院内设书吧、茶吧、娱乐室、餐厅等空间,书吧内可点燃熏香或栽植部分微弱气味盆栽,餐厅、茶吧设计咖啡台,其散发出的味道都可以作为引导的一部分。气味与老年人的交互仅在小范围的空间中起到作用,过浓或者过淡都会产生相反效果。

6.4 西安市养老院外环境设计方案

6.4.1 互动景观改造设计

通过前文的分析,明确了互动性理念在养老院景观设计中的必要性,并总结了养老院互动景观设计的营造策略,以西安未央区汉唐老年公寓为例,对上述理论与设计策略进行实践探索。

1.现状分析

1）周边环境分析

场地北侧有幼儿园、苗木培育基地、商场、娱乐室、小学等，南侧距石化大道主路200米，分布有小学、农业种植园等，西侧有汉城湖水系分支、艺术博物馆，东侧分布有酒店、宾馆、招待所以及餐饮服务设施。整个场地地势平坦，没有明显坡度陡峭的区域。场地周边有雷家寨、中查村、南玉丰村、北玉丰村等多个村落。未央区生态的进一步规划，有利于带动场地周边的环境质量提升。

2）自然条件分析

地处北纬34°19′56″，东经108°54′36″，属暖温带大陆性半湿润半干旱季风气候区，四季冷、暖、干、湿分明。年主导风向为东北风，可在场地东北面栽植常绿树阻挡冬季寒风。年太阳总辐射量为111.4 Kcal/cm^2，年日照时数为2 026.8 h，年平均气温13.3 ℃，年均无霜期为208 d，年平均降水量580 mm左右。

3）人文背景分析

西安，作为陕西省省会，十三朝古都，历史与人文底蕴深厚，是当之无愧的"历史文化名城"。兵马俑、大雁塔、钟鼓楼、城墙、华清池等人文景观展现了西安独特的民俗风情与文化魅力。西安人饱含着对本土的热爱，体现着浓厚的文化认同感与自豪感。在进行老年公寓景观设计时，应基于当地的人文背景，融入地域文化的设计元素，加强景观设计的独特性与个性化特征，加深老年人对景观环境的亲切感与归属感。

4）建筑功能分析

设计场地面积16 675m^2，总建筑面积3 000m^2。北区有一栋两层公寓楼以及三座养老小院。公寓楼南侧的绿地主要服务于公寓楼的老年居住者，设置相应的健身器械以及娱乐交往场所，满足每日活动范围较小、身体状况一般的老年人的需求。西区是办公区及管理用房。东区是员工宿舍和食堂。（图6-14）

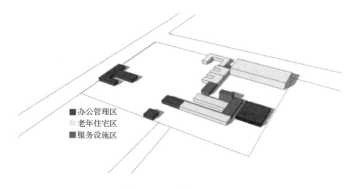

图6-14　建筑功能分析

2. 设计理念及设计要点

1）设计理念

本方案设计以"健康养老、活力互动"为设计理念，从老年人的需求出发，营造包含感官体验、行为参与、情感共鸣的景观设计，促进老年人与人、景以及设施之间的互动交流，增强老年人对环境的感知体验，营造出老年人满意、舒心、适老的景观环境。通过将互动性理念应用于植物设计、水景设计以及公共设施设计，来提升老年人在景观环境中的互动体验。同时，结合西安地域特色和历史文脉，将西安老年人的活动偏好融入景观设计中，加强老年人对环境的亲切感与归属感，促进老人之间的互动。

2）设计要点

基于前期调研发现老年公寓景观设计中存在的问题，结合老年人对户外环境的实际需求，提出以下设计要点，以此对设计方案进行指导，推进问题的解决。

（1）景观可通达性。强化无障碍设计，保证景观的可通达。老年人膝部老化，上下台阶多行动不便。在设计中尽量避免大幅度的高程变化，以坡道代替台阶，并设置栏杆和扶手，为老年人户外活动提供便利，增加老年人的安全感。道路宽度能够保证轮椅设施和行人并排通行，为老年人出行提供舒适宽松的游览路径。

（2）近距离低视角。老年人因弯腰驼背或使用轮椅，普遍视域较低，视野也随着视力退化缩短变窄，男性、女性老年人的立姿视高分别为 1 560mm 和 1 439mm，在植物设计、景观小品设计时，应考虑到老年人视平线高度的降低，进行适当的高度调整。在景观层次上，应注重中景及近景的设计，如抬高种植池有利于老年人与植物接触互动。

（3）植物配置多样化。为满足不同老年人的审美需求以及对植物景观丰富性、多元化的需求，采用多样性的植物配置方式，生态自然化的植物配置结合统一规整的花池。在树种的选择上，应以乡土植物为主，既满足老年人交流互动，又形成层次丰富的景观。乡土植物适应性强、抗性强，有利于整体景观的塑造，也可为老年人营造出熟悉、温馨的地域景观风格。

（4）充足的休憩设施。老年人行动迟缓且容易疲劳，在设计中尽量多地布置休憩角，保证每隔 100m 有可供歇息的座椅设施，缓解老年人的疲劳感。提供多样化的休憩场所，基本座位和辅助座位相结合布置，可通过矮墙、栏杆、花池等给予老年人辅助支撑，形成随机多元化的社交场所。

（5）可选择的多样化活动。增加老年公寓户外活动的可选择性，为老年人提供多样性的户外活动，满足老年人健身康体、休闲娱乐、情感交流等方面的不同需求。适当增加老年人的日常活动量，提供更多互动交往的机会，充实退休后的闲暇时光。建立老年人与户外活动的联系，并加强这种联系，增强与环境、与人之间的交流互动。

（6）因地制宜、易风随俗。只有适合的才是最好的，进行西安市老年公寓景观设计时，应结合西安地区的地理气候、历史人文，打造适合西安、适合西安老年人的景观设计。

从西安老年人的偏好出发,设置户外活动场所,提供多样化的户外活动需求。例如,具有西安地域特色的秦腔、皮影戏、鼓乐等民俗艺术,通过景观设计的手法,为老年公寓景观设计增添精神文化内涵和艺术特色。

3. 方案设计

通过前文分析总结设计要点及营造策略,对西安汉唐老年公寓景观进行改造设计。整体设计以老年人的需求为核心,将老年人的需求与景观元素相结合,并融入西安特色文化,设计元素与建筑风格相协调,增加景观设计中的互动性与文化性,为老年人提供一个丰富多样的互动空间和充满人文关怀的宜居环境。(图 6 – 15)

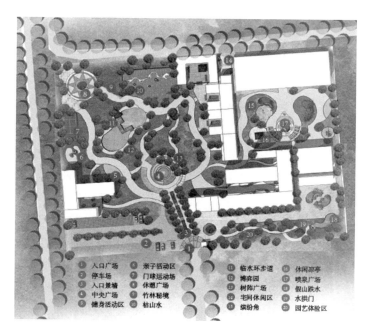

图 6 – 15　汉唐老年公寓改造后总平面图

1)功能分区

功能分区主要围绕老年公寓内的建筑展开,形成"一心一水五区多点"的景观空间格局。整个空间布局以景观轴线为主,动静结合,均匀地分布在老年住区四周及人流动线上,使不同区域的老年人都可以享受到多样的户外活动环境,营造良好的户外活动氛围。(图 6 – 16)

"一心",是指中心活动区,位于整个场地的中心,贯穿南北,连接东西,休息冥想区、康体娱乐区、湖滨休闲区、入口景观区分布四周,中心活动广场将其串联起来,使各个空间很好地过渡与衔接。

"一水"是指中心广场西北侧的自然式水体,曲折变化。水中喷涌的喷泉引人注目、动静相宜,使湖滨区域成为整个园区的焦点。水上设置木栈道观景桥,沿湖设置环湖步

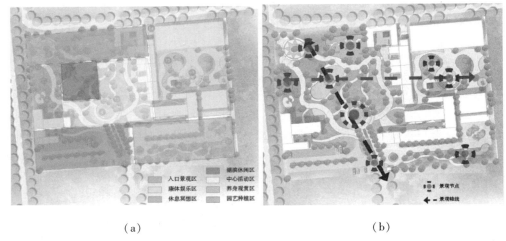

（a）　　　　　　　　　　　　　　（b）

图 6 - 16　功能分区图与景观轴线分析

道,为老人们提供充分的亲水休闲空间。

　　"五区"是指分布在中心活动区四周的五大功能区。北侧的休息冥想区安静、私密,包括休息平台、竹林步道、枯山水景观,老年人在这里可以很好地放松自己,与景观环境产生情感上的互动。南侧的入口景观区包括停车场以及入口景观,入口景观决定整个园区给人的第一印象,给老年人带来温馨、舒适的亲切之感。康体娱乐区位于中心广场西侧,主要包括健身活动区、亲子交流区以及门球球场,属于园区的动区,多样的娱乐设施给老年人带来丰富的互动活动,也起到锻炼身体的康体功效。养生观赏区主要包括多样的种植园,给老年人带来感官的互动交流,刺激感觉器官,起到养生保健的作用。园艺种植区位于入口的东侧,包括园艺种植区以及花房,老人在这里可以进行园艺体验和花艺学习,锻炼老年人的动手能力,增加老人间的交流互动,丰富了老年人的生活。

　　"多点"是指多个院落式住宅院内的景观点,相比较公寓整个户外景观较为精炼,给老人提供一个日常聊天、享受阳光的场所空间,主要服务于院落内的老年居住者。

　　通过人行步道将入口景观区、康体娱乐区、休息冥想区、养生观赏区、园艺种植区等室外活动空间串联,不同住区的老年人均能享受到户外景观资源,并与之产生积极、良性的交流互动。

　　（1）入口景观区。入口景观区位于场地南侧入口,包括停车场以及入口景观,公寓给人的第一印象主要取决于公寓的入口景观,入口景观也是展现公寓形象与文化内涵的重要景观节点。通过将公寓 logo 与景石结合,搭配动态的喷泉水景,与道路两旁栽植的银杏共同组成山水田园的美好意境,给老年人带来温馨、舒适的亲切之感。

　　（2）康体娱乐区。康体娱乐区是老年人活动健身的主要场所,融合了老年人交流、健身、娱乐三方面的需求,包含门球场、健身活动区以及亲子交流区。多样的康体娱乐活动满足老年人强身健体的需求。同时,还设置有儿童游乐设施的亲子交流区,让老年人可以与孙辈们互动交流,享受亲子之乐,保持一颗童心,乐而忘忧。(图6-17)

图6-17 亲子交流区

(3)休息冥想区。休息冥想区的特点是安静、私密,主要满足喜静、想要独处的老年人的心理需求,是较为私密性的活动空间。该区域的植物采用视觉、嗅觉调动性高的植物景观,种植紫丁香、白玉兰等花卉,实现老年人与环境的感官互动体验,舒缓心情,避免消极负面情绪的产生。(图6-18)

图6-18 休息平台

休息平台通过种植竹子营造竹林秘境,与枯山水景观相连接,竹林道路两旁配置具有西安地域特色的景观小品拴马柱、上马石等,营造出具有地域风格的竹林秘境。(图6-19)枯山水景观通过细沙铺地,加之有致的石组叠放,配以自然山石、草木,营造出宁静的环境氛围,为老年人创设出冥想的精神园林。(图6-20)老年人通过观沙望石,感悟景观的情感内涵,释放内心的压力与情绪,享受积极正面的精神体验,任其冥想于这一方天地,达到恢复精力的功效。

图6-19　竹林秘境

图6-20　枯山水景观

（4）湖滨休闲区。曲折变化的自然式水体与其他景观元素很好地融合，水中喷涌的喷泉吸引住人们的视线，动静相宜，使湖滨区域成为整个园区的焦点。水上设置木栈道观景桥，沿湖设置环湖步道，采用彩色透水混凝土进行铺装，营造活力与趣味的彩虹步道。老人们可以环湖散步运动，步行道标识起点距离、激励语，增加老人运动的动力和积极性。水边设置休闲座椅，为老人随时休息提供便利，同时也为老人们交流互动提供场所。环湖步道有多个出入口，可便捷地通往老年居住区及其他活动场所，防止迷路且保障出行方便。在湖边还布置有博弈园，水边、树荫为老人进行棋艺活动营造出轻松惬意的交往氛围。（图6-21）

图 6 - 21　湖滨休闲区

（5）中心活动区。中心活动区是公寓内最大的老年活动场地,位于整个公寓的中心区域,是公寓户外活动空间的核心,连接着其他几个活动功能区。老人可以在这里进行打太极、跳广场舞等健身活动。中心活动区作为整个公寓的最大的户外场地,在这里还可以放映露天电影,举办各种欢庆活动。中心广场的东北侧分布有多种植物所组成的感官园,包括桂花园、玉兰园等主题植物园,老人们可以在此漫步、交谈,同时配置具有生机的景观小品,为整个环境内的"人与人、人与景"互动增添活力与趣味,丰富细节设计。（图 6 - 22）

图 6 - 22　中心广场

（6）养生观赏区。养生观赏区由休闲廊架、凉亭以及五感体验花镜组成,是老年人欣赏美景、增强感官认知体验的好去处。休闲平台设置有休闲座椅供老年人交流与休憩使用,周边配置有绿植雕塑、景观小品,丰富景观层次,增加景观趣味。五感体验花镜营造多样的视觉环境、有意义的声景空间以及零距离的触觉环境。养生观赏区种植各种颜色艳丽、色调不同的植物,形成繁花似锦的植物景观,配置各种具有质感的植物,老年人可以触摸植物的叶片、花瓣、果实,体会不同植物的触感以及岩石的粗糙感和肌理纹路;设置水景小品,碰撞产生动听悦耳的声音,老年人也可以靠近水景,倾听潺潺流水声,增添景观的趣味与活力。

(7)园艺种植区。园艺疗法通过种植植物、设计花圃,培养老年人的创造力、自信心、责任心,并且可以转移老年人的注意力,是一种促进身心健康、改善病症的治疗方式。老人通过感官与植物的接触刺激,延续感觉器官功能或减慢感觉器官的衰退速度,促进身体恢复。植物花果所产生的自然气味,也能治愈、安抚、舒缓老年人不安的情绪。

园艺种植区位于入口处右侧,整个区域由种植区和休憩区组成,并设置取水处、种植工具置物处,满足老年人的种植需求和休闲娱乐的需要。种植苗圃就近设置水龙头,老人可以自主地采摘、清洗果实,亲自体会收获的喜悦与成就感,增加老人的活动。另外,休憩区设置休息座椅,选用多人与双人式座椅,创造交往机会,同时也考虑到老年人劳动后的身体情况,让老人们可以在休息空间围坐共同品尝新鲜的果实,增加彼此认识、交流的机会,营造有利于老人交往的空间设计。种植池进行抬高处理,满足坐轮椅老人的种植需求,种植池不规则分布,增加空间环境的活力与神秘。阳光房满足老年人晒太阳与交流休憩的需求,老人们还可以在这里进行花艺的体验与制作,陶冶情操的同时丰富日常活动内容。种植区配置小型养鱼池,同时可以种植一些水培植物,丰富种植区植物的种类,也为空间增添一些生气。种植区的矮墙运用具有韩城特色的秦砖汉瓦,进行镂空装饰,贴合地域性特征,营造出古朴、恬静的氛围。

图 6-23 阳光房

2. 交通流线设计

为保障老年人户外活动的安全,老年公寓的道路系统实行人车分流。停车场位于入口西侧,西侧场地设环状车行道,车辆只可在此区域行驶,公寓内部道路均为步行道。步行道围绕老年公寓住区将场地中的各个活动区串联,形成环路,防止老年人在户外空间迷路。步行道蜿蜒曲折、富有变化,增加老年人进行散步活动的积极性与趣味性。沿途设置一定的位置目标,例如景观雕塑、孤植的乔木作为标志物等,增加老年人对环境的识别性与导向性。步行道提供可选择的长度和难度的变化,满足不同身体状况老年人的不同需求。

公寓内一级道路宽度为4m,按照消防通道规范设置,可作为隐形消防通道使用,可以通往各栋建筑。铺装以防滑处理过的石材进行铺设,保障老年人出行的安全性。二级道路宽度为1.8m,可满足轮椅和行人并行通过,主要用于连接各个景观节点。二级道路以砖石铺设为主,并根据空间功能的不同,使用色彩不同的砖石,增加各个空间的可识别性,具有较强的引导作用。铺地进行无缝拼接,满足轮椅老人的舒适感需求。次要景观空间采用混凝土铺设,可以在未干的混凝土上印刻出不同的图案或造型,增加铺装的视觉美感,给空间带来趣味性和多样性。(图6-24)

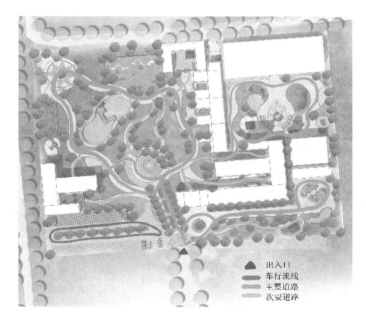

图6-24 交通流线分析

1)特色景观节点

整个公寓互动景观设计了多个主要景观节点和次要景点,力求做到步步有景、步移景异的效果。各个景点可供游玩或观赏,提供丰富的活动体验和良好的视线效果。

(1)"水拱门",在园艺体验区设置动态水景景观,增加老年人与环境互动的兴趣以及积极性。水柱从地面喷出,流入旁边的池塘中,形成一道独特的水拱门,在太阳的照耀下好似一道银色拱门,老年人可以从水拱门下通过,与水拱门进行亲密接触,感受水与环境所带来的独特魅力。

(2)"枯山水",枯山水景观通过细沙铺地,加之有致的石组叠放,配以自然山石、草木,形成一种宁静的环境氛围。老年人在这里观沙望石、舒缓疲劳、放松身心,得到精神上的满足。枯山水景观为老年人创设出心灵的虚拟世界、冥想的精神园林。看似属于景观中的静区,实则是可以引起老年人情感共鸣的互动景观。

(3)"缤纷角",繁花似锦、缤纷艳丽的植物景观,是互动景观中的缤纷角。通过对老年人五感的刺激,延缓老年人感觉器官的衰老速度,促进老年人恢复机能与身心健康。缤纷的植物种植成为户外景观中一道瑰丽的风景线,满足老年人对植物多样性的需求,同时可以使老年人精神愉悦,感受到环境所带来的生机与活力。

(4)"互动墙",互动性理念与景墙结合,形成可互动的艺术景墙。景墙上分布着很多圆球,一半黄色,一半黑色,老年人通过翻转圆球变换景墙所呈现的色彩,从而组成新的图案显示,完成与景墙的互动体验。互动墙不仅提高了老年人对色彩的感知能力,同时激发了老年人的想象力与创造力,锻炼了动手能力,减慢老年人脑力的衰退速度。通过营造互动情景建立老年人与周围人、周边环境的互动交流,在互动过程中增加邻里的熟悉与了解,促进和谐融洽的邻里交往氛围。(图6-25)

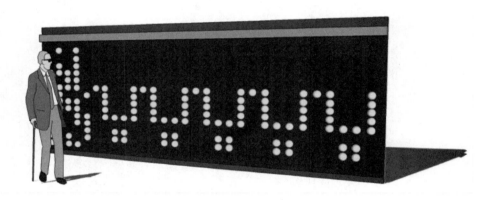

图6-25 互动墙

3.配套服务设施设计

1)互动装置设计

从老年人的偏好出发,结合地域文化特色,设置互动景观小品。老年人可以通过行为参与到与景观设施的互动中,增加老年人与景观互动的积极性,老年人在获得互动体验的同时,也为景观注入了活力。

具有趣味性、吸引力的景观小品,促使老年人主动参与到与景观环境的互动中来。西安鼓乐是我国古代音乐的重要遗存,属于国家级非物质文化遗产,承载着西安悠久的历史文化底蕴,展现了西安独特的地域风格。"互动鼓"景观小品融合西安鼓乐文化,添加艺术性元素,将大小不一的鼓置于多个圆圈内,形成具有节奏和韵律的景观小品。色彩采用老年人喜爱并代表吉祥寓意的中国红,提高老年人视觉上的感知体验。老年人可以通过敲击完成与鼓的互动,参与到其中,感受西安鼓乐文化的魅力。(图6-26)

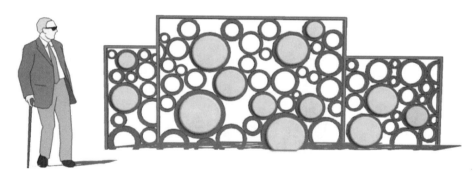

图 6-26　"互动鼓"设计

陕西剪纸,传承了中华民族古老的造型纹样,被称为"历史的活化石"。剪纸作为西安多样民俗文化遗产的代表,深受当地人的喜爱。剪纸文化廊架将剪纸造型与景观元素相结合,使得剪纸"立起来""动起来",成为承载地域文化的特色景观。老年人通过与剪纸廊架产生感官互动、情感互动,感受民俗文化的魅力。

图 6-27　剪纸廊架

2) 灯具设计

秦腔脸谱是根据秦腔戏剧中的人物形象进行制作的,在色彩运用上讲究红忠、黑直、粉奸、金神。"脸谱灯"在色彩运用上主要选取红色、黑色以及金色,给老年人带来丰富的视觉效果。老年人可以通过转动脸谱,完成"变脸"的互动体验,增加老年人户外活动的积极性与趣味性,从感官刺激与行为参与方面促进老年人与景观设施的互动交流,同时为老年公寓景观环境增添地域性文化特色。根据第 2 章对老年人人体尺寸的分析,综合考虑老年男性、老年女性立姿双臂平伸长、正坐伸手长、正坐肘高的尺寸,因此"脸谱灯"可转动部分的高度区间控制在 660～1660mm ,为老年人更好地参与互动提供设计支持。同时将互动小品与灯光设计相结合,"脸谱灯"既满足老年人与环境设施的趣味互动,又具备照明的功能作用,保障老年人夜间出行的安全性。(图 6-28)

图6-28 "脸谱灯"设计

3）座椅设计

根据老年人的生理特征与心理需求,座椅设计主要保证其舒适感,座椅表面选用质地温和的木材,满足老年人长期就座的需求。座椅应设置有靠背和扶手,方便老年人起身、落座。座椅的位置设置在大树下、建筑物的出入口附近,应有充足的阳光,保证有景可观。由于老年人身体机能衰退,易疲劳,每隔100米设置可休憩场所,为老年人在户外活动提供环境支持。座椅的布置采用"L"形、"S"形等多种布局形式,并结合不同需求营造多种交往空间,包括成组的休憩空间、独坐的休憩空间、有依靠的休憩空间,满足不同老年人的心理需求。在座椅设计时,结合不同景观元素,营造出多样化的休憩空间。

4）标识设计

老年人由于身体机能的衰退,反应力和记忆力下降。标识系统的设置为老年人辨识空间方位与环境信息提供便利,同时给老人带来心理上的安全感以及对环境的可控感。标识色以灰色、红色和黄色为主,字体放大易于老年人读取,并结合图形与符号加深老年人的记忆,增加趣味性。考虑到老年人夜间出行的需求,标识牌结合灯光、呼救按钮设计,保证老年人户外活动的安全性。

6.4.2　基于先智老人的康复景观改造设计

1. 项目概况

1）区位位置

以天合老年公寓为例,,该养老院地处于西安市雁塔区,位于西安的南部,该项目贯穿着通新区、莲湖区、碑林区和未央区。占地152平方千米。辖区内基础配套设施完善,交通路网四通八达,地铁2、3、4、5、6号线贯穿其中,地铁2号线直通西安北客站。

2）基地概况分析

本项目建设地点位于西安市雁塔区鱼化寨东晁村南侧,建筑面积10 000平方米,绿化面积较大,地形较为平坦适合景观环境设计。东侧为城市主干道,交通便利,便于亲人探访。南侧为西安职业技术学院,北侧为住宅区。地处环境较为安静,适合老年人疗养。

2.项目具体设计及图纸表达

1)设计目标

该项目的重点在于运用神经科学知识总结出的设计策略,通过对失智老人的心理和身体机能方面的深度了解,来改造出一个既能让失智老人养老又利于其身体机能恢复的生活场所,立足于打造出一个专业性的养老机构典范。(图6-29)

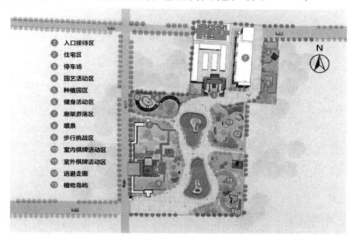

图6-29 天合老年公寓改造后总平面图

2)功能分区

本项目由入口接待区、居住区、园艺活动区、休闲锻炼区,水韵花园、静谧花园、棋牌益智区以及停车场八大功能分区组成。(图6-30)

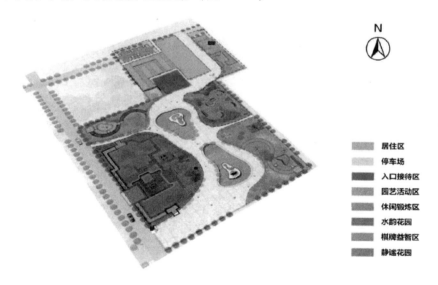

图6-30 功能分区图

（1）入口接待区。位于庭园和生活区之间，主要负责接待新进失智老人及其家属，可设置在规定的时间作为家属的探候区，在等家人到来的时候，失智老人可以在此等候休息，然后由家属陪伴进入庭园度过愉快的周末。（图6-31）

图6-31　入口接待区

（2）园艺活动区。园艺活动区处于主楼西侧区域，设置有落地窗休息室，老人可以在这里围坐聊天，通透的落地玻璃方便老人观赏室外景观和晒太阳。种植园区可供老人种植喜欢的花草蔬菜，使老人产生积极情绪，提升老人幸福感。（图6-32）

（3）棋牌益智区。该区域适合普通老人或者轻度失智症老人，棋牌益智区设置了露天和室内棋牌室，老人可自由选择，增强自主性，沿路设置休息座椅，棋牌型的景观小品设计记忆提示，帮助老人记忆路线。（图6-33）

图6-32　园艺活动区　　　　　　　　图6-33　棋牌益智区

（4）水韵花园。水韵花园主要为中度失智老人设计的，在该阶段的失智老人的心态相当于正常人的早年到中年的阶段。庭园主要采用木质花架围合，由花架包围会给失智老人心理上的安全感。在该庭园里，行动路线从无形中给失智老人加以规范，也能让老人无论游荡到哪个位置都可以看见园区入口的标志，这样的设计可以帮助老人辨识路线。在十字路口的中间，安置一个小型的喷泉，喷泉既能成为园区的中心点，又可以为行走中的老人提供标记功能,起到空间定位的作用。该庭园的设计既能满足老人自由活动的需要,又考虑到了老人的安全性。(图 6 - 34)

(5)静谧花园。静谧花园主要为重度的阿尔茨海默病老人使用,处在该阶段的老人的心理年龄相当于正常人的幼年时期。该庭园采用的是流线型闭合的设计方式,在园区的中部设计了植物岛屿提示老人出口位置。为了能满足该阶段病人的需要,采用庭园完全自然式的设计,庭园为失智老人提供了更加平静和安全的氛围。采用完全闭合的围合方式来满足失智老人安全感的需求。所有植被的种类经过重点的筛选,即无毒无害又能散发让老人们熟悉的芳香,唤醒老年人的记忆并促进产生积极的情绪。(图 6 - 35)

图 6 - 34　水韵花园　　　　　　　　　　　图 6 - 35　静谧花园

(6)休闲锻炼区。整个区域由"S"形廊架划分为健身器材区和草坪两大区域,"S"形廊架可引导老人在廊架中游荡观景后走到健身器材的区域,提高健身器材使用率,廊架可以供老人锻炼后休息使用;草坪区平坦防滑避免老人在此区域发生意外,供老人跳健身操、打太极拳使用,两区域即可相互望见又不互相干扰。(图 6 - 36)

图 6 - 36　休闲锻炼区

3.道路系统设计

疗养院内部道路的设计相当于整个园区的支撑,只有把道路设计得合理,才能将各个功能性景观区域串通起来。要想使每个景观都能有较高的使用率,就要通过路网的衔接。

1）交通流线分析

整个机构共分为三级道路，一级道路为消防救援道路，停车场放置在居住楼西北角，一旦有老人出现紧急情况方便救护车及时将人接走。二级道路是供老人游荡观赏的慢行道路，设置在养老院的内围。采用"8"字回环的道路设计方法，环绕整个景观湖，这种道路设计能有效防止失智老人走失或者遇到前进阻碍产生焦虑情绪，并且跟周围的植物相呼应，形成景观空间内的主干路。路面铺装为透水沥青，这种材质环保且防止路面积水，摩擦力大且有弹性，可以有效减少失智老人因摔倒造成的危险，并且可以降低交通噪音为养老院营造安静的环境。三级道路则是供轻度及中度失智老人锻炼的健步道路，设计在绿地和灌木丛中，铺装采用透水砖，防滑不积水，该道路设计对失智老人有一定难度，可以在护理人员的陪同下让失智老人自主选择。合理科学的路网设计可以对失智老人起到空间引导的作用，也可激发老人到室外活动的积极性，对老人健康的恢复是有帮助的。根据老人们的身体情况，在路网设计时，就应该避免较长且没有变化的路线，应该采用相对来说短且富有变化的道路，为老人们在步行时增添乐趣。较长的道路应在每隔150m处摆放一个休息座椅，方便老年人休息。（图6-37）

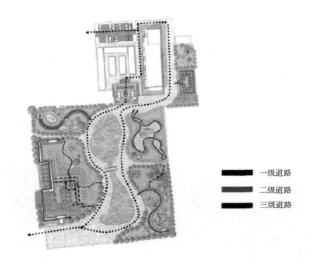

一级道路
二级道路
三级道路

图6-37 交通流线图

2）铺装设计

疗养院的铺装设计应该采用丰富的元素，这样不仅可以起到美化室外空间的作用，也可帮助老人辨别方位。在功能性不同的空间应该采用不同的铺装材质。车行道路铺设灰色的沥青；园路铺设卵石、花砖，美化园内道路的同时可以防止老人产生不耐烦的心理；健身空间绿地广场铺设弹性橡胶和人造草皮，增加地面摩擦力，防止老人运动时不小心摔倒，同时减缓受力；还有不同的材质、颜色给人们的视觉感受也是不一样的，整体暖色调的铺装材质，再加之变化多端的铺装形式，给老人以景观的丰富设计感受。在对养老院设计时也应该重视文化元素,加入一些有历史纪念意义的元素。但对于失智老人的铺装设计重中之重还是应该考虑安全因素,注意防滑、防绊倒等措施。

4. 主要节点

1)入口接待区

失智老人跟一般老人相比,辨别方向的能力很弱,所以为避免失智老人迷路,庭园应该只设置一个园门,且以特殊的设计来吸引眼球,成为地标性的建筑。使老人无论站在庭园的哪个地方,都能一眼看到园门,这样就有助于他们找到自己的方位。(图 6-38)

(a)

(b)

图 6-38　入口接待区

2)种植园区与休息区

该项目居住的老人大多出生在 20 世纪 40、50 年代,在家庭联产承包制的社会背景下长大,该区域主要为能够自理以及能半自理的老人提供可以共同种植作物的区域,提升老人的行为能力的同时,触发老人的早期记忆。种植园区旁设置休息室,保证老人园艺活动后有休息闲聊的空间。(图 6-39)

(a)

(b)

图 6-39　种植园区与休息区

3)喷泉

在听觉上,设置了喷泉流水,静听水声以抚慰失智老人心理上的焦虑感,并且环绕喷泉设置了座椅,老人在休息的同时观赏喷泉,给老人带来不一样的触觉体验,激发老人的积极的情绪,刺激失智老人的记忆片段。(图 6-40)

4）怀旧小品

"8"字道路边设置了怀旧小品区域,借不同类型的老人年轻时使用过的工具做景观小品,帮助老人调动远期记忆,熟悉机构主要干道和功能分区,对新的环境产生记忆点。（图6-41）

图6-40　喷泉　　　　　　　　　　　图6-41　怀旧小品

5）整体景观植物配置

一些有宜人气味的花木会刺激感官唤醒失智老人早期记忆,如洋牡丹、玫瑰、薰衣草、艾草等,继而会产生积极的情绪,使身心处在一种放松的状态。但为了避免老人误食一些有毒的植物,不宜种植如绣球、鱼尾草、水仙花、毛地黄等有毒的植物。

庭园绿地是以草坪为背景,以花灌木为主,以常绿乔木为辅的布局方式,但是活动场地周围不宜大片密集种植植物,以防老人发生意外时护理人员不能及时发现。失智老人往往视力下降,应种植大叶类的花果观赏植物。庭园不同区域入口应种植体态优美、色彩艳丽、气味芳香的植物,提示老人入口位置,激发老人的入园兴趣。

6）配套服务设施

（1）休息站点。绝大部分失智老人喜欢四处游走,但是由于体力有限,需要经常停歇,因此在庭园的设计上,应该在老人经常游走的区域每隔4~5米设置固定座椅,以防老人有体力不支摔倒的情况。

（2）座椅可选择。应该根据失智老人的需求,为失智老人提供不同功能的座椅。比如在老人沐浴阳光时,提供可躺卧的躺椅;在和家人交谈时,提供可以并排坐的椅子;在庭园中游荡时,设置遮阳座椅即可供老人休息又不妨碍晒太阳;抬升花床可设置环形座椅方便失智老人边观赏边休息。另外,应根据不同座椅的功能进行设计,像躺椅就可以设计有扶手有海绵垫的,简易的折叠椅应该有方便提携的把手等。（图6-42、图6-43）

图 6 - 42　环形座椅

图 6 - 43　折叠椅

（3）厕所位置。庭园中应多设置几处厕所,失智老人和一般的老人都可能会有大小便失禁的问题。据护理人员反映,很多老人不愿意多去庭园活动的原因也是因为上厕所不方便。所以在庭园中多设立几处厕所,方便老人在庭园活动时随时使用。

7.景观照明设计

景观的照明具有使用学和美学两种不同的功能。庭园在设计时也应考虑造型的设计和照明设施的布局。

1）功能性的照明

对功能性照设施的基本要求是满足人们在夜间认清路况和进行基本的室外活动,特别是为夜间出来活动的老人提供一个视觉上不模糊的安全场地。

在楼梯、台阶、入口出口处及一些坡地和人流密集的区域应该采用相对高亮度的照明,在老人经常夜间活动的场所也要增加照明的亮度,为老人提供一个安全有界定的范围。

在装置照明设备时,应注意避免光线向外和向上照明,主体光线应该向下,不能出现眩光的现象。而且要有辅助光源和安全标示的照明设施。在保证照明路况清晰的情况下,注意光源投射下的阴影。

2）装饰性的照明设施

这些设施的安排是为烘托疗养机构的夜间氛围的,包括了对水景和道路以及植物的照明,其根本目的是营造出夜间跟白天完全不同的景观感受。

由于老人的身体状况和出现的负面情绪,家属必须寻求专业的帮助和护理。通过调研分析和理论研究,笔者发现通过自然景观治疗失智老人的效果更好。创造出更多公共区域的空间供老人沟通交流,可以促进老人语言功能的恢复;在庭园中种植老人熟悉的植物,也可把老人平日在家栽培的植物搬到庭园之中,熟悉的植物或者熟悉的花香会对刺激老人的感官唤醒其回忆,进而产生愉悦的心情;利用植物种植围合景观空间的方式,给失智老人一个闭合空间带给其安全感,但也要让老人身处其中时没有压迫感,不要带给老人们想要"逃跑"的心理感受。整个园区主要道路设计为"8"字形,避免出现条纹状或斑驳状的路线,以防老人产生迷茫感和压抑感。

　　通过一些庭园细节的设计,充分发挥景观的辅助康复作用,促进失智老人的身心健康,减慢其认知能力的衰退。在景观空间的设计上,要考虑周围建筑物的遮挡情况,尽量使庭园能在早晨有阳光的照拂,并在该时间段设计适合老人休息、沐浴阳光的地方;创造适合失智老人的室外交谈区域,也可促使老人的语言功能恢复;创造适合园艺疗法的场地,有益于提升老人的幸福指数,帮助他们获得对自我价值的肯定。

第7章 结语

7.1 研究局限

本书的研究局限有以下几个方面：

对于养老院的环境空间设计各要素相互作用和关系的理解和研究还不是很清晰，是本书研究的一个技术局限。由于研究视野的转变，研究对象从空间形态转移到个体之间的相互作用和关系，一个养老院设施的空间系统有哪些相互作用和关系，选择哪些作为研究对象，即是研究创新点，也是核心难点。从本书已经完成的相关研究来看，这些研究工作还有许多研究缺陷。基于西安市社会分区的研究只选取了代表性较强的一种地缘关系作为社会关系；室内辅助设施研究与人的使用针对群体类别还有待于进行细化探讨，设施组合关系也只是选择了典型的几种，经过简单模式优化后进行建模论证；地域文化的渗透应用，从西安市乃至关中地区历史文化背景进行系统的归纳总结不够完善，文化因子应该是丰富多样化的，从深层次的对当地人文关怀及精神慰济的环境氛围的营造不够。光照因素的影响在一个大的区域环境，从建筑设施结构及自然环境地理背景，关系因子复杂多变，此次研究虽然选择了较典型的案例，但是类型不够多元。养老设施的景观研究只是从两种方法及特定老年群体入手进行了论证，还未进行全面研究。整体而言，研究对象相互作用和关系的选择较为单一，在一定程度上影响了根据基础调研得出研究结论的局限性，是本书研究的主要不足。

这个问题也影响到了基础数据的收集和加工。研究相互作用和关系所需要的基础数据必须从个体属性数据转变为个体之间的关系数据，与属性数据不同，关系数据一般不在政府及相关部门或单位统计范围之内，主要依靠自身收集，受制于人力和技术能力，无法获得更大的样本量和数据量。比如，室内公共空间的调查研究选取了西安市高新产业园区、城北近郊区、中心老城区及农业密集区区域4家养老院作为样本。环境设施研究选择了碑林区、雁塔区3所养老机构作为样本，室内外光环境研究选择了高新开发区、长安区2所养老机构进行样本数据采集。在一定程度上影响了实证研究结论的客观性。

另外，各个空间形态因子研究策略具有动态性和开放性，所构建的模式都是以封闭型为假设前提，对其背后的成因及变化规律缺少系统分析，未考虑模式外部关联。考虑到策略模式的应用性的动态变化,对同一区域进行纵向、不同时段的分析,了解养老设施空间形态结构的组织过程,以及环境边界的研究,都是后续研究需要进一步加强的。

7.2 研究展望

对于养老设施设计研究,从整体上对养老院空间形态各个因子进行地方适应性环境设计,本研究从养老设施各空间形态的系统设计基于还原理论和系统设计,得出相应的策略模式。通过材料信息的整合和推算,从不同角度分析、研究和比较了各种不同类型的养老设施的空间形态样本差异,揭示共性,找到特性,并基于特性进行差异化设计研究。展望未来,如下研究值得我们持续关注。

1. 基于通用理念的设施智能化的环境辅助设计

前人已经揭示和研究了基于通用理念下的各种老年人环境空间设施的设计研究策略及模式规律,同时面对科学信息技术的进步,把这些已知的认识综合起来,更加整体、精确和完全地进行养老设施环境的复杂系统设计。解决这一问题,至少涉及两个方面的工作。深入理解通用理念的研究模式,建立精确的理论框架。让设计策略模式呈现出老人对主体社会参与意识的的鼓励,使身残老人能够实现在精神上与正常健康老人对社会对世界的正常感知。另外,通过智能科技技术,结合空间构造的细部设计处理,即是卧床不起,也可以瞬息获取视觉或听觉信息了解到世界日常发生的事情,为老年人提供便捷健康且富有文化性的社会活动,通过综合的通用环境创造来实现真正的正常化。

2. 构建更深层次精神需求的积极设施环境。

如何能让养老设施中所创造出的环境对人的心理及人与人之间的关系起到积极的作用,使身心能像正常人一样得到丰富的空间体验,具有非常重要的研究意义和现实指导作用,是养老设施理论和实践的核心任务。

注重环境空间营造的丰富性,运用趣味性、特殊性、舒适性的元素,包括各种自然资源的引入,如植物、水、光、风等要素。优化后的老年人心理体验会如同在正常的家居空间环境,或正常街边小道散步的感受。确保设施的通透畅达性,以更有利于人与人之间的接触和交流,这需要设计策略及现实条件完整系统的综合数据的整合,且运用新科技创造智慧丰富的环境理念,其中涉及多学科领域的交叉研究,是未来着重关注和发展的研究方向之一。

3. 养老设施与周边环境的交流畅通及与正常社区边界的模糊

对于一个养老设施丰富多彩的空间就如都市环境舒适性一样重要,如果不积极地与外界交流,就不能实现真正的正常化。首先养老设施须提供可以进行区域交流活动的场地设施,以保证各种志愿活动、来访活动的交流进行。身心有障碍的老人正常化的实现,并不是在他们固有的世界解决环境问题,而是形成一个包括健全人在内的新社区,或养老设施与周边城市环境的深度融合。以使多样的群体社会里可以形成共存的互助社会关系,这是纯粹研究单体养老设施无法完成和解决的问题,只有在以地区社会共同建设的框架下,才有这种人与人的互助、互利的社会结构和精神结构。因此对于未来养老设施的研究,需要跨越程式化设计模式,突破孤岛式研究思路,使养老设施浸入到周边环境构建起互助融合的模式。基于这个理念采用什么样的技术方法,选择怎样的空间尺度进行验证,及验证技术路线和评价方式,相关理论技术问题都需要我们不断去努力和突破。

参考文献

[1]周燕珉.程晓青,林菊英,等.老年住宅[M].中国建筑工业出版社,2018.

[2]马哲明.当代老年公寓人性化设计研究[D].河北工程大学,2013.

[3]于泽鑫.北方老年公寓互动空间设计和探究[D].东北师范大学,2014.

[4]马丽.消解"长廊式"空间结构:国内养老公寓空间设计的问题及对策[J].装饰,2014(11):118-119.

[5]王晓伊,刘启波,王少锐.养老建筑人性化设计的初探:以西安地区为例[J].2019(4):182-184.

[6]魏舒乐,雷南.对西安地区既有老年住宅绿色节能技术改造策略研究[J].居舍,2017(22):93-94.

[7]安军,王舒,刘月超.西安地区机构养老现状及建筑的适应性初探[J].华中建筑,2011(8):207-209.

[8]陈芊宇.西安养老机构设施、环境现状及需求研究[D].西安建筑科技大学,2007.

[9]李洁.当代我国城市老年文化研究[M].上海人民出版社,2012.

[10]林思敏.养老院公共空间适老化设计研究[J].美与时代:城市,2020(8):70-71.

[11]张丹.场所精神下的西安养老院室内空间研究[D].西安建筑科技大学,2019.

[12]侯继坤.基于"人情味"的养老院室内空间设计[D].吉林艺术学院,2016.

[13]杨建新.东北地区养老院室内行为模式与空间需求研究[D].吉林建筑大学,2017.

[14]李怡霖,郭全生.基于老年心理需求的养老院室内公共空间环境设计研究[J].建材与装饰,2016(30):102-103.

[15]张艳嵘.城市养老院建筑的人性化设计[J].安徽建筑,2020,27(8):29-30.

[16]朱政,马陈.基于互助养老模式的住宅式养老院改造设计研究[J].装饰,2020(6):130-131.

[17]李婷杰.西北地区养老设施室内公共活动空间设计研究[D].西安建筑科技大学,2020.

[18]王墨林,李健红.海西地区养老设施公共空间设计初探[J].华中建筑,2011,29

（8）:164 – 167.

[19]王晨曦.养老设施的室内公共活动空间设计研究[D].清华大学,2014.

[20]《中国的文化养老》课题组.中国的文化养老[M].杭州:杭州出版社,2017.

[21]董红亚.中国养老进入服务新时代[M].北京:中国社会科学出版社,2019.

[22]彭心美.现代老年人文化养老初探.中国老年学和老年医学学会.健康老龄化:医疗模式和生活方式的转型（上册）[C].北京:中国社会出版社,2016.

[23]张政,朱爱华.老年人生活方式与健康的思考及对策.中国老年学和老年医学学会.健康老龄化:医疗模式和生活方式的转型（下册）[C].北京:中国社会出版社,2016.

[24]王国军.怎样引导退居休人员建立健康生活方式.中国老年学和老年医学学会.健康老龄化:医疗模式和生活方式的转型（下册）[C].北京:中国社会出版社,2016.

[25]陈小芬.利用地域文化构建幸福养老课堂的探索[J].新农村,2016(1):53 – 54.

[26]代一凡,朱思瑶.彰显扬州地域文化特色的养老景观设计研究:以扬州曜阳国际老年公寓为例[J].美与时代（城市版）.2019(9):89 – 90.

[27]陶瑞峰,薛颖.泰州地域文化在养老社区环境的应用[J].区域治理,2019(31):239 – 241.

[28]潘卉,焦自云.地域文化在养老建筑中的体现:以拉萨城关福利院为例[J].华中建筑.2020(10):33 – 36.

[29]郗茜.西安地区城市居民生活方式与住宅空间形态演变研究[D].长安大学,2013.

[30]中华人民共和国住房和城乡建设部 GB50867 – 2013.养老设施建筑设计规范[S].北京:中国建筑工业出版社,2018.

[31]陈华宁.养老建筑的基本特征及设计[J].建筑学报.2000(8):27 – 32.

[32]吴霞.浅析养老院卧室陈设设计[J].现代装饰理论.2016(4):35.

[33]龚忠玲,潘剑峰.谈老年公寓室内陈设设计[J].包装世界,2015(4):69,71.

[34]刘连新,蒋宁山.无障碍设计概论[M].北京:中国建材工业出版社,2004.

[35][日]高龄者住研究所无障碍设计研究会.住宅无障碍改造设计[M].北京:中国建筑工业出版社,2015.

[36]聂梅生,闻青春,GORDON P A.中国绿色养老住区联合评估认定体系[M].北京:中国建筑工业出版社,2011.

[37]陈景亮.中国机构养老服务发展历程[J].中国老年学杂志,2014,34(13):3804 – 3806.

[38]白宁,吴苏,庄洁琼.西安城市老旧社区居家养老服务设施现状及更新[J].建筑与文化.2017(10):93 – 94.

[39]张倩,王芳,范新涛,等.西安市老旧住区养老设施设计研究[J].建筑学报,2017

(10):13 - 17.

[40]李甜,孔敬.西安市养老院建设布局现状及智慧优化策略研究[J]智能建筑与智慧城市,2018(5):104 - 106.

[41]尹德挺.老年人日常生活自理能力的多层次研究[M].北京:中国人民大学出版社,2018.

[42]赵慧敏.老年心理学[M].天津:天津大学出版社,2010.

[43]钟琳,张玉龙,周燕珉.养老设施中公共浴室类型和设计研究[J].建筑学报,2017(4):100 - 104.

[44]陈饶益.基于老年人心理行为分析的南京养老设施设计研究[D].南京工业大学,2015.

[45]赵俊燕.基于老龄群体行为特征下的养老院景观设计研究[D].西安建筑科技大学,2015.

[46]郑琳.养老设施公共卫浴空间使用行为与设计研究[D].华侨大学,2015.

[47]胡飞,张曦.为老龄化而设计:1945年以来涉及老年人的设计理念之生发与流变[J].南京艺术学院学报(美术与设计),2017(6):33 - 44.

[48]赵超.老龄化设计:包容性立场与批判性态度[J].装饰,2012(9):16 - 21.

[49]王颖.浅谈大型养老院无障碍设施与构造设计[J].建筑知识:学术刊,2014(8):54 - 55,74.

[50]舒平,田甜.循证设计方法下的养老院无障碍设施的适老性调查与思考:以天津市养老院为例[J].现代园艺·下半月园林版,2016(12):130 - 131.

[51]田甜.基于"循证设计"的天津地区养老院外部环境无障碍设计研究[D].河北工业大学,2016.

[52]崔永梅.环境景观的无障碍设计研究[D].天津科技大学,2011.

[53]周燕珉,等.住宅精细化设计[M].北京:中国建筑工业出版社,2018.

[54]周燕珉,等.养老设施建筑设计详解1 - 2[M].北京:中国建筑工业出版社,2008.

[55]张嵩,赵雅.城市小型社区嵌入式养老设施设计研究[J].建筑学报,2017(10):24 - 28.

[56]方时,朱婕.论养老院家具的情感设计原则[J].家具与室内装饰,2014(3):46 - 47.

[57]方时,朱婕.养老院社交区域的家具设计研究[J].家具与室内装饰,2015(1):20 - 22.

[58]刘俊岚.探究老年家具的适老化设计要点[J].设计,2016(23):126 - 127.

[59]易梦梦.养老院户外家具设计[D].中南林业科技大学,2015.

［60］JOEL L A. Assisted living：another frontier［J］. American journal of nursing，1998 ，98（1）：1－7.

［61］SHARTS－HOPKO N C. Opportunities in assisted living［J］. America journal of nursing，2004（1）：15－16.

［62］全心. 美国养老社区及老年公寓设计新趋势［J］. 建筑学报，2013（3）：81－85.

［63］王哲，蔡慧. 中美养老院的环境设计和产业竞争力对比研究［J］. 建筑学报，2018（2）：74－79.

［64］PELIZÄUS H. Motives of the elderly for the use of technology in their daily lives［M］//DOMINGUEZ－RUÉ E，NIERLING L. Ageing and technology：perspectives from the social sciences. Bielefeld：Transcript Verlag，2016.

［65］TURNER－LEE N. Can emerging technologies buffer the cost of in－home care in rural America? ［J］Generations，2019，43（2）：88－93.

［66］川崎直宏，金艺丽. 日本介护型居住养老设施的变迁与发展动向［J］. 建筑学报，2017（10）：37－42.

［67］汪中求. 透过细节看日本养老产业［J］. 企业管理，2018（10）：28－30.

［68］李砚祖. 艺术设计概论［M］. 武汉：湖北美术出版社，2009.

［69］张军，张慧娜. 养老机构居室色彩与材质要素的视觉舒适度评价［J］. 华侨大学学报（自然科学版），2020，41（6）：759－764.

［70］郑琦凡. 浅析养老院室内空间中的色彩设计研究［C］//亚洲色彩联合会，中国流行色协会，桐乡市人民政府. 第十届亚洲色彩论坛论文集.2018：44－54.

［71］申亚杰. 浅析养老院室内环境的色彩设计［C］//中国流行色协会，绍兴市柯桥区人民政府，亚洲色彩联合会.2017中国国际时尚创意论坛论文集.2017：121－129.

［72］运动生物力学编写组. 运动生物力学［M］. 北京：北京体育大学出版社，2013.

［73］胡仁禄，等. 老年居住环境设计［M］. 南京：东南大学出版社，1995.

［74］马卫星. 老年人照明设计初步［M］. 北京：中国水利水电出版社，2016.

［75］吴淑英，颜华，史秀茹. 老年人视觉与照明光环境的关系［J］. 眼视光学杂志，2004（1）：56－58.

［76］崔哲，陈尧东，郝洛西. 基于老年人视觉特征的人居空间健康光环境研究动态综述［J］. 照明工程学报，2016，27（5）：21－26，86.

［77］黄海静，王雅静，张青文. 养老建筑光环境现状及主观评价分析［J］. 灯与照明，2017，41（4）：1－5.

［78］李农，梁凯. 老年居住建筑照明标准的研究［J］. 照明工程学报，2016，27（1）：60－64，111.

［79］向姮玲，曹馨，吴云涛. 基于健康照明的养老建筑光环境设计［J］. 灯与照明，

2019,43(2):38 -42.

[80]刘炜,杨春宇,陈仲林.老年人住宅照明光环境[J].照明工程学报,2001(3):14 -17.

[81]李芳.老年住宅中的光的环境设计研究[J].城市建设理论研究,2016(36):137 -138.

[82]袁景玉,黄莹,代晨蕊,等.基于健康照明的老年住宅光环境设计[J].建筑节能,2017,45(10):67 -70.

[83]日本照明学会.照明手册[M].照明手册翻译组,译.北京:中国建筑工业出版社,1985.

[84]英尼斯.室内照明设计[M].张宪,译.武汉:华中科技大学出版社,2014.

[85]埃甘.建筑照明[M].袁樵,译.北京:中国建筑工业出版社,2006.

[86]迈耶斯.[M].周卫新,等译.北京:中国典礼出版社,2008.

[87]福多佳子.照明设计[M].朱波,等译.北京:中国青年出版社,2014.

[88]李斌,李庆丽.养老设施空间结构与生活行为扩展的比较研究[J].建筑学报,2011(S1):153 -159.

[89]赵佳华.西安城市老年人休闲行为研究[D].西安外国语大学,2012.

[90]中华人民共和国住房和城乡建设部.GB50340 -2016 老年人居住建筑设计规范[S].北京:中国建筑工业出版社,2017.

[91]马卫星.老年人照明设计初步[M].北京:中国水利水电出版社,2016.

[92]张玉芳.老年人室内照明光环境试验及研究[D].天津大学,2007.

[93]STEMBERG E M. Healing spaces:the science of place and well -being[M]. Cambridge,MA:the Belknap Press of Harvard University Press,2009.

[94]BACKMAN L,JONES S,BERGER A K,et al. Multiple cognitive deficits during the transition to Alzheimer´s disease[J]. Intermn Med. 2004,256(3):195 -204.

[95]周燕珉.日本集合住宅及老人居住设施设计新动向[J].世界建筑,2002(8):22 -25.

[96]金笠铭.浅谈美国老人住宅的研究与设计[J].世界建筑,2002(8):26 -29.

[97]姚栋.当代国际城市老人居住问题研究[M].南京:东南大学出版社,2007.

[98]王笑梦,尹红力,马涛.日本老年人福利设施设计理论与案例精析[M].北京:中国建筑工业出版社,2013.

[99]赵晓征.养老设施及老年居住建筑:国内外老年居住建筑导论[M].北京:中国建筑工业出版社,2010.

[100]倪蕾.城市老年人居住建筑设计研究[M].南京:南京大学出版社,2015.

[101]刘铠源,尹建强.老年公寓室外环境中互动景观营造设计浅析[J].能源与节

能,2014(5):92-93.

[102]陈书芳.基于互动理念的老年公寓景观设施设计研究[J].包装工程,2016(10):85-89.

[103]张冬.老年人户外休闲模式与环境景观互动研究[D].四川农业大学,2012.

[104]于泽鑫.北方老年公寓互动空间设计和探究[D].东北师范大学,2014.

[105]王微.交互理念在智能化老年公寓设计的应用研究[D].南昌大学,2012.

[106]樊惠颖,李峥.怀旧疗法在老年痴呆患者中的应用进展[J].中华护理杂志,2014,49(6):716-720.

[107]李晶,李红.创造性故事疗法及其在老年痴呆患者中的应用现状[J].中华护理杂志,2014,49(6):720-723.

[108]毛黎.社交可减少阿尔兹海默症影响[N].科技日报,2006-05-09(002).

[109]高天,王茜茹.国外音乐治疗在老年痴呆症领域中研究[C]//2007年神经科学新进展国际研讨会论文集,2007:82-87.

[110]谢丰舟.闲话脑神经科学[M].台北:台大出版中心,2009.

[111]刘博新,李树华.基于神经科学研究的康复景观设计探析[J].中国园林,2012,28(11):47-51.

[112]MURRAY SCHAFER R. Five village soundscape[M]. A. R. C. Publicaions,1977.

[113]JUHANI PALLASMAA. Design for sensory reality:from visuality to exi stential experience[J]. Architectural Design,2019,89(6).

[114]佐佐木叶二,高杰,章俊华.中国新星——新象征主义之庭[J].中国园林,2005(8):24.

[115]ZCISEL J. Inquiry by design:environmen/behavior/neuroscience in architecture,interiors,landscape,and planning[M]. New York,NY:W. W. Norton & Co,2006.

[116]MALLGRAVE H F.建筑师的大脑:神经科学、创造性和建筑学[M].张新,夏文红,译.北京:电子工业出版社.2011.

[117]CABEZA R.脑老化认知神经科学[M].李鹤,译.北京:北京师范大学出版社.2009.

[118]MARTHA TYSON. Treatment gardensnaturally mapped environments and independence[J]. Alzheimer's Care Quarterly,2002,3(1):55-60.

[119]马库斯,弗朗西斯.人性场所:城市开放空间设计导则[M].俞孔坚,译.北京:中国建筑工业出版社,2001.

[120]盖尔.交往与空间[M].何人可,译.北京:中国建筑工业出版社,2002.

[121]余洋,陆诗亮.景观体验设计与方法[M].北京:中国水利水电出版社,2015.

[122]布思.风景园林设计要素[M].修订本.曹礼昆,曹德鲲,译.北京:北京科学技

术出版社,2018.

　　[123]李世国,华梅立,贾锐.产品设计的新模式:交互设计[J].包装工程,2007(4):90－92,95.

　　[124]王保香.基于人文关怀的老年社区导视系统设计研究[D].浙江工商大学,2014.

　　[125]陈永超,杨爱慧,吴丹,王宁.针对老年社区文化设施设计的色彩偏好预测研究[J].包装工程,2018,39(4):49－53.

　　[126]霍橡楠.老年人听觉审美偏好研究:以听觉依赖性、声音类型、音量、速度、音色偏好为例[J].星海音乐学院学报,2016(3):98－106.

附　　录

附录1　养老空间老年人居住状况调研问卷

调研日期：

设施名称：

一、个人基本信息

1.您的个人信息（备注：婚姻状况分为未婚/已婚/离婚/丧偶）

姓名（可不填）	性别	年龄	婚姻状况	生活城市	原职业	家庭子女情况	教育程度

2.您进来入住时间多久？_____

3.您目前居住的房间类型为_____，每月月租为_____

4.您的主要经济来源为（可多选）：（　　　）

A.退休金　B.政府的基本生活保障金　C.子女赡养费　D.投资、房产等金融收入

E.储蓄　F.亲戚资助　G.其他

5.您现在的身体健康状况：（　　　）

A.完全能够自理　B.基本能够自理　C.需要护理人员专门看护

6.您现在的行走能力：（　　　）

A.自立行走　　　B.借助拐杖　　　C.轮椅/卧床

7.您目前身体有什么健康障碍（可多选）：（　　　）

A.心脑血管问题　B.腿脚不便　C.视力不好　D.听力不好　E.糖尿病　F.肠胃病

G.记性不好　H.其他障碍　I.无障碍.

8.您入住养老机构最主要原因（3个以内排序）：（　　　）

A.家中无人照料　B.减轻家人　C.想与同龄人交往　D.与家人居住不便　E.医疗

条件好　F.居住条件好　G.其他

9. 亲友探访次数:(　　　)

　　A. 每周三周以上　　B. 每周1-2次　　C. 每两周一次　　D. 每月一次　　E. 很少

二、陈设使用情况及老人需求

1. 您对这里的房间条件,陈设设备满意吗?(　　　)

　　A. 满意　　B. 比较满意　　C. 一般　　D. 不太满意　　E. 很不满意

2. 您入住养老设施以后,生活情况发生变化没有?(　　　)

　　A. 没有变化　　B. 变化不大　　C. 较大变化

3. 如果发生变化了,那么主要是哪方面变化了:(　　　)

　　A. 作息改变　　B. 休息交流方式改变　　C. 休闲活动(棋牌、看电视等)改变　　D. 劳动照料行为(烹饪、家务、带孩子等)变化

4. 您所喜欢的交往方式(多选):(　　　)

　　A. 独自活动　　B. 2-3人活动　　C. 多人活动　　D. 大型集体组织活动

5. 您入住养老设施后交往聊天行为的变化情况:(　　　)

　　A. 交往增加　　B. 基本不变　　C. 交往减少

6. 您(是/否)了解当地文化特色,(是/否)喜欢当地民俗文化,您喜欢的地方文化有哪些(多选):(　　　)

　　饮食:

　　艺术:

　　民俗:

　　建筑:

　　其他:

7. 您常去的室内公共空间有(多选):(　　　),不喜欢去的室内公共空间有(多选):(　　　)

　　A. 门厅　　B. 餐厅(食堂)　　C. 多功能厅　　D. 放映室　　F. 音乐舞蹈室　　G. 棋牌室　　H. 电脑室　　I. 阅览室　　J. 聊天室　　K. 书画室　　L. 康复室　　M. 健身室　　N. 乒乓球及其他体育活动室　　O. 亲情接待室　　P. 手工室　　Q. 佛堂　　R. 其他

8. (接7题)常去以上空间的原因是什么(多选排序):(　　　)

　　A. 采光充足　　B. 冬暖夏凉　　C. 设施先进、齐全　　D. 有较大的活动空间　　E. 人多,热闹气氛好　　F. 安静、人少　　G. 通风良好　　H. 环境舒适　　I. 其他

9. (接7题)不喜欢去以上空间的原因是(多选排序):(　　　)

　　A. 光线差　　B. 冬冷夏热　　C. 设施落后、种类不多　　D. 人多,嘈杂　　E. 空间狭小　　F. 通风不良　　G. 环境不舒适　　H. 其他

10. 如果可以,您希望增加什么类型的室内陈设:_____

11. 您对所在养老设施的室内公共空间满意度;(　　　)

A. 满意　B. 比较满意　C. 一般　D. 不太满意　E. 很不满意

12. 您心目中最理想的老年陈设:_____

附录2　养老院光环境满意度调查问卷

亲爱的老年朋友,我们是陕西师范大学"养老院光环境设计"课题调查组,特邀请您填答如下问卷,以做研究和政策建议之用。

一、基本信息

1. 您的性别［单选题］

○男

○女

2. 您的年龄［单选题］

○60－64 岁

○65－69 岁

○70－74 岁

○75－79 岁

○80 岁及以上

3. 您的受教育程度［单选题］

○不识字

○初中及以下

○高中或中专

○大专

○大学本科及以上

4. 您退休前的工作岗位(可多选)［多选题］

□党政机关、党群组织或事业单位负责人

□专业技术人员

□私营业主或个体经营者

□企业管理人员

□农林牧渔水利业生产人员

□生产、运输设备操作人员及有关人员

□商业、服务业从业人员

□军人

□农民

□自由职业者

□其他

5. 您目前的健康状况［单选题］

○很健康,行动自如

○有病症,但生活可以自理

○有病症,需要有人定时照顾

○生活不能自理,需要专人照护

○需要有人全天候看护

6. 您有几个子女［单选题］

○没有子女

○1 个

○2 个

○3 个或以上

7. 您的社交生活［单选题］

○有几个知心朋友可以互动

○有兴趣相投一起玩的朋友

○没什么朋友,有些孤单

○没什么朋友,但不觉得孤单

8. 您是否存在睡眠障碍?［单选题］

○存在

○不存在

○偶尔存在

9. 存在睡眠障碍的原因是什么?［填空题］

---

10. 您有什么爱好或特长(可选)［多选题］

□园艺

□书画/摄影

□唱歌/戏曲/乐器

□舞蹈

□茶艺/插花

□摄影/修图

□手工/编织/缝纫

□钓鱼

□瑜伽/太极

□旅游/户外

□棋牌

□读书/写作

□外语学习

□养生/烹饪

□其他

11. 关于目前的养老院模式养老,您能够接受吗?〔单选题〕

○能

○不能

12. 您所在的养老院举办活动,您经常去参加吗?〔单选题〕

○有,常去

○有,不常去

○没有

13. 请问您是否有阅读的习惯?〔单选题〕

○经常阅读

○偶尔阅读

○从不阅读

14. 请问您是否有视力缺损问题?〔单选题〕

○有

○无

二、养老院光环境满意度调查

15. 请问对于养老院居住环境中以下空间的自然采光情况,您的满意度是:〔矩阵单选题〕

	满意	比较满意	一般	较差	不满意
卧室	○	○	○	○	○
餐厅	○	○	○	○	○
走廊	○	○	○	○	○
活动室	○	○	○	○	○
门厅	○	○	○	○	○

16. 请问对于养老院居住环境中以下空间人工照明情况,您的满意度是:〔矩阵单选题〕

	满意	比较满意	一般	较差	不满意
卧室	○	○	○	○	○
起居室	○	○	○	○	○
餐厅	○	○	○	○	○
走廊	○	○	○	○	○
门厅	○	○	○	○	○
活动室	○	○	○	○	○

17. 在白天,养老院各空间的明暗情况:[矩阵单选题]

	明亮	一般	较暗
卧室	○	○	○
餐厅	○	○	○
走廊	○	○	○
活动室	○	○	○
门厅	○	○	○

18. 请问对于养老院各空间的照度舒适情况,您的满意度:[矩阵单选题]

	舒适	一般	不舒适
卧室	○	○	○
走廊	○	○	○
餐厅	○	○	○
活动室	○	○	○
门厅	○	○	○

19. 请问您喜欢的开灯形式?[多选题]

□按钮式

□旋转式

□触摸感应式

□声控式

□智能控制式

□绳拉式

20. 请问您喜欢哪种类型的照明光线?[单选题]*

○冷暖可调节

○柔光暖色调

○和谐中性色调

○明亮冷色调

21. 请问你对于养老院不同空间照明的色温选择：（说明：偏暖色（红、橙、黄、棕）、中性色（黑、白、灰）、偏冷色（绿、青、蓝、紫））[矩阵单选题]

	偏暖色	中性色	偏冷色
卧室	○	○	○
走廊	○	○	○
餐厅	○	○	○
活动室	○	○	○
门厅	○	○	○

22. 请问您喜欢哪种类型的灯具造型？[多选题]

□豪华风格

□简约风格

□复古风格

□中式风格

□现代风格

23. 请问在养老院空间环境中，是否存在眩光的现象？在什么地方？[填空题]

_____

24. 请问在养老院居住环境中，是否存在明暗适应（是指从亮空间进入暗空间，或从暗环境进入较亮环境眼睛的舒适情况）不舒适的情况？[填空题]

_____

25. 请问生活在养老院您的内心感受：[多选题]*

□舒适放松自信

□有压力

□孤独寂寞

□自我效能感低

□想家想念亲人

26. 至此，所有问题已经回答完毕，如有更多建议，请在下方填写，多谢您的配合，祝您晚年生活愉快！[填空题]

_____

附录 3　研究涉及养老院信息统计

机构名称	所属区县	成立时间	性质	地址	收住对象	床位数（张）
莲湖区寿星乐园	莲湖区	1989 年	国营	莲湖区庙后街 169 号	自理	50
中颐颐安老年公寓	高新区	2017 年	民营	丈八六路西段（锦业二路十字南）	自理　介助　介护	250
荣华·绿康会西安曲江老年公寓	雁塔区	2018 年	公办民营	西安雁塔曲江大道中段 70 号	自理　介助　介护	1000
香积童心老年公寓	长安区	2017 年	民营	香积寺村	自理　介助　介护	50
康宁老年公寓	高陵区	2017 年	民营	泾渭新区长庆西路 92 号	自理　介助　介护	480
西安汉唐老年公寓	未央区	2011 年	民营	未央区石化大道中段	自理　介助　介护	150
天合老年公寓	雁塔区	2010 年	民营	雁塔区鱼化寨东晁村南 200 米	自理　介助　介护	500

附录4 西安市养老院统计表

序号	所属区县	机构名称	成立时间	地址	收住对象	床位数（张）
1	莲湖区	莲湖区寿星乐园	1989年	莲湖区庙后街169号	自理	50
2		文宝斋民族福利院	2016年	莲湖区香米园北巷85号	自理 介助 介护	50
3		莲湖区遐龄老年公寓	1999年	莲湖区凤城南路北郊东段20号	自理	80
4		莲湖区福星老年公寓	2006年	莲湖区庙后街光明巷58号	自理	127
5		莲湖区沁春园养老院	1999年	莲湖区汉城南路中堡子村350号	自理	70
6		福顺老年公寓	2010年	莲湖区红光路169号	自理 介助 介护	260
7		莲湖区和爱有约养老服务中心	2017年	莲湖区桃园东路88号	自理	100
8	新城区	新城区星光老年公寓	2000年	新城区东四路242号	自理	32
9		新城区增福来老年乐园	2005年	新城区八仙庵北火巷35号	自理	100
10		新城区朝阳老年公寓	2006年	新城区孟家巷25号	自理	104
11		西安博瑞养老院	2012年	新城区西七路316号	自理 介助 介护	160
12	未央区	三桥老年公寓	1985年	未央区三桥东开发路	自理	400
13		温馨之家敬老院	2009年	未央区凤城四路海荣豪佳花园	自理	50
14		未央区济民养老院	2018年	未央区谭家街道太华北路750号	自理 介助 介护	480
15		未央区草滩敬老院	1985年	未央区草滩东风路	自理	100
16		西安未央区幸福护养院	2016年	未央区马旗寨东路中段	自理 介助 介护	72

序号	所属区县	机构名称	成立时间	地址	收住对象	床位数（张）
17		未央区汉唐老年公寓	2010 年	未央区石化大道中段	自理 介助 介护	180
18		西安唐城医院松鹤养老有限公司	2017 年	未央区太华北路 99 号	自理	136
19		未央区老年福利服务中心	2004 年	未央区三桥天台三路 6 号	自理	1000
20	未央区	陕西孝当先养老服务有限公司	2013 年	太华北路百花村社区 10 - 2 - 102 室	自理 介助 介护	50
21		未央区大时社区居家养老站	2018 年	太华北路百花村社区 10 - 2 - 102 室	自理 介助 介护	10
22		未央区名京老年公寓	2017 年	未央区名京九合院八号楼三单元六层	自理 介助 介护	32
23		未央区和平老年公寓	2005 年	未央区阿房宫西南	自理	120
24		未央区汉长乐宫养老院	2007 年	未央区小刘寨风景路段	自理	400
25		西安市未央区康祥老年服务中心	2019 年	草滩尚苑路农垦家园小区 16 号楼 101、102 房屋	自理	40
26		未央区百岁爱心老年公寓	2005 年	未央区张家堡常青二路	自理	150
27		未央区大明宫老年公寓	2007 年	未央区大明宫街办曹家庙村	自理	110
28		未央区安泰老年公寓	2007 年	未央区红光路西段 44 号	自理	300
29		西安市长乐宫老年公寓	2008 年	未央区长乐宫	自理 介助 介护	114
30		未央区博爱老年公寓	2006 年	未央区太华路北段	自理	35
31		西安市和爱有约养老服务中心	2018 年	未央区小刘寨丰景路中段	自理	100

续表

序号	所属区县	机构名称	成立时间	地址	收住对象	床位数（张）
32		中慈汉城老年服务中心	2008 年	未央区凤城四路中段	自理 介助 介护	85
33	碑林区	金秋老年公寓	2002 年	碑林区长胜街 28 号	自理	70
34		长乐坊老年公寓	2002 年	碑林区东关索罗巷 101 号	自理	30
35		南院门老年公寓	1987 年	碑林区大车家巷 29 号	自理	30
36		碑林区西一路老年公寓	2001 年	碑林区南长巷 19 号	自理	20
37		碑林区第一爱心护理院	2008 年	碑林区二环东路 319 号	自理 介助 介护	110
38		碑林区第三爱心护理院	2016 年	碑林区建国路建国五巷 63 号	介护	126
39		碑林区祥和老年公寓	2003 年	碑林区南二环新村	自理	30
40		碑林区温馨苑老年公寓	2004 年	碑林区长乐坊北火巷	自理	30
41		西安碑林和平新时代护理院	2018 年	碑林区环城南路东段 128 号	自理 介助 介护	400
42	雁塔区	秋时文化老年公寓	2010 年	雁塔区南二环东段福景雅苑花园小区	自理 介助 介护	120
43		瑞邦养老院	2009 年	雁塔区东郊长鸣路 58 号	自理	170

269

序号	所属区县	机构名称	成立时间	地址	收住对象	床位数（张）
44	雁塔区	西安市祈康养老院	2015 年	西安市雁塔区长安南路西 150 米	介助 介护	515
45		西安市雁塔区曲江社会福利院	2013 年	雁塔区曲江大道 80 号	自理 介护	150
46		西安市雁塔春晖长峰医养中心	2017 年	雁塔区电子一路 86 号	自理 介助 介护	180
47		西安葡萄园养老院	2015 年	雁塔区兴善寺西街 101 号 2 楼	自理 介助 介护	120
48		西安天合老年公寓	2012 年	雁塔区鱼化寨东晁村南 200 米	自理 介助 介护	500
49		西安恭辉长者福祉苑	2014 年	雁塔区博文路 11 号双威温馨花园	自理 介助	11
50		雁塔区颐和园老年公寓	2011 年	雁塔区长安南路 19 号	自理 介助 介护	150
51		雁塔区康复老年公寓	2008 年	雁塔韦一街中段	自理	350
52		雁塔区丰泽园老年公寓	2005 年	雁塔区鱼化寨大寨村	自理	462
53		雁塔区颐景苑第一老年公寓	2004 年	雁塔区北池头村北 6 号	自理	131
54		西安曲江老年服务中心	2018 年	西安雁塔曲江大道 70 号	自理 介助 介护	1000
55		西安曲江康复养老院	2013 年	西安市雁塔区西安市精神卫生中心	介助 介护	300
56		西安中颐颐安养老院	2017 年	雁塔区丈八六路（锦业二路十字南）	自理 介助 介护	250

序号	所属区县	机构名称	成立时间	地址	收住对象	床位数（张）
57		西安养老康复中心	2013 年	韦曲北街 369 号	自理　介助　介护	390
58		长安区子午区域敬老院	2013 年	陕西省子午镇王庄	介助	100
69		青华山庄老年公寓	2018 年	长安区青华山景区	自理　介助　介护	300
60		西安天佑医养老年公寓	2013 年	西安市长安区环山路与子午大道十字向东 800 米	自理　介助　介护	1000
61		长安福海老年公寓	2011 年	西沣公路高桥南桥头滈河岸边	自理　介助　介护	160
62		陕西九九养老产业有限公司	2018 年	西部大道林隐天下 24 号楼 2 层	自理　介助　介护	18
63	安区	杜曲老年公寓	2014 年	长安区彰仪村	自理　介助　介护	129
64		西安中民颐养苑	2011 年	王曲镇满江红村	自理　介助　介护	100
65		西安瑞帮老年公寓	2002 年	长安区子午大道黄良镇	自理　介助　介护	200
66		西安市长安区春晖老年公寓	2014 年	长安区西长安街西崔家庄西崔小吃街	自理　介助　介护	232
67		香积童心老年公寓	2013 年	长安区香积寺西四街 77 号	自理　介助　介护	37
68		安欣老年公寓	2014 年	西安市长安区引镇街道办事处北留村	自理　介助　介护	200
69		长安区新大地温泉老年公寓	2005 年	长安区东大街道东大村	自理	368

续表

序号	所属区县	机构名称	成立时间	地址	收住对象	床位数（张）
70	长安区	长安区颐乐苑老年公寓	2007 年	长安区王区镇满江红村	自理	60
71		长安区祥和老年公寓	2000 年	长安区韦区外贸小区	自理	50
72		长安区夕阳红老年公寓	2008 年	长安区滦镇街办新什字西街	自理 介助 介护	92
73		长安区昆明湖老年公寓	2008 年	长安区斗门镇张旺渠村	自理	500
74		西安沣峪口滦镇养老公寓	2015 年	长安区滦镇街道滦镇东街	自理 介助 介护	362
75		西安市第一社会福利院	1950 年	西安市长安区灵感寺	-	-
76		西安凝香苑老年公寓	2012 年	西安市长安区太乙宫正街113 号	自理 介助 介护	70
77		西安工会老年护理院	2017 年	西安市长安区韦曲镇上坡甲字 1 号	自理 介助 介护	500
78		西安天下仁养老院	2013 年	西安市长安区细柳街办肖里村	自理 介助 介护	200
79		西安安介匠心养老院有限公司	2013 年	长安区西部大道紫薇田园都市 J 区 19 号楼	介助 介护	25
80	灞桥区	灞桥区敬老院	1998 年	灞桥区纺织城狄寨正街	自理 介助 介护	180
81		灞桥区社会福利中心	2013 年	灞桥区狄寨水安路 99 号	自理 介助 介护	350
82		灞桥仁德老年公寓	2014 年	灞桥区狄寨正街	自理 介助 介护	300

续表

序号	所属区县	机构名称	成立时间	地址	收住对象	床位数（张）
83	灞桥区	灞桥区东林老年公寓	1998 年	灞桥区纺织城鹿塬街 389 号	自理 介助 介护	309
84		灞桥区洪庆街办老年之家	1999 年	灞桥区前洪正街 169 号	自理	60
85		灞桥区四方老年公寓	2013 年	西安市灞桥区洪庆十字	自理 介助 介护	143
86		西安市灞桥区白鹿原养老康复中心	2017 年	灞桥区白鹿原水安路	自理 介助 介护	260
87	临潼区	芙蓉源老年公寓	2010 年	临潼区东关正街西秀岭小区 8 号楼	自理 介助 介护	130
88		芷阳湖养老院	2013 年	临潼区芷阳路南段	自理 介助 介护	219
89		相桥敬老院	1986 年	临潼区相桥街道相桥村	自理 介助 介护	55
90		新市区域敬老院	2018 年	临潼区 208 县道	自理 介助 介护	120
91		金秋爱心乐园	1999 年	临潼区秦陵北路	自理 介助 介护	615
92	西咸新区	西咸新区沣东新城王寺敬老院	2005 年	王寺街道大苏村北	自理 介助 介护	400
93	阎良区	阎良区养老中心	2012 年	阎良区人民路东段	自理 介助 介护	350
94		阎良区老年公寓	1999 年	阎良区胜利街 70 号	自理	100
95		康桥老年公寓	2015 年	阎良区关山镇康桥老街	介护	200

序号	所属区县	机构名称	成立时间	地址	收住对象	床位数（张）
96	周至县	周至县广济敬老院	2015 年	周至县沙河桥南 150 米	自理　介助　介护	150
97		周至县终南敬老院	2015 年	周至县中二路中心街	自理　介助　介护	120
98		周至县社会福利院	1996 年	周至县二曲镇渭旗村	自理　介助　介护	260
99	蓝田县	蓝田县中心敬老院	2009 年	西安市蓝田县玉山路	蓝田县中心敬老院	300
100		蓝田县池湖老年福利服务中心	2004 年	蓝田县池湖镇	自理	30
101		西安白鹿原养老护理院	2014 年	蓝田县孟村镇东口	自理　介助　介护	203
102		蓝田县玉山镇老年公寓	2008 年	蓝田玉山镇	自理	80
103		蓝田县仙云寺老年公寓	2007 年	蓝田县汤峪镇尖角村	自理	60
104		西安市瑞邦养老康复中心	2018 年	西安市蓝田县洩湖镇十里铺村	自理　介助　介护	240
105		西安市蓝田聚善堂老年公寓	2013 年	蓝田县泄湖镇徐梁坡村	自理　介助　介护	120
106	鄠邑区	西安滨河荣华养老服务有限公司	2015 年	涝滨北路荣华清荷园	自理　介助　介护	704
107		西安市鄠邑区遇仙桥幸福院	2012 年	鄠邑区甘河镇甘河村	自理　介助　介护	132
108		西安天怡丰祥养老康复中心	2017 年	户县石井镇辛栗村	自理　介助　介护	600

续表

序号	所属区县	机构名称	成立时间	地址	收住对象	床位数（张）
109	鄂邑区	鄂邑区中心敬老院	2002 年	户县娄敬路北段	自理　介助　介护	300
110		鄂邑区天颐养老院	2016 年	鄂邑区蒋村镇付家庄村	自理　介助　介护	100
111	高陵区	高陵区爱心家园敬老院	2017 年	高陵区张卜街道张卜村	自理　介助　介护	25
112		高陵区三棵松老年公寓	2018 年	西安市高陵区崇皇街办高墙村	自理　介助　介护	116
113		高陵区泾渭观澜老年公寓	2016 年	高陵区崇皇街道办船张村一组	自理	34
114		泾渭老年公寓	2008 年	高陵区崇皇街道办船张村一组	自理　介助　介护	65
115		高陵区康宁养老公寓	2018 年	西安市高陵区长庆西路1868 号	自理　介助　介护	316
116		高陵区长庆老年公寓	2014 年	高陵区马家湾长庆泾渭苑	自理　介助　介护	360
117		高陵区社会福利院	2009 年	西安市南环西路 76 号	自理　介助　介护	150